木业自动化设备电子产品设计与制作实用教程

主　编　王广胜
副主编　付建林　张双飞
参　编　尹靖康　罗　立
主　审　袁继池

北京理工大学出版社
BEIJING INSTITUTE OF TECHNOLOGY PRESS

内容简介

本书是湖北生态工程职业技术学院与万华禾香板业（荆门）有限责任公司合作开发，依据现场工作情景任务，立足于高职木业智能设备类电工电子实训教学的需要，突出学生岗位职业能力培养的活页式教材。全书依据电工电子主要内容分为七大项目：直流稳压电源印刷电路板制作，金属探测仪电路的制作与调试、液位控制器的制作与调试、电子秤的制作与调试、超声波测距电路的制作与调试、物体流量计数器的制作与调试、自动温度报警器的制作与调试。

本书适合作为高职院校木业智能装备应用技术等专业相关课程的教学用书，也可作为相关工程技术人员培训和自学的参考书。

图书在版编目(CIP)数据

木业自动化设备电子产品设计与制作实用教程 / 王广胜主编. -- 北京 : 北京理工大学出版社, 2022.10
ISBN 978-7-5763-1751-0

Ⅰ. ①木… Ⅱ. ①王… Ⅲ. ①林业机械-自动化设备-高等职业教育-教材 Ⅳ. ①S776

中国版本图书馆 CIP 数据核字(2022)第 200596 号

出版发行 / 北京理工大学出版社有限责任公司
社　　址 / 北京市海淀区中关村南大街 5 号
邮　　编 / 100081
电　　话 / (010)68914775(总编室)
　　　　　(010)82562903(教材售后服务热线)
　　　　　(010)68944723(其他图书服务热线)
网　　址 / http://www.bitpress.com.cn
经　　销 / 全国各地新华书店
印　　刷 / 唐山富达印务有限公司
开　　本 / 787 毫米×1092 毫米　1/16
印　　张 / 13.25
彩　　插 / 1
字　　数 / 295 千字
版　　次 / 2022 年 10 月第 1 版　2022 年 10 月第 1 次印刷
定　　价 / 60.00 元

责任编辑 / 陈莉华
文案编辑 / 陈莉华
责任校对 / 周瑞红
责任印制 / 施胜娟

前 言

2019年，教育部先后印发《国家职业教育改革实施方案》《关于组织开展“十三五”职业教育国家规划教材建设工作的通知》《职业院校教材管理办法》，明确提出建设一大批校企“双元”合作开发的国家规划教材，倡导使用新型活页式、工作手册式教材并配套开发信息化资源。为落实立德树人、教书育人的根本任务，推进党的领导、习近平新时代中国特色社会主义思想进课程、进教材，结合市场调研和专家论证的基础上列出了七个项目，在行业和院校专家的指导下完成了本教材的撰写。

本教材重点突出以下几个特点：

(1)内容的针对性：通过查阅资料，目前出版的关于电工电子方面的实训指导书基本是针对所有电子信息类相关专业的内容，并没有单独细分针对木工设备的电工电子应用教材，且大多偏向于理论化，不利于职业院校教学规律，而少数偏向实操的教材也没有和一线实际案例结合起来。本教材通过情景描述和任务实施，培养学生安全规范、精益求精的职业素养和职业精神。

(2)知识的实用性：本教材联合万华禾香板业(荆门)有限责任公司，针对木工加工行业的设备应用中的电工电子技术进行了一定的梳理，并根据生产过程设计了一些典型实际案例让学生能够在学习中更贴近岗位。在人才培养过程中，根据实际案例项目化教学锻炼学生实际动手能力和调试设备的能力，在“做中学，学中做”，培养学生发现问题、解决问题的能力，在解决问题的过程中掌握电工电子技术，为木工设备应用技术专业的学徒制建设打下坚实的基础。引导学生坚定“四个自信”，厚植爱国主义情怀，在知行合一、学以致用上下功夫。

(3)教材的新颖性：本教材以单个项目为单位组织教学，以活页的形式将任务贯穿起来，强调在知识的理解与掌握基础上的实践和应用，引导学生在完成任务的过程中查找资料解决问题，培养学生掌握一定理论的基础上，具有较强的实践能力和团队协作意识，引导学生锤炼品格、学习知识、创新思维和奉献祖国。“以项目为主线、教师为引导、学生为主体”，改变了以往“教师讲，学生听”被动的教学模式，创造了学生主动参与、自主协作、探索创新的新型教学模式。

本教材由湖北生态工程职业技术学院王广胜担任主编，万华禾香板业(荆门)有限责任公司付建林高级工、湖北生态工程职业技术学院张双飞担任副主编，湖北生态工程职业技术学院尹靖康、罗立参编。全书分为七个项目，项目1和项目7由王广胜编写，项目2由尹靖康编写，项目3和项目4由张双飞编写，项目5和项目6由罗立编写。本教材的策划工作和统稿工作由王广胜、张双飞完成，湖北生态工程职业技术学院袁继池教授担任了本教材的主审。本教材的编写思路也离不开湖北生态工程职业技术学院杨旭、刘振明、丰波的悉心指导。由于编者水平有限，书中难免存在不妥之处，恳请读者批评指正，读者意见反馈邮箱：793002771@qq.com。本书内容如不慎侵权，请来信告知。

编　者

目　录

项目1　直流稳压电源印制电路板制作

直流稳压电源概述：当今社会人们极大地享受着电子设备带来的便利，但是任何电子设备都有一个电源电路。大到超级计算机，小到袖珍计算器，所有的电子设备都必须在电源电路的支持下才能正常工作。当然，这些电源电路的样式、复杂程度千差万别。中国以国产微处理器为基础制造出的我国第一台超级计算机名为“神威蓝光”，它的电源电路就是一套复杂的电源系统。通过这套电源系统，超级计算机各部分都能够得到持续稳定、符合各种复杂规范的电源供应。袖珍计算器则是简单得多的电池电源电路。不过你可不要小看了这个电池电源电路，其具有的比较新型的电路完全具备电池能量提醒、掉电保护等高级功能。可以说，电源电路是一切电子设备的基础，没有电源电路就不会有如此种类繁多的电子设备。

学习情境描述

在木材加工生产线上，某一个传感器设备需要 ±9 V 的电压源供电才能正常工作，而现有的直流电源只有 +9 V 电源，需要技术部门制作 ±9 V 电源的 PCB 来满足传感器用电需求。那么如何绘制 ±9 V 电源的 PCB 呢？

学习目标

①能在 Altium Designer 软件中新建原理图项目、原理图纸、原理图封装库。

②能在 Altium Designer 正确绘制出 ±9 V 的直流稳压电源电路原理图。

③能根据器件手册绘制元器件的 PCB 封装。

④能将 ±9 V 电路原理图导入 PCB 文件，并设置 PCB 的外框尺寸和安装孔。

⑤能根据 ±9 V 电路原理图，进行 PCB 器件布局，并完成 PCB 的布线。

任务书

在 Altium Designer 16.1.12 软件中绘制完成图 1.1 所示的三端稳压电源电路原理图，并绘制出该电路的 PCB 文件。

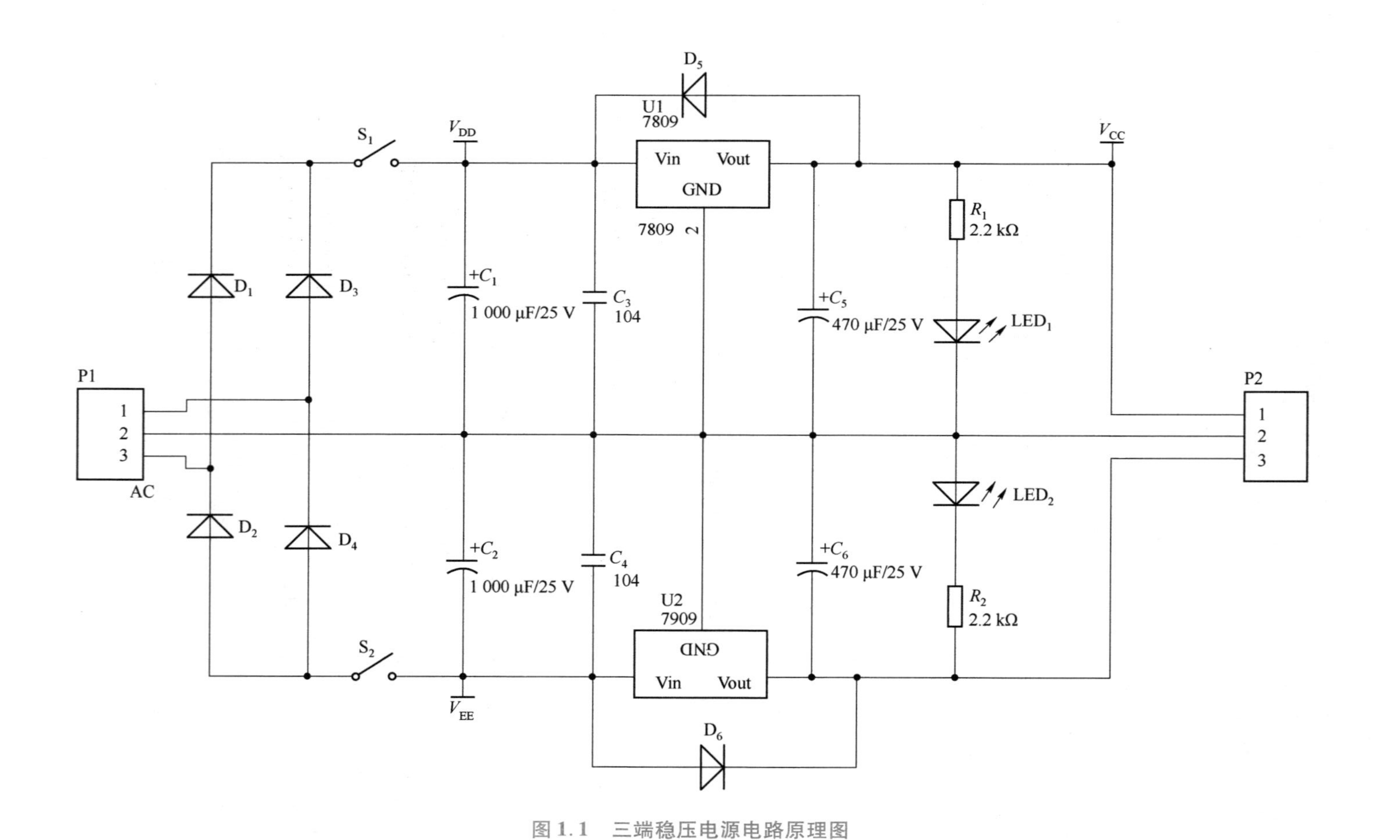

图 1.1　三端稳压电源电路原理图

针对本任务对学生进行分组，并将分组情况填入表1.1中。

表1.1　学生任务分配表

<table>
<tr><td>班级</td><td></td><td>组号</td><td></td><td>指导老师</td><td></td></tr>
<tr><td>组长</td><td></td><td>学号</td><td colspan="3"></td></tr>
<tr><td>组员</td><td colspan="5"><table><tr><td>姓名</td><td>学号</td></tr><tr><td></td><td></td></tr><tr><td></td><td></td></tr><tr><td></td><td></td></tr></table><table><tr><td>姓名</td><td>学号</td></tr><tr><td></td><td></td></tr><tr><td></td><td></td></tr><tr><td></td><td></td></tr></table></td></tr>
<tr><td>任务分工</td><td colspan="5"></td></tr>
</table>

获取信息

引导问题1：请简述在Altium Designer软件中新建原理图项目的过程（下文中该软件名称简称AD软件）。

____

____

____

____

小提示：①首先打开AD软件，新建原理图项目，这一步不能省略；②文件保存的位置要合适，以便后续查找文件。

引导问题2：请简述在AD软件中新建原理图纸的过程。

____

____

____

____

____

____

小提示：执行"文件"→"新建"→"原理图"命令，此时便出现了我们所需的原理图文件以及原理图编辑界面，我们可在该界面进行硬件原理图的绘制。值得注意的是，大家新建完原理图之后记得及时保存。

引导问题3：请简述在AD软件中绘制一个器件的原理图封装的过程。

____

____

____

____

____

____

小提示：①新建原理图封装库，一个原理图封装库可以存放多个元件，所以不需要为每一个元件建立一个库；②要掌握绘制元件的快捷键，如放置矩形的快捷键为〈P+R〉，放置引脚的快捷键为〈P+P〉，引脚在放置之前要按〈Tab〉键修改其属性。

引导问题4：请简述在AD软件中使用原理图封装库绘制原理图的过程。

____

____

____

____

____

____

小提示：①在原理图文件界面找到软件右侧边栏的"库"选项，单击"库"选项，在弹出窗口中的第二个输入框中输入你需要的元器件名称即可；②把所需要的元器件放置到原理图中(以电阻为例)，右击选中器件，选择"placeres1"或者直接把器件拖到原理图中；③通过上述步骤完成原理图器件的放置，放置绘制原理图所需要的线；④根据电路原理图，在AD软件中将器件用"wire"连接，最后完成原理图的绘制。

引导问题5：请简述在AD软件中根据器件手册绘制元器件PCB封装的过程。

____

____

____

____

____

____

小提示：①新建一个PCB封装库；②查看器件手册尺寸图，了解焊盘尺寸大小；③在Pcblib文件中，用Top Overlay线画器件的外框；④放置焊盘，要根据器件手册上的尺寸图，设置焊盘的尺寸大小；⑤设置各个焊盘的引脚标号，保存器件封装即可。

引导问题6：请简述在AD软件中将绘制完成的原理图导入PCB，并解决导入过程中出现的错误的过程。

____

小提示：①为原理图上的每一个元件添加合适且正确的封装；②建立一个 PCB 项目工程文件，将之前绘制的原理图拖进 Project 工程，然后新建一个 PCB 文件，并保存原理图和 PCB 文件；③执行命令菜单栏的“设计”→“update schematic”命令，在弹出的对话框中，执行最下面的“执行更改”→“生效更改”命令，然后在 PCB 文件里面就可以看到原理图器件已经导入 PCB 中的封装了；④导入过程中出现的大部分错误，都是原理图器件没有 PCB 封装的原因。

引导问题 7：请简述在 AD 软件中如何根据原理图进行 PCB 器件布局。

小提示：①采用交互式布局功能来实现；②交互式布局，是指将原理图和 PCB 放在两个窗口中，实现原理图与 PCB 的互相关联；③在原理图中，框选需要布局的器件，然后按快捷键〈T + S〉，界面即可以跳转至 PCB 文件中，并且在 PCB 文件中，如果对应的元件封装已经框选好了，那么我们就可以对这些被选中的器件的 PCB 封装进行布局了。

引导问题 8：请简述在 AD 软件中对 PCB 进行手动布线的一些基本原则。

小提示：布局遵循先大后小，先易后难的原则，更加详细的内容参见知识点 5。

工作计划

①制订工作方案，并填入表 1.2 中。

表 1.2　工作方案

步骤	工作内容	负责人
1		
2		
3		
4		
5		
6		
7		
8		

②写出用 AD 软件绘制三端稳压电源电路 PCB 的基本过程。

____

____

____

____

____

____

____

③列出电路所需仪表、工具、资料和器材清单，并填入表 1.3 中。

表 1.3　器具清单

序号	名称	数量	负责人

工作实施

(1)按照本组任务制订的计划实施

①新建原理图项目与原理图纸。

②绘制原理图封装与 PCB 封装。

③绘制完整原理图。

④根据原理图绘制 PCB。

(2)绘制原理图以及 PCB 的一般步骤

①先用 AD 软件新建原理图项目、原理图纸、原理图封装库。

②根据器件手册绘制相应的原理图封装，并绘制原理图。

③根据器件手册绘制元器件的 PCB 封装，并为原理图中的器件添加合适的 PCB 封装。

④设置 PCB 的板框和安装孔,进行 PCB 布线规则设置。

⑤根据绘制完成的原理图,进行 PCB 器件布局。

⑥PCB 器件布局完成之后,开始 PCB 布线。

⑦PCB 绘制完成。

评价反馈

各组代表展示作品,介绍任务的完成过程。作品展示前应该准备阐述材料,并完成表1.4～表1.7的记录填写。

表 1.4　学生自评表

班级:________　姓名:________　学号:________				
任务:直流稳压电源 PCB 制作				
序号	评价项目	评价标准	分值	得分
1	完成时间	是否在规定时间内完成任务	10 分	
2	相关理论填写	正确率 100% 为 20 分	20 分	
3	技能训练	会画原理图与 PCB 图	10 分	
4	完成质量	原理图绘制正确无误、PCB 图纸无误	20 分	
5	调试优化	PCB 布局、布线美观	10 分	
6	工作态度	态度端正,无迟到、旷课现象	10 分	
7	职业素养	安全生产、保护环境、爱护设施	20 分	
合计				

表 1.5　学生互评表

任务:直流稳压电源 PCB 制作							
序号	评价项目	分值	等级				评价对象____组
1	计划合理	10 分	优 10 分	良 8 分	中 6 分	差 4 分	
2	方案正确	10 分	优 10 分	良 8 分	中 6 分	差 4 分	
3	团队合作	10 分	优 10 分	良 8 分	中 6 分	差 4 分	
4	组织有序	10 分	优 10 分	良 8 分	中 6 分	差 4 分	
5	工作质量	10 分	优 10 分	良 8 分	中 6 分	差 4 分	
6	工作效率	10 分	优 10 分	良 8 分	中 6 分	差 4 分	
7	工作完整	10 分	优 10 分	良 8 分	中 6 分	差 4 分	
8	工作规范	10 分	优 10 分	良 8 分	中 6 分	差 4 分	
9	效果展示	20 分	优 20 分	良 16 分	中 12 分	差 8 分	
合计							

表 1.6　教师评价表

班级:________ 姓名:________ 学号:________				
任务:直流稳压电源 PCB 制作				
序号	评价项目	评价标准	分值	综合
1	考勤	无迟到、旷课、早退现象	10 分	
2	完成时间	是否按时完成	10 分	
3	引导问题填写	正确率 100% 为 20 分	20 分	
4	规范操作	会画原理图与 PCB 图	10 分	
5	完成质量	原理图绘制正确无误、PCB 图纸无误	20 分	
6	参与讨论主动性	主动参与小组成员之间的协作	10 分	
7	职业素养	安全生产、保护环境、爱护设施	10 分	
8	成果展示	能准确汇报工作成果	10 分	
合计				

表 1.7　综合评价表

项目			
自评(20%)	小组互评(30%)	教师评价(50%)	综合得分

学习情境的相关知识点

知识点 1：原理图的绘制

行业概况：Altium Designer 作为一项高科技计算机辅助设计技术，可以实现数据计算自动化，减少工作人员的工作压力，提高数据计算精准度，降低复杂图形绘制难度。计算机辅助设计技术的使用在机械设计与零件装配方面具有重要应用。计算机辅助设计软件是信息时代的一种高效先进的设计手段，不仅仅是绘图工具这样简单。无论从事什么岗位，什么行业，只要面临与人打交道，都需要向别人表达清楚客观存在的详细信息，图纸就是最直观高效的工具。拿出图纸来说话，一切东西都可以找到直观的依据，这样不仅专业，而且比大段文字描述易于理解。

通过已有的“三端稳压电源电路原理图”的 PDF 文件进行原理图的绘画练习，在安装有 Altium Designer 16.1.12 软件的电脑上完成任务。

1.1　新建项目工程以及原理图文件

首先打开 AD 16.1.12 软件，然后执行菜单栏中的“文件”→“New”→“设计工作区”命令，如图 1.2 所示。按照上述操作，就会在软件左侧弹出一个名为“Projects”(项目)的对话框，如

图1.3 所示。

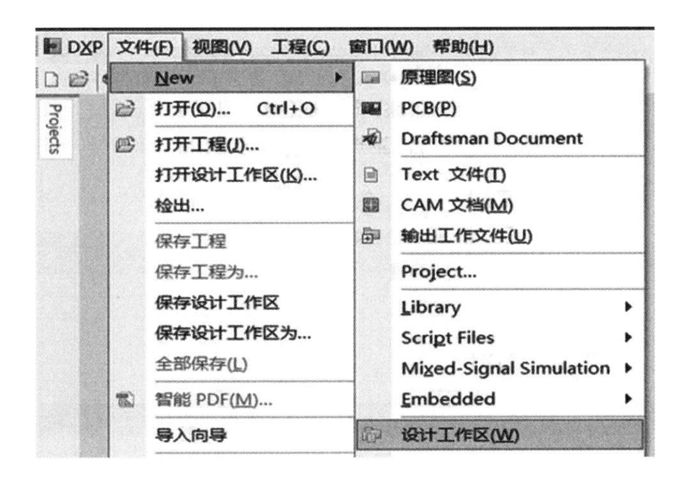

图 1.2　新建设计工作区

图 1.3　“Projects”对话框

然后创建工程文件,执行“工作台”→“添加新的工程”→“PCB 工程”命令,如图 1.4 所示;接着保存新建的工程文件,并修改工程文件名为“三端稳压电源”。详细步骤:右击新建的工程文件,弹出一个下拉菜单,选择“保存工程”选项,在 D 盘中选择一个“新建文件夹”,更改需要保存的文件名为“三端稳压电源”即可,如图 1.5 ~ 图 1.7 所示。

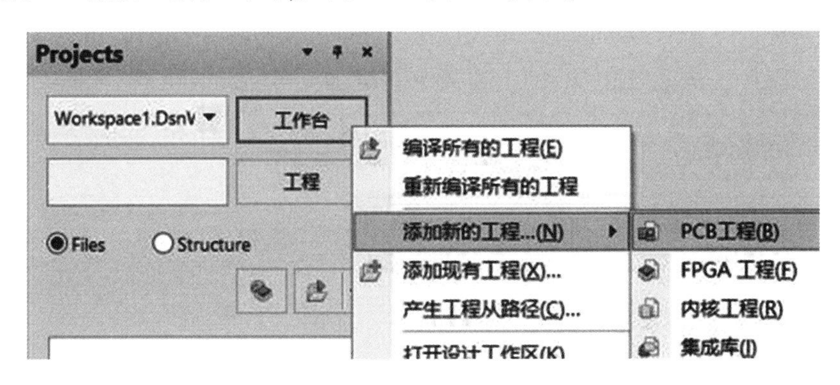

图 1.4　新建 PCB 工程

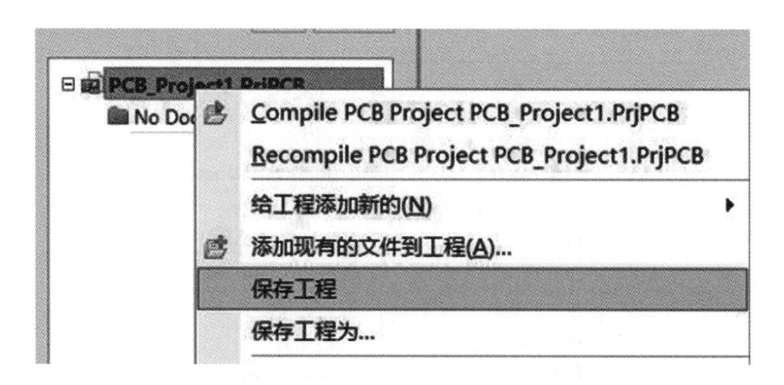

图 1.5　保存工程

图 1.6　修改工程文件名为“三端稳压电源”

图 1.7　保存工程完成

接下来,在名为“三端稳压电源”的工程文件中,添加一个原理图文件,如图 1.8 所示。

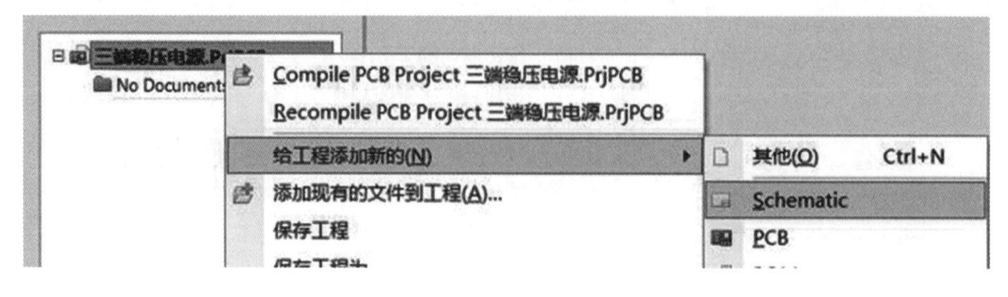

图 1.8　添加原理图文件

根据已有的“三端稳压电源电路原理图”的 PDF 文件(见图 1.9 所示),进行原理图的绘制。

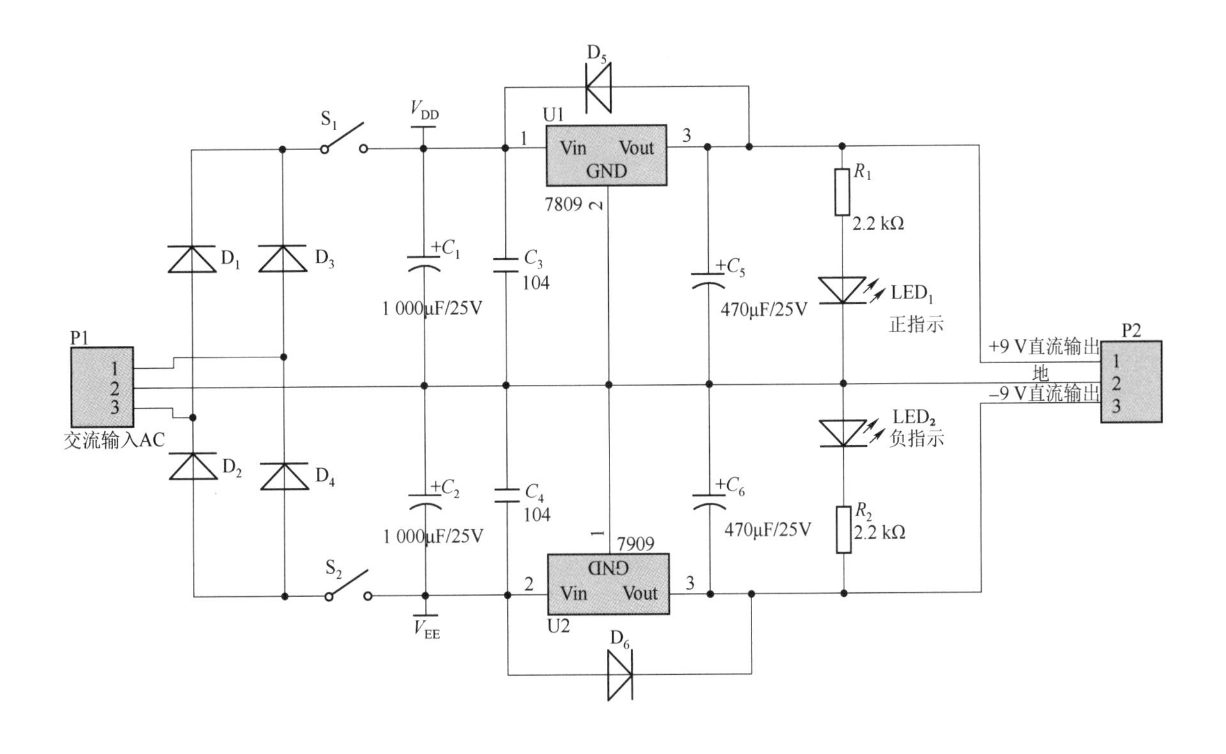

图 1.9 已有的“三端稳压电源电路原理图”的 PDF 文件

1.2 绘制原理图

找到这个原理图中出现的所有元器件,并按图 1.9 摆放好。详细步骤:首先执行右下角“System”(系统)→“库”命令,如图 1.10 所示。这样就会在屏幕的右边弹出一个“库”对话框,如图 1.11 所示。

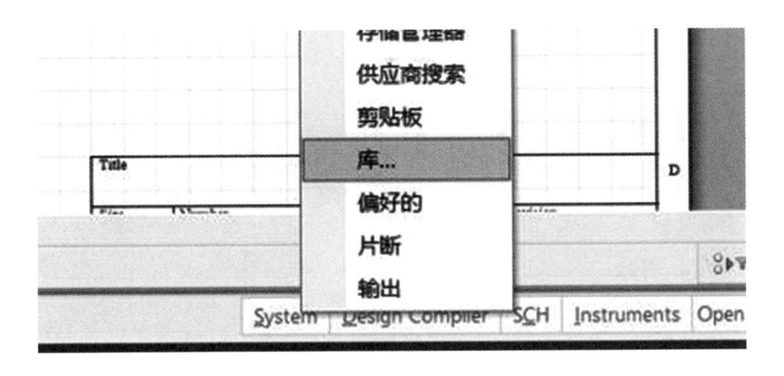

图 1.10 选择“库”选项

图 1.11　“库”对话框

接下来,在库中双击选出你所需要的元器件,并把光标移到原理图的中间,这样就会发现元器件会跟着光标一起移动,找到合适的位置单击放置即可,如图 1.12 所示。

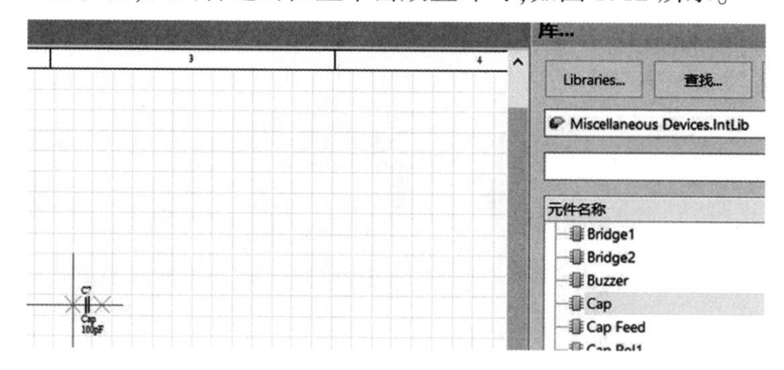

图 1.12　放置元器件

接下来,在元件库里找到你所需的所有元器件并摆放好,如图 1.13 所示。

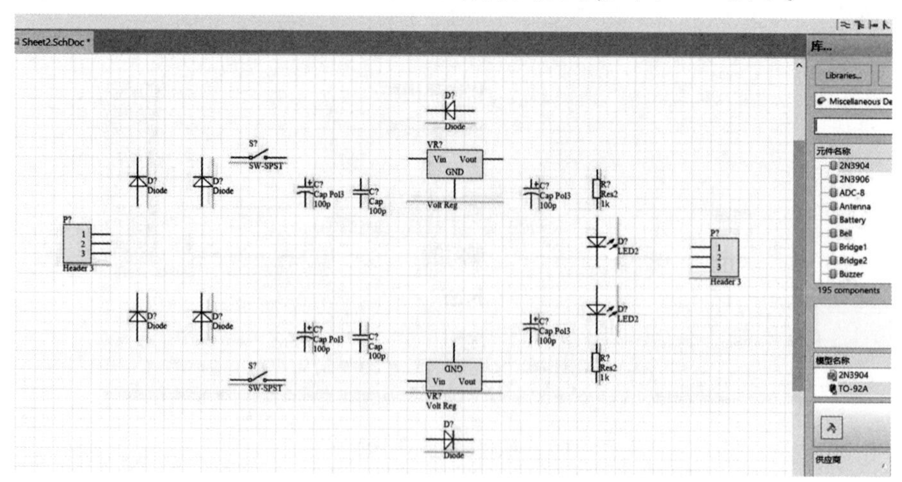

图 1.13　放置所有元器件

这时，你就会发现每一个元器件的编号都是问号，跟图1.9不一样，那么接下来，就开始进行元器件编号的修改。

详细步骤：双击最左边的元器件，会弹出一个关于该元器件属性的对话框，如图1.14所示。

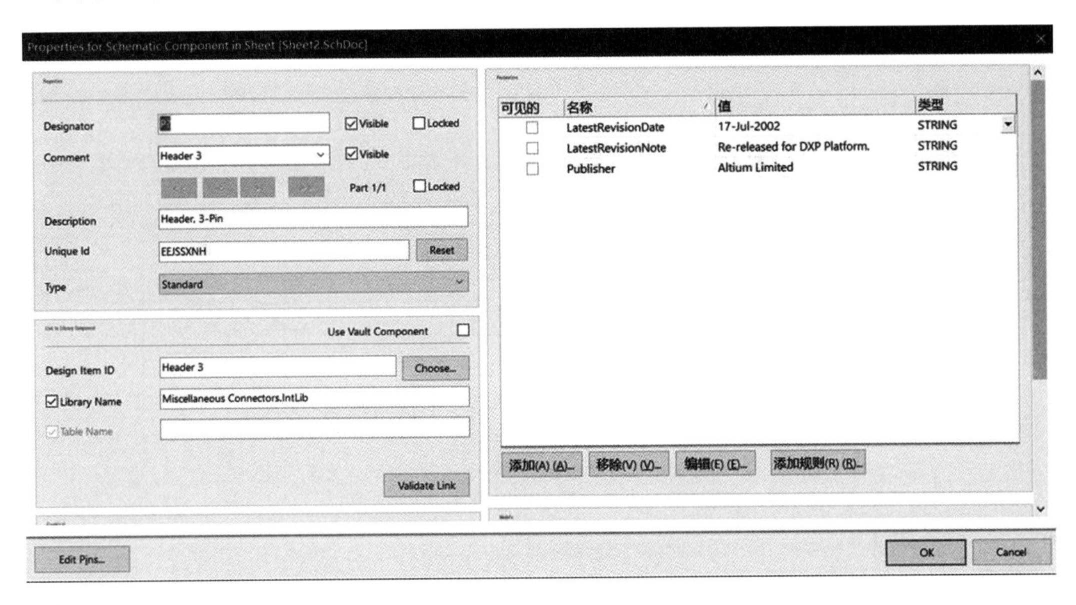

图1.14 元器件属性对话框

接下来，选择该框中的“Designator”（标识）选项，更改为“P1”即可。再次选择该框中的“Comment”（注释）选项，更改为“交流输入AC”即可，如图1.15所示。

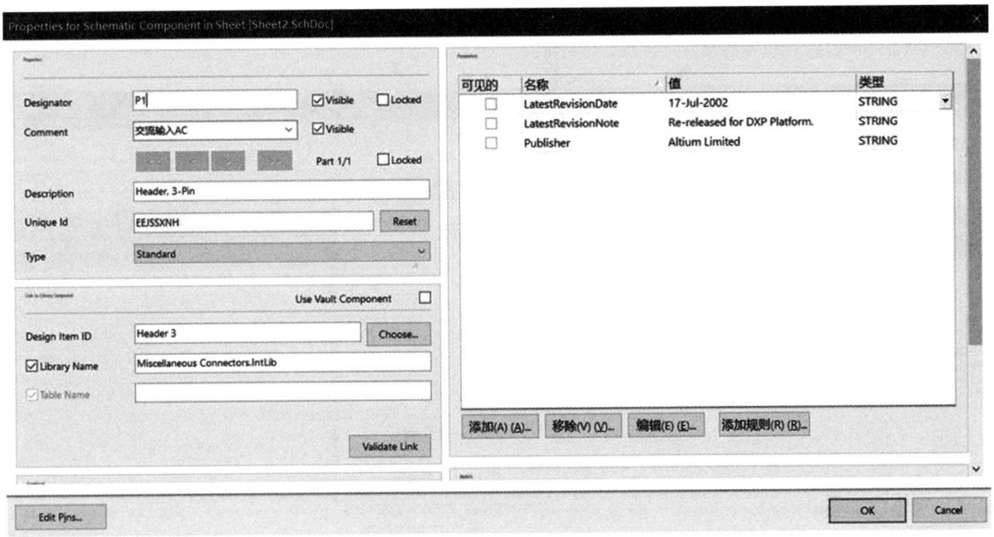

图1.15 设置元器件属性

接着，重复此操作，按照图1.9要求更改其他元器件的编号及注释，如图1.16所示。

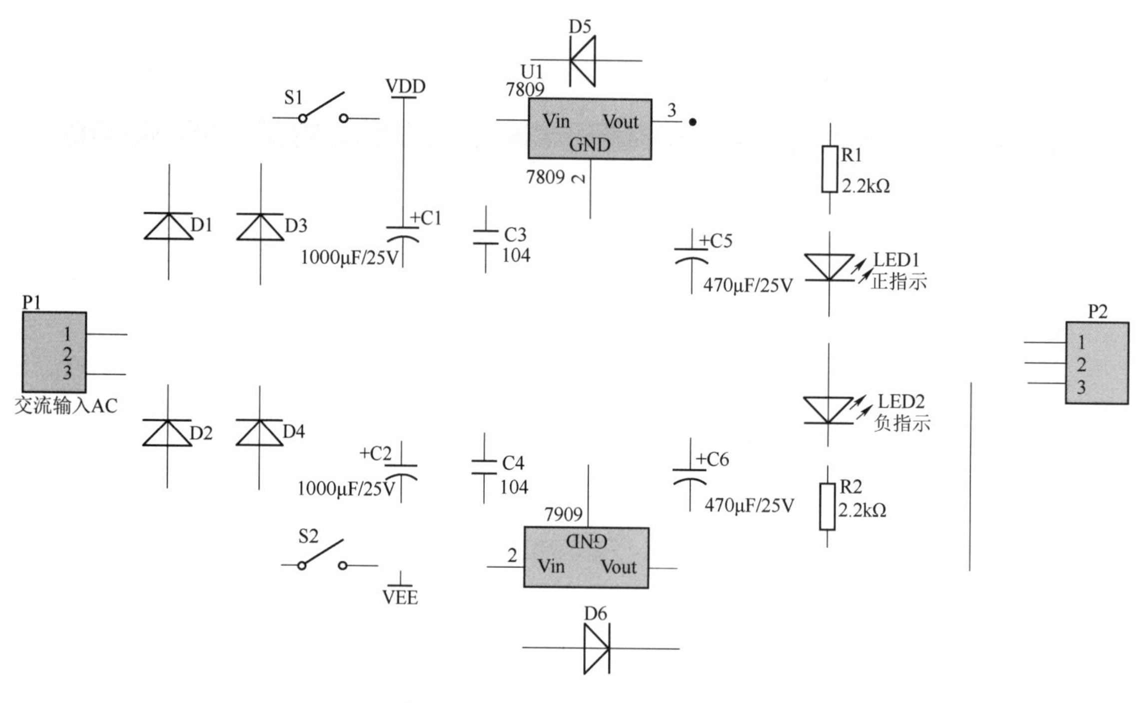

图 1.16　所有元器件名称设置完毕

如果元器件已经按照要求排列好了,那么就可以进行连线的操作了。

右击界面上方任意空白处,会弹出一个对话框,如图 1.17 所示,并在里面把“实用”和“布线”两个选项打上“√”就会有两个工具栏弹出,如图 1.18 所示。

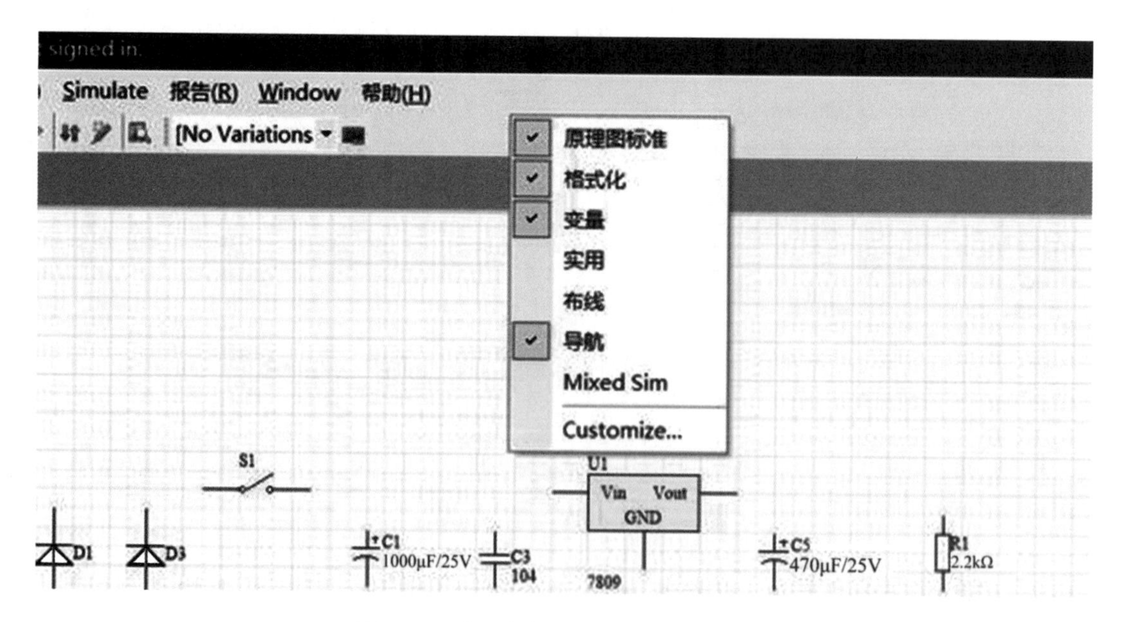

图 1.17　准备勾选“实用”和“布线”选项

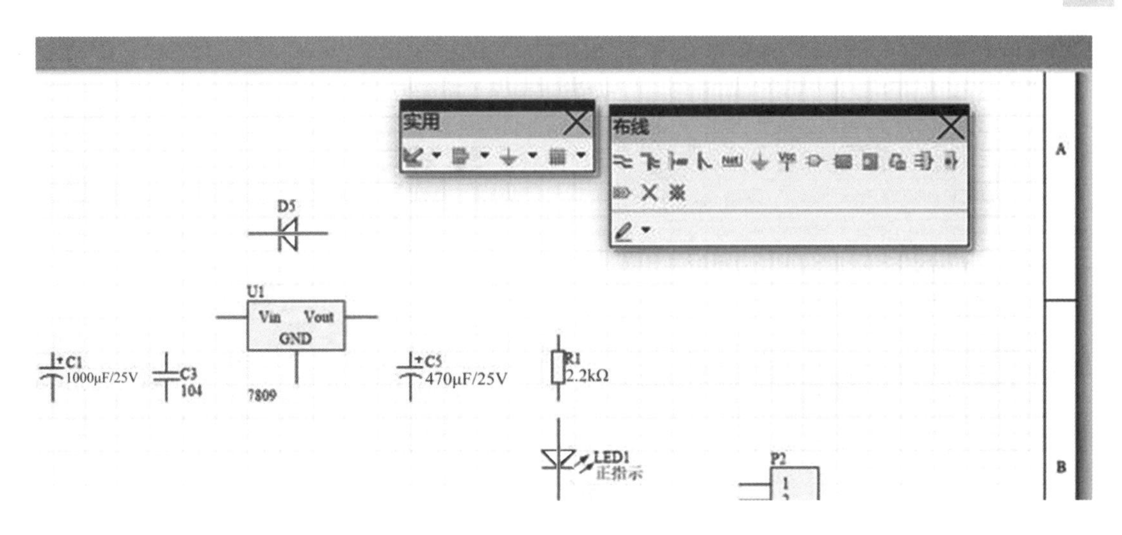

图 1.18 弹出两个工具栏

然后选择“布线”工具栏中的第一个“放置线”选项。之后,你就会发现鼠标指针变成了十字光标,然后把它放在元器件的引脚上,十字光标上会出现一个红叉,单击,那么线的一端就连在元器件上了,如图 1.19 所示。

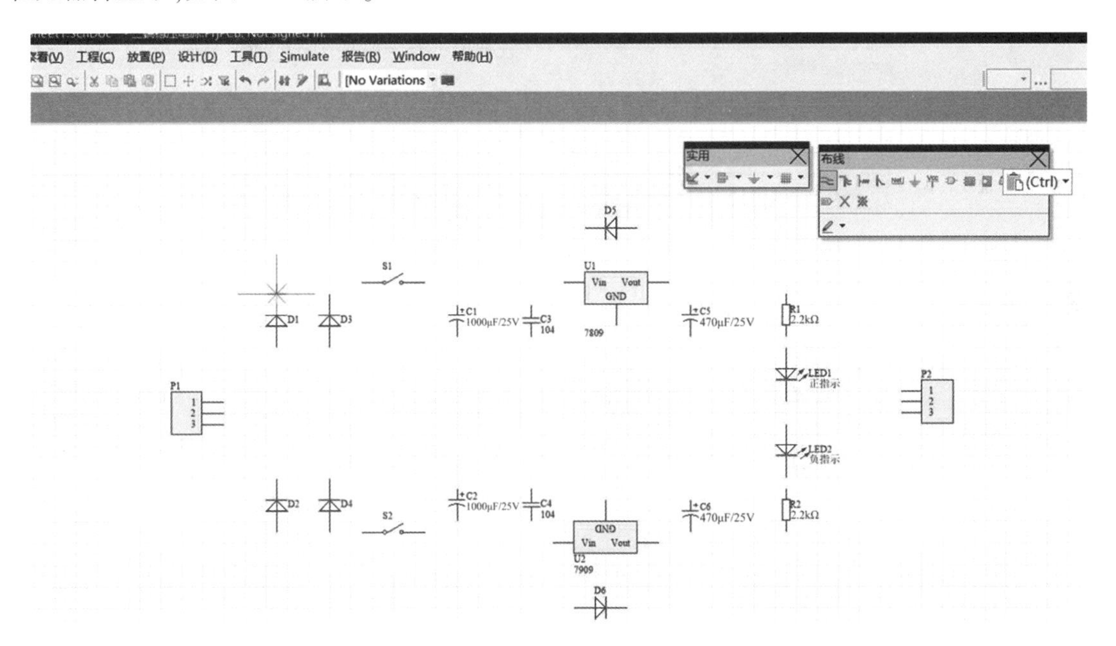

图 1.19 鼠标指针变成了十字光标

接着,把线连接好,如图 1.20 所示。

这样线已经连完了,但是,还缺少了两个名为“VDD”和“VEE”的电源端口。

选择“布线“工具栏,在其中找到“VCC 电源端口”选项,单击,将其放在相应的位置上,如图 1.21 所示。接下来,单击原理图中的“VCC”电源端口,会弹出一个名为“电源端口”的对话框,在框中把“VCC”更改为“VDD”和“VEE”即可,如图 1.22 所示。

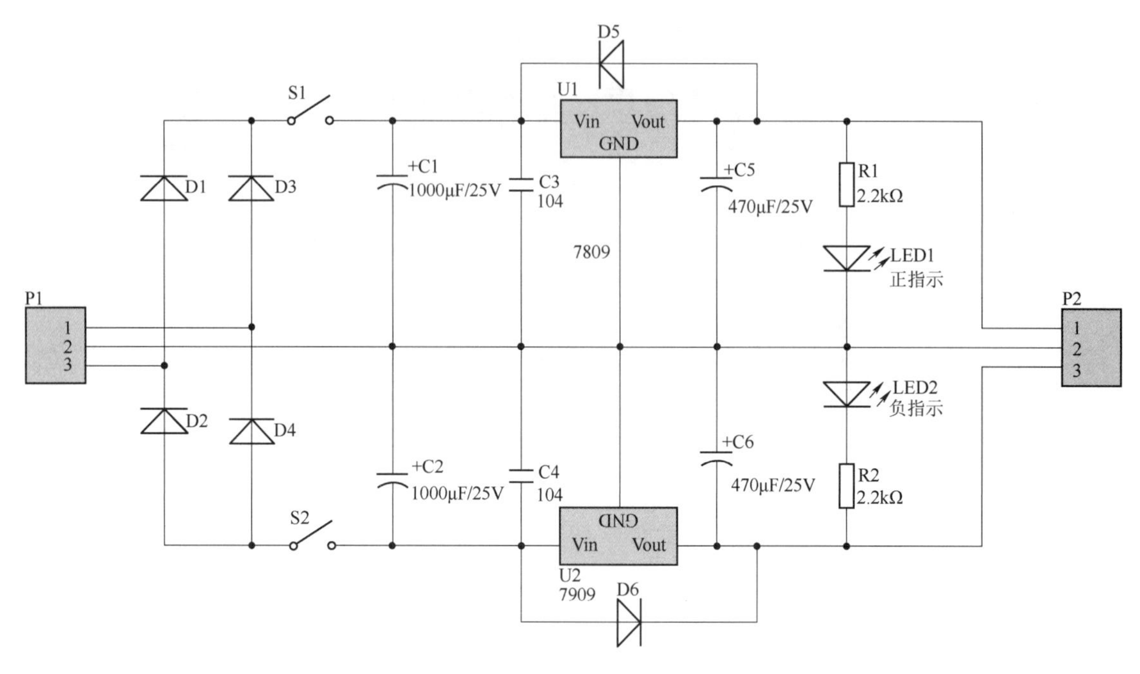

图 1.20　图纸连接完成

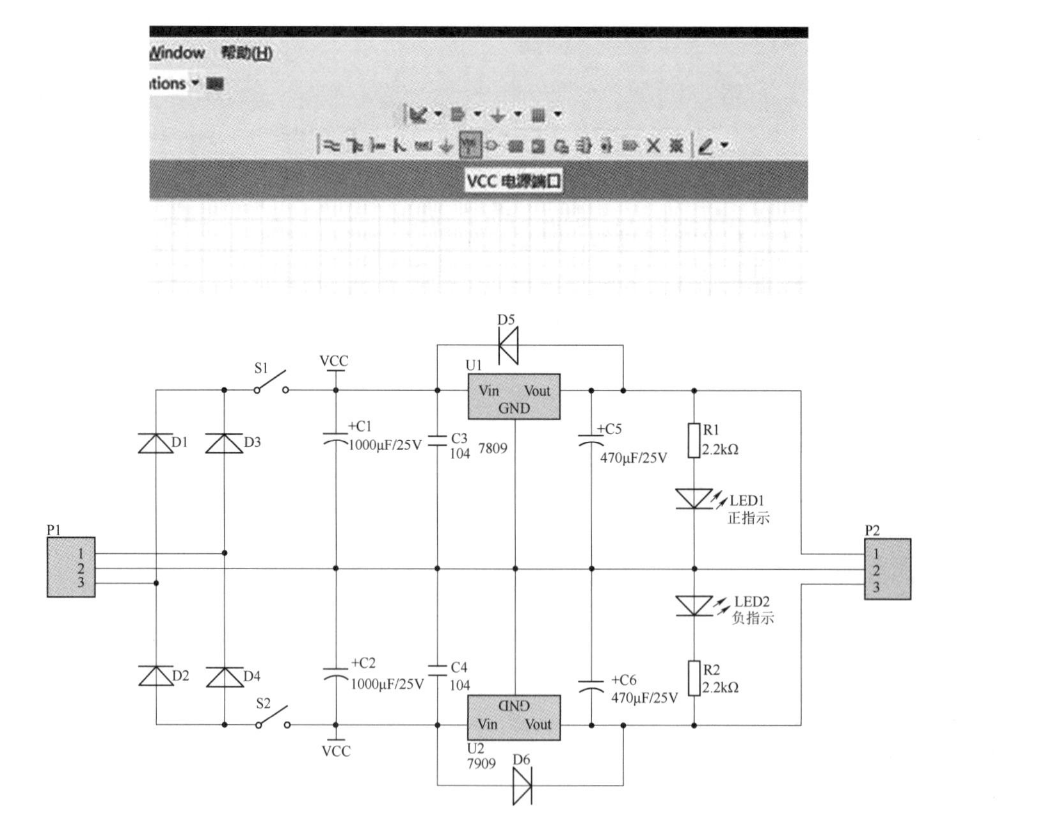

图 1.21　放置电源端口

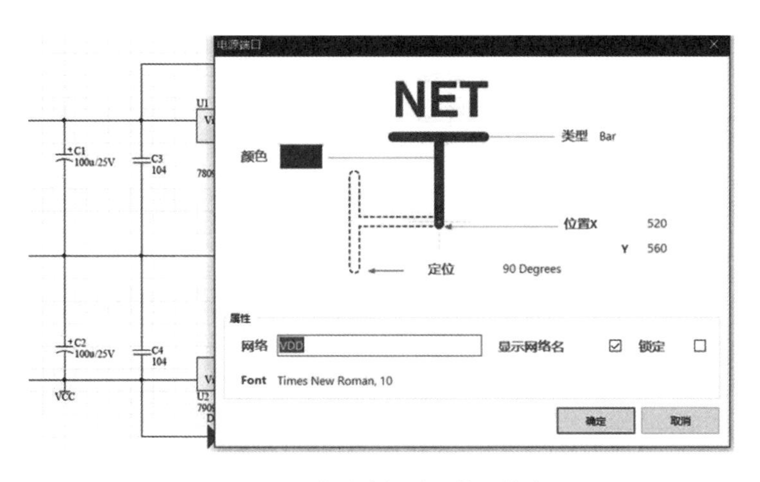

图 1.22　修改电源端口的网络名

原理图绘制完毕后，单击左上角的“保存”按钮，即可保存。以上，一个完整的三端稳压电源电路原理图就绘制完毕了，如图 1.23 所示。

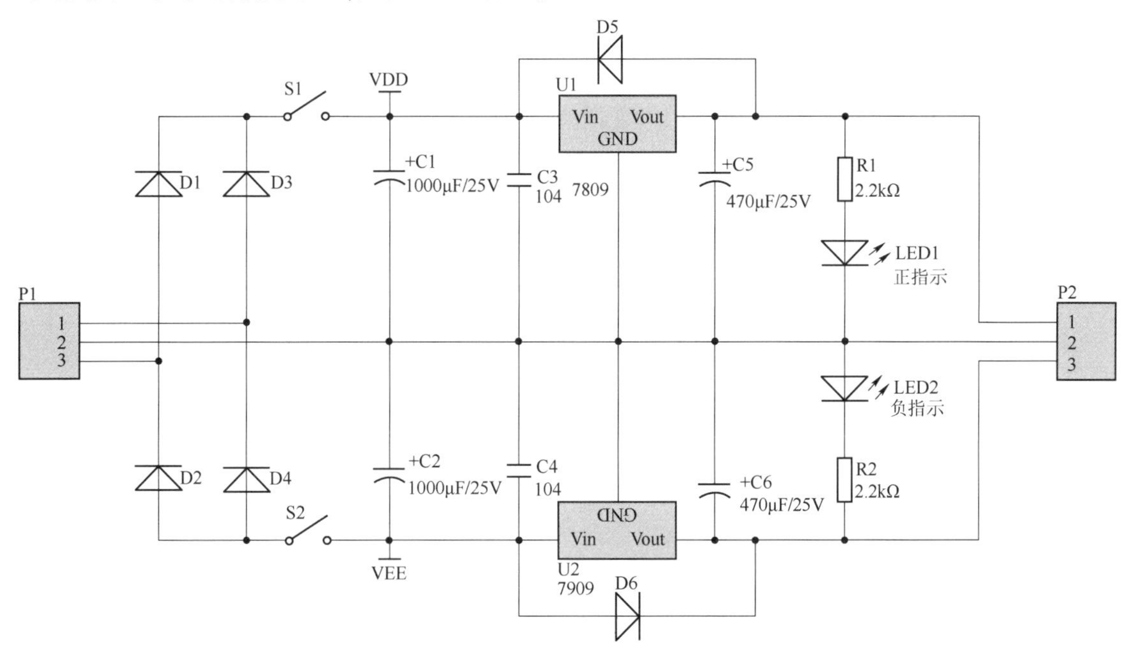

图 1.23　原理图绘制完毕

知识点 2：元器件封装的自主绘画

根据已有的元器件封装尺寸图，完成封装的绘制。熟悉并了解 AD 软件中封装库的使用，以及印制电路板中各层的详细作用。

2.1　印制电路板各层的作用

印制电路板中各层的作用如表 1.8 所示。

表 1.8　印制电路板中各层的作用

英文	中文	定义
Top Layer	顶层信号层	主要用来布线和放置元器件，如印制电路板为单面板，则没有 Top 层
Bottom Layer	底层信号层	
Mid Layer	中间信号层	最多可有 30 层，在多层板中用来布信号线
Mechanical	机械层	定义 PCB 物理边框的大小
Top Overlay	顶层丝印层	用来标注各种印制标识，如元件位号、字符、商标等
Bottom Overlay	底层丝印层	
Top Paste	顶层粘贴层	也称为钢网层，顾名思义是用来做钢网粘贴元件用的，很多时候它可以完全被阻焊层兼容，但是也是因为这样，常常出现问题。很多人认为，只要是粘贴层的焊盘，一定会显示到印制电路板上面，所以经常用这个来画阻焊，现在很多工厂按照标准来生产，在生产印制电路板的时候，这个层是不用理会的，所以不会出现在 PCB 上面
Bottom Paste	底层锡膏层	
Top Solder	顶层阻焊层	定义 PCB 不可焊接的层，以保护铜箔不被氧化上锡等，即平时在 PCB 上刷的阻焊漆（默认不选取任何区域为整个平面刷油，选取区域不刷，负片输出）
Bottom Solder	底层阻焊层	
Drill Guide	钻孔定位层	焊盘及过孔的钻孔的中心定位坐标层（注意是中心）
Drill Drawing	钻孔描述层	焊盘及过孔的钻孔尺寸、孔径尺寸描述层
Keep - Out Layer	禁止布线层	用于定义在印制电路板上能够有效放置元件和布线的区域。在该层绘制一个封闭区域作为布线有效区，在该区域外是不能自动布局和布线的
Mulit - Layer	多层	印制电路板上焊盘和穿透式过孔要穿透整个电路板，与不同的导电图形层建立电气连接关系，因此系统专门设置了一个抽象的层——多层。一般来说，焊盘与过孔都要设置在多层上，如果关闭此层，则焊盘与过孔就无法显示出来

其中，一般双层板经常用到的层有 Top Layer、Bottom Layer、Keep - Out Layer、Top Overlay。而在绘制元器件封装时只需要 Top Overlay。

图 1.24 为 7809 三端稳压集成元件的封装尺寸。

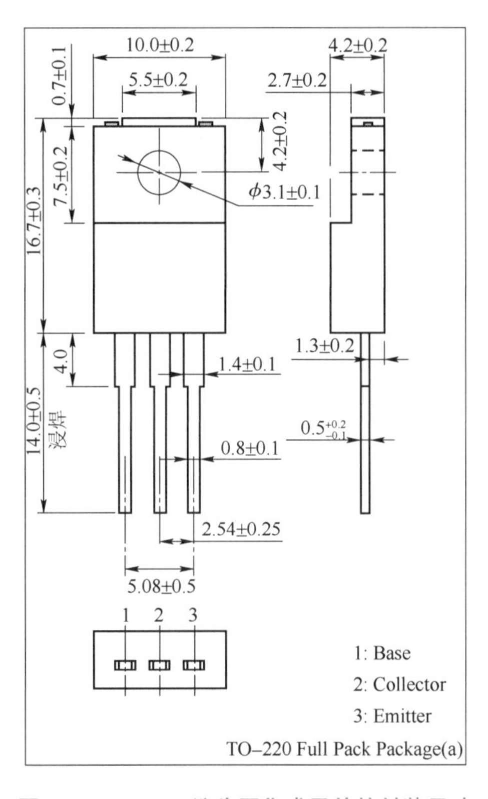

图 1.24 7809 三端稳压集成元件的封装尺寸

按照以上图纸的尺寸，我们开始接下来的封装教学。首先打开 AD 16.1.12 软件，从 D 盘里打开上一节所画完的原理图文件及工程文件。接着我们学习如何在工程文件中添加新的文件。

2.2 新建 PCB 封装库

首先找到"Projects"对话框，如图 1.25 所示。

图 1.25 "Projects"对话框

接下来，单击“工程”按钮，会出现一个下拉菜单，选择“给工程添加新的”选项，在新出现的下拉菜单中选择“PCB Library”（PCB 封装库）选项，如图 1.26 所示。

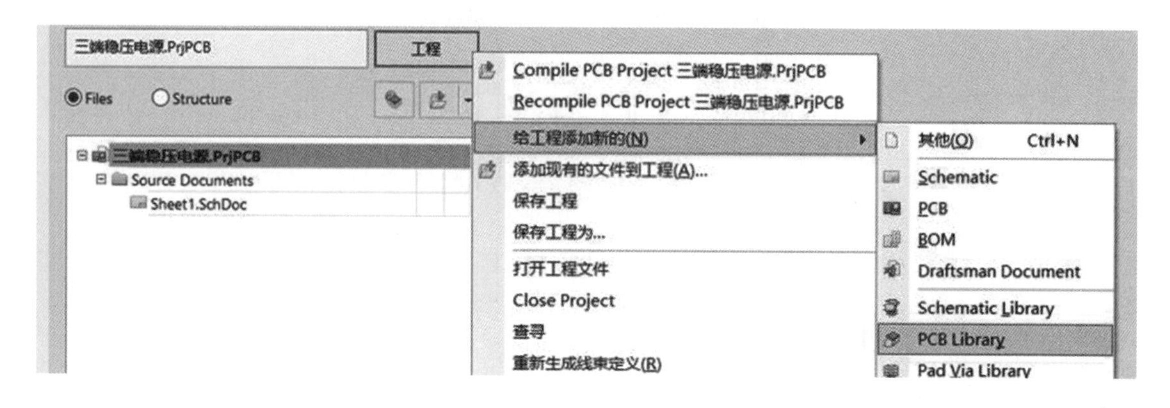

图 1.26　新建 PCB 封装库

图 1.27 就是成功添加 PCB 封装库的样子。

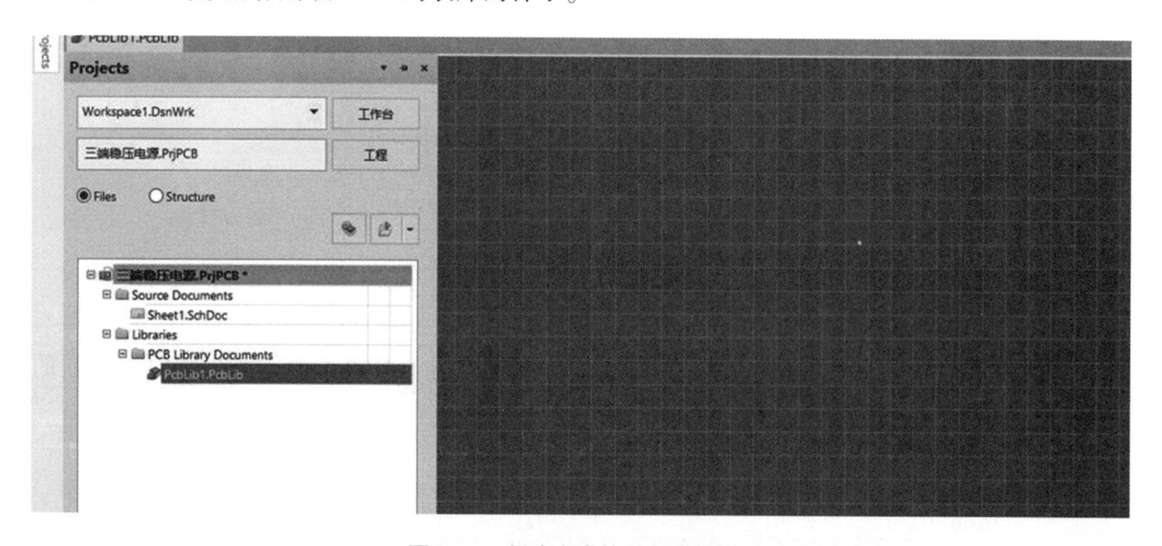

图 1.27　新建完成的 PCB 封装库

然后，进行绘制元器件封装库之前的准备工作。

详细步骤：首先执行“编辑”→“设置参考”→“定位”命令。做完这一步操作后，你的鼠标指针会变成一个十字大光标，选择一个合适的位置单击即可。这时，你会发现图上出现了一个这样的符号，代表完成了绘制封装库的准备工作，如图 1.28 所示。

2.3　绘制 7809 封装

接下来根据图 1.24 所示尺寸进行元器件封装库的绘制。

首先在界面最下面的“选用印制电路板层”选项中，选择黄色的 Top Overlay（丝印层），然后根据尺寸图进行绘制，如图 1.29 所示。

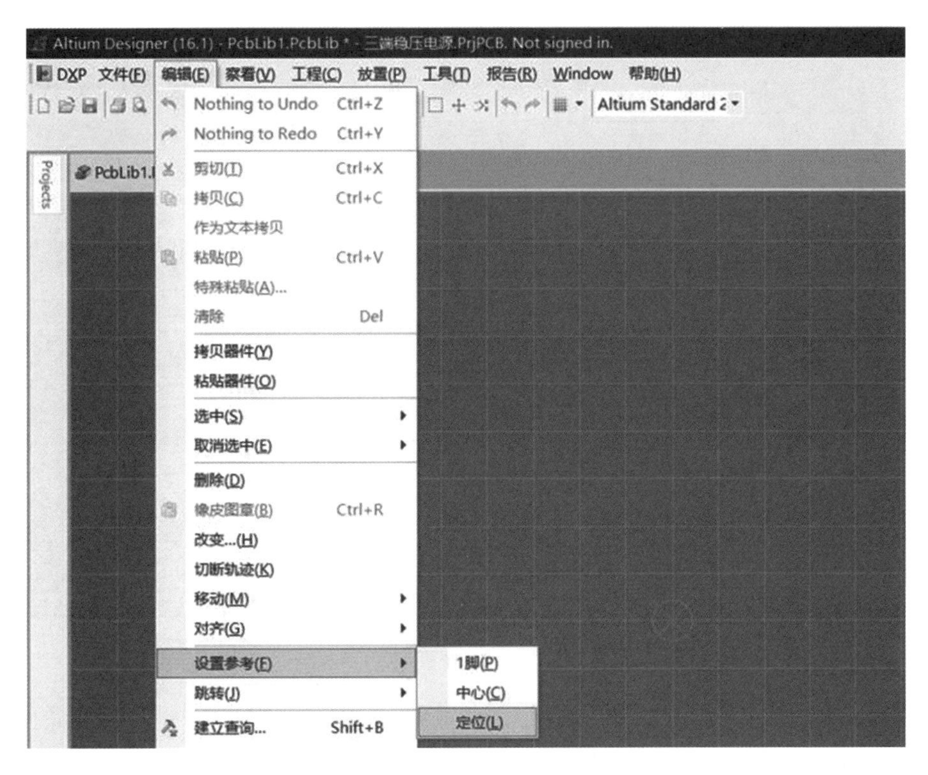

图 1.28 设置 PCB 封装库参考点

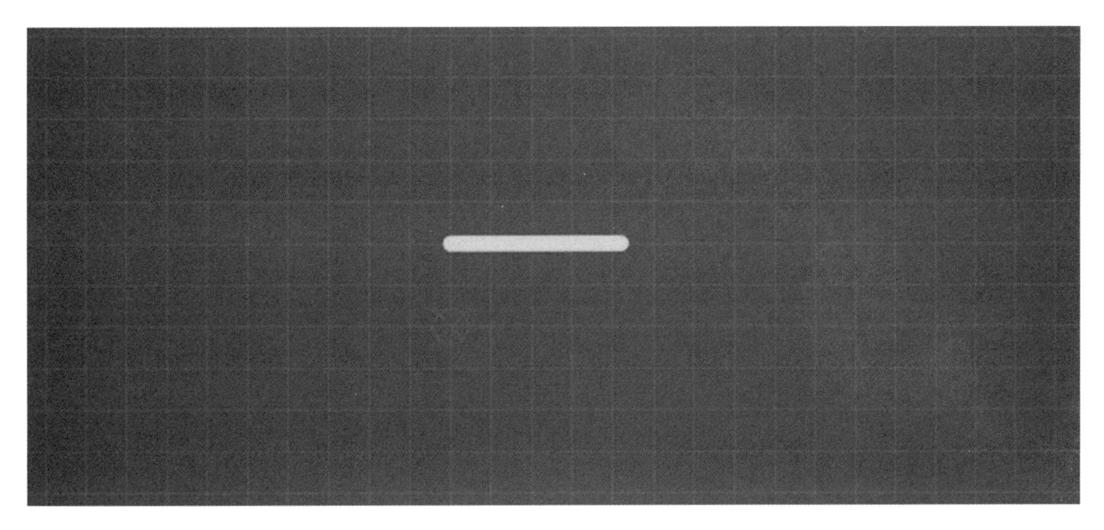

图 1.29 在丝印层中绘制

在画元器件封装图的时候,必须先确定焊盘的大小和多个焊盘之间的间距,确定之后,才可以开始元器件封装外形的进一步绘制。

详细步骤:首先,查看图 1.24,确定焊盘的大小和间距,可以得出焊盘大小为 0.8 mm 左右,间距为 2.54 mm。根据这两个参数,进行封装焊盘的绘制。

第一步,选择“PCB 库放置”工具栏中的“放置走线”选项,在所选择的定位点上画出一条随意长度的横线,如图 1.30 所示。

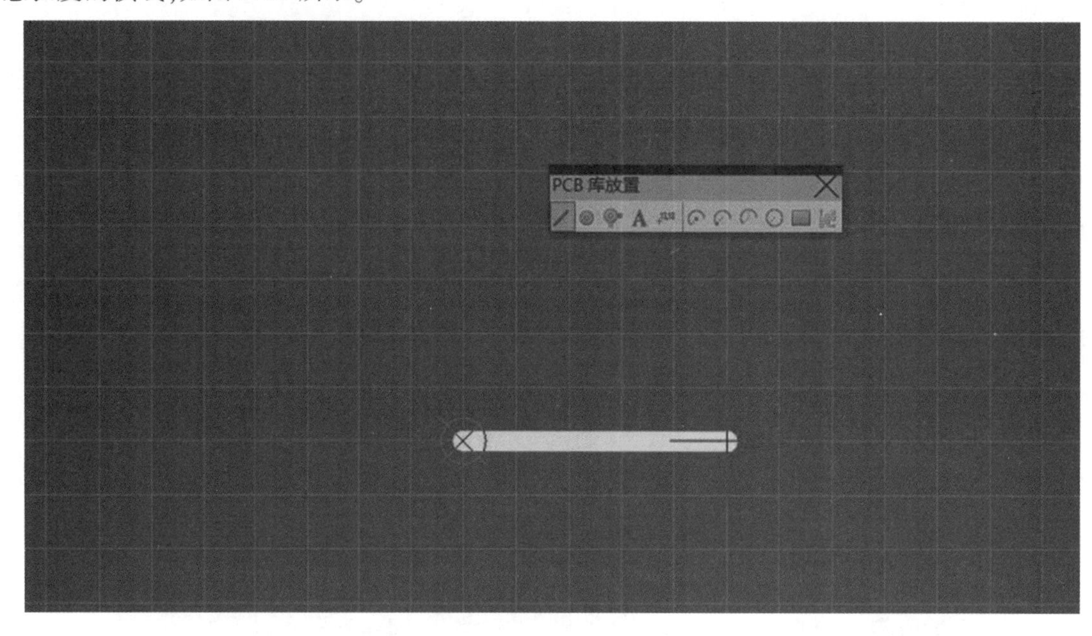

图 1.30　放置走线

接着,双击这条横线。之后,便会弹出该线所对应的属性对话框,如图 1.31 所示。

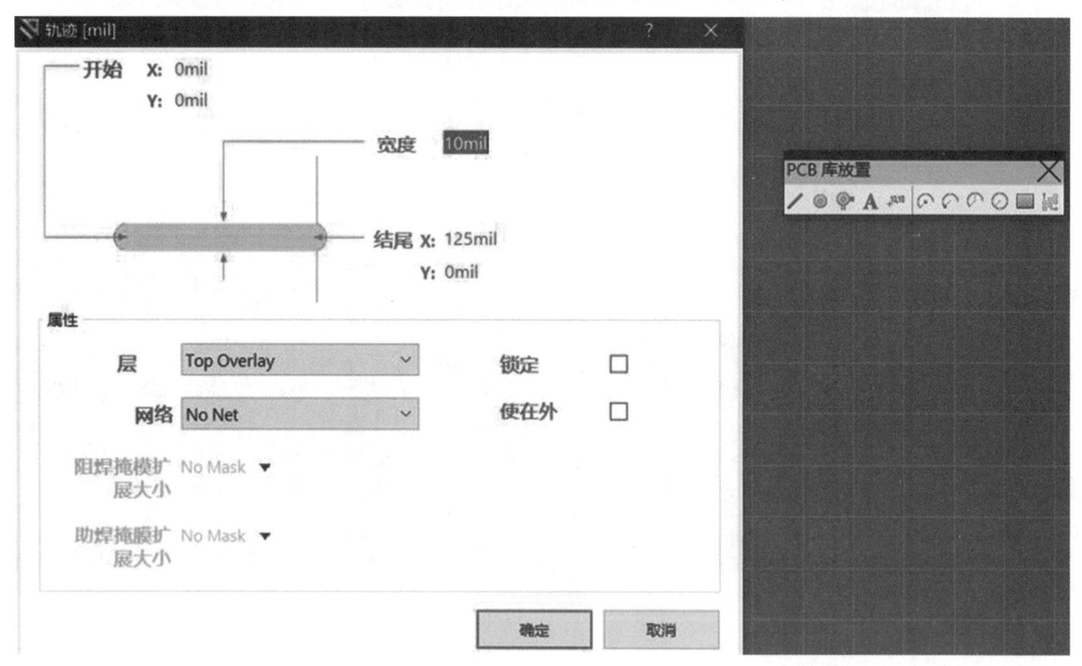

图 1.31　双击线条进行设置

然后,在其中"结尾"选项中选择"X 轴",并更改它的长度为"2.54 mm",单击"确定"按钮即可,这样这条线的长度就变成了 2.54 mm,如图 1.32 所示。

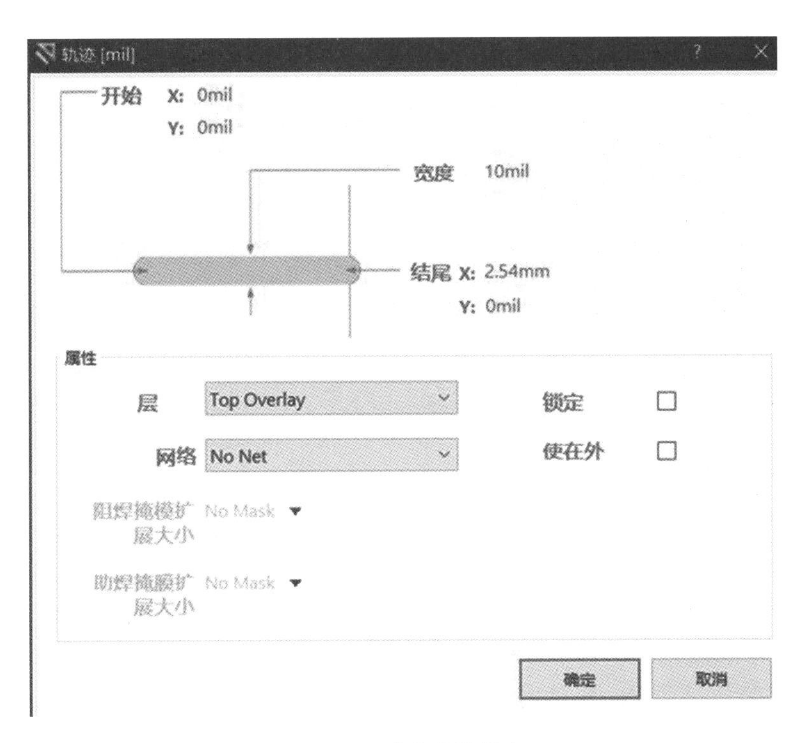

图 1.32　改变线的长度

因此，焊盘之间的间距长度就确定下来了，然后选择“PCB 库放置”工具栏中的“放置焊盘”选项，将焊盘放置在这条线的两端即可，如图 1.33 所示。

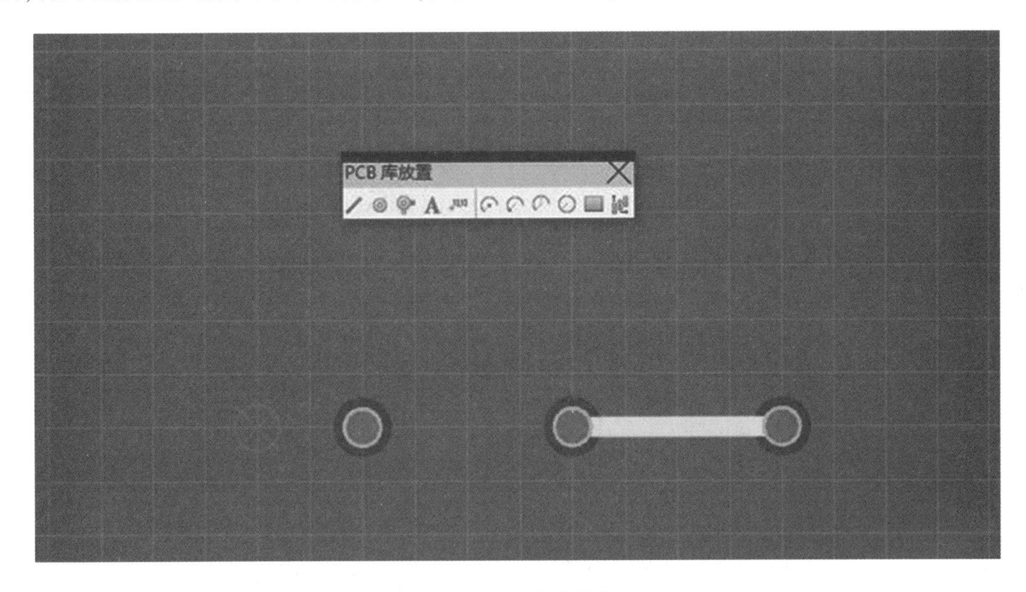

图 1.33　放置焊盘

现在，确定了 3 个焊盘之间的间距，然后更改焊盘的大小。

详细步骤：双击第一个焊盘，会弹出相应的属性对话框，已知焊盘大小为 0.8 mm。因此，在对话框中选择“通孔尺寸”选项，并更改为“0.8 mm”。然后在“尺寸和外形”选项中，更改 X、Y 轴尺寸为“0.9 mm”，“外形”选为“Round”，如图 1.34 所示。

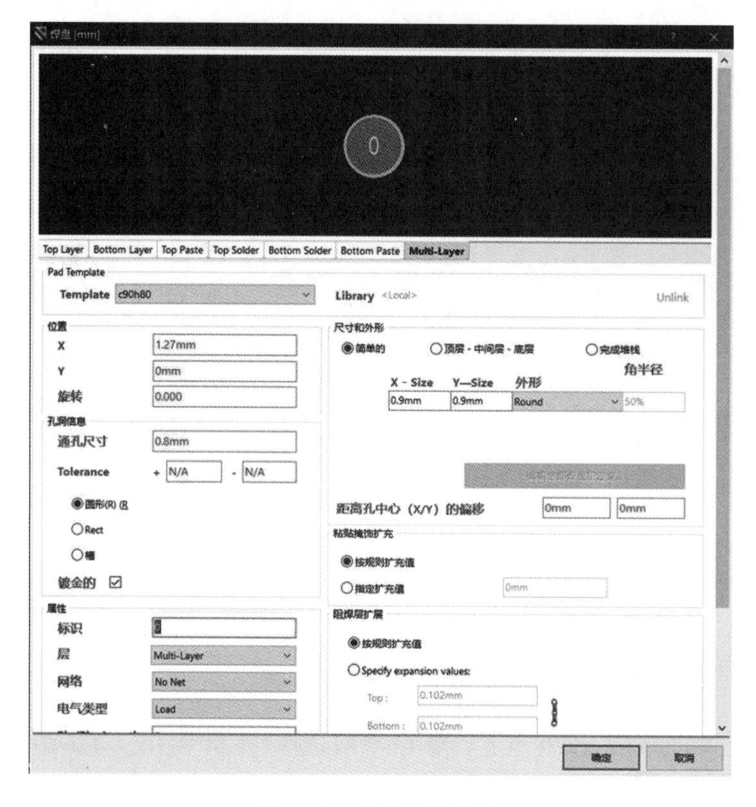

图 1.34　焊盘属性设置

将 3 个焊盘全部更改成以上尺寸，这样焊盘的间距和大小已经按照图 1.24 修改完成了，接下来，开始绘制元器件的封装外形。

在画元器件的封装外形之前，一定要看其尺寸图。根据尺寸图已知元器件外形长为 10.0 mm、宽为 4.2 mm。

根据之前的方法画出长为 10.0 mm、宽为 4.2 mm 的矩形外形框，并按照尺寸图的要求放到相应的位置，如图 1.35 所示。

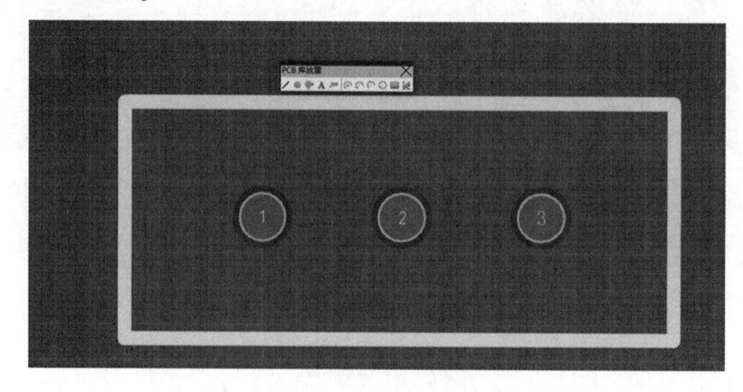

图 1.35　封装绘制完成

这样，一个 7809 三端稳压集成元件的封装图就绘制完成了。

知识点 3：PCB 的大小与规则

行业概况：印制电路板（PCB）的设计是以电路原理图为根据，实现电路设计者所需要的功能。PCB 的设计主要指版图设计，需要考虑外部连接的布局，以及内部电子元件的优化布局、金属连线和通孔的优化布局、电磁保护、热耗散等各种因素。优秀的版图设计可以节约生产成本，达到良好的电路性能和散热性能。简单的版图设计可以用手工实现，复杂的版图设计需要借助计算机辅助设计（CAD）实现。

了解并学会 PCB 的规则和如何更改板子大小，掌握 PCB 的各种规则及参数的含义。

3.1　新建 PCB 文件

首先，打开 D 盘名为“三端稳压电源”的工程文件，在 AD 16.1.12 软件中找到“Projects”对话框，如图 1.36 所示。

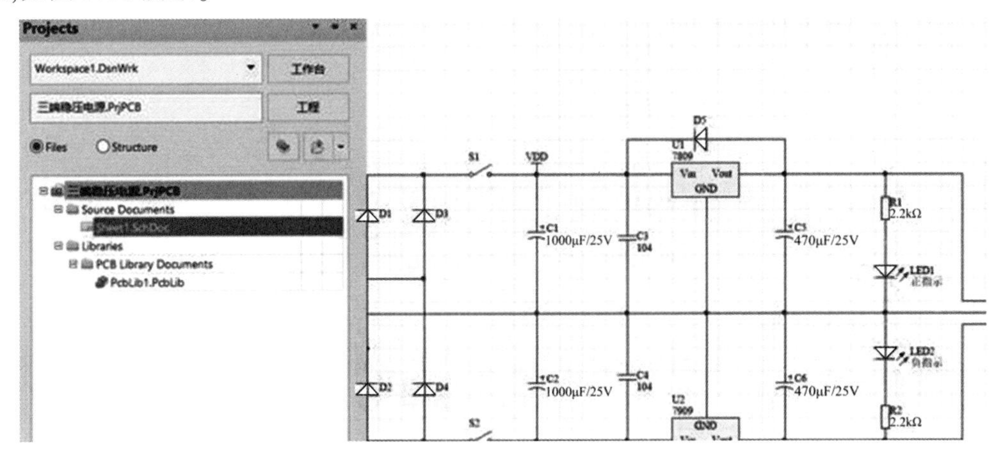

图 1.36　已经绘制好的原理图

之后，执行“工程”→“给工程添加新的”→“PCB”命令，如图 1.37 所示。

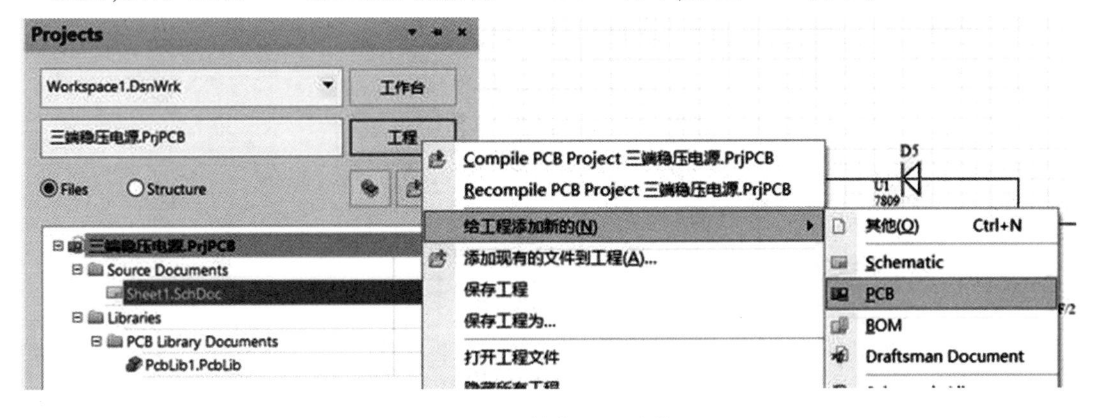

图 1.37　新建 PCB 文件

图 1.38 为成功添加 PCB 文件的界面，之后便把该文件更名为“三端稳压电源电路板”并与工程文件保存在同一文件夹中，如图 1.39 所示。

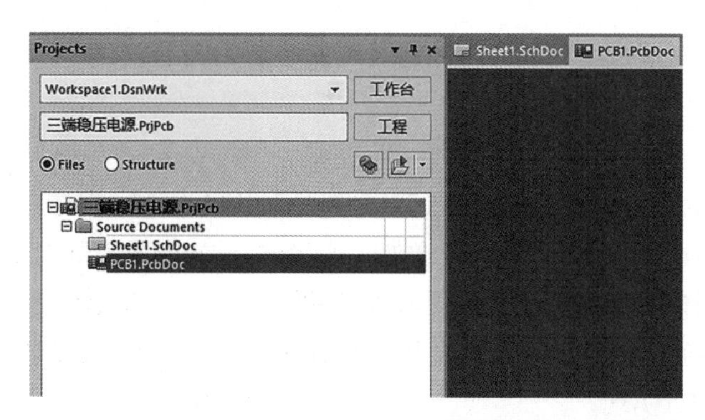

图 1.38　完成 PCB 新建文件

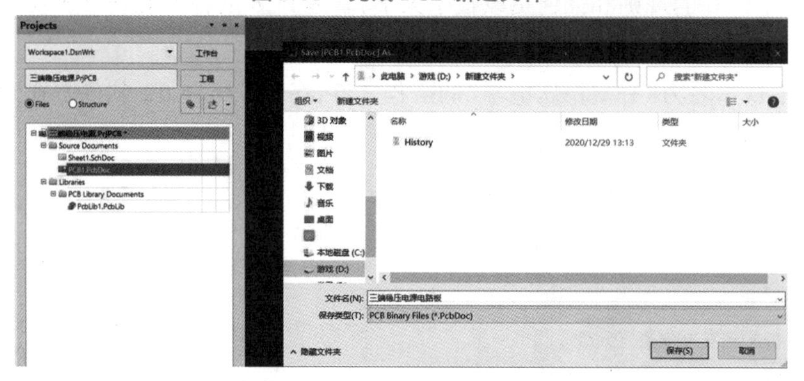

图 1.39　将 PCB 文件命名并保存

3.2　PCB 规则设置

接下来,执行“设计”→“规则”命令,弹出名为“PCB 规则及约束编辑器”对话框,如图 1.40 所示。

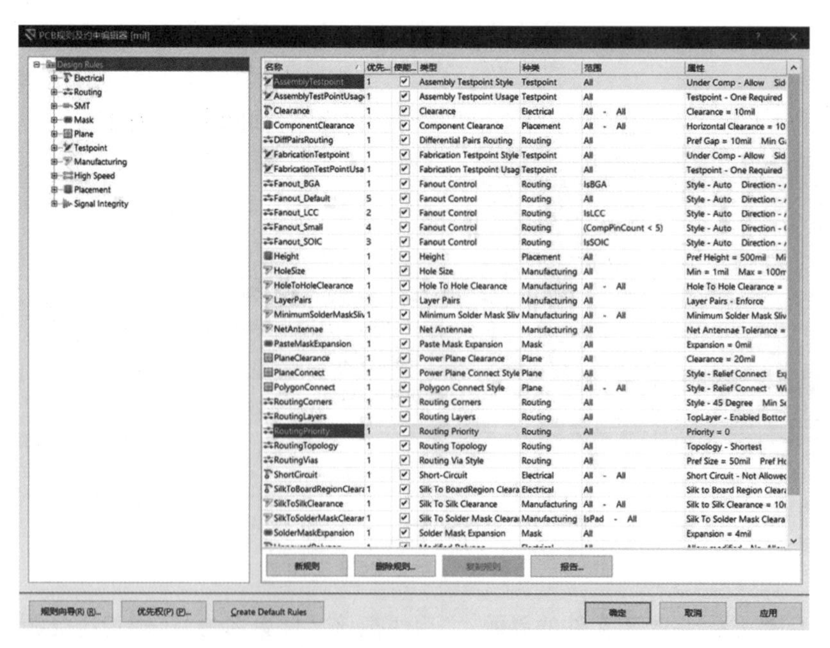

图 1.40　“PCB 规则及约束编辑器”对话框

在左边的列表框选择“Routing”(布线)→“Width”(线宽),如图1.41所示。

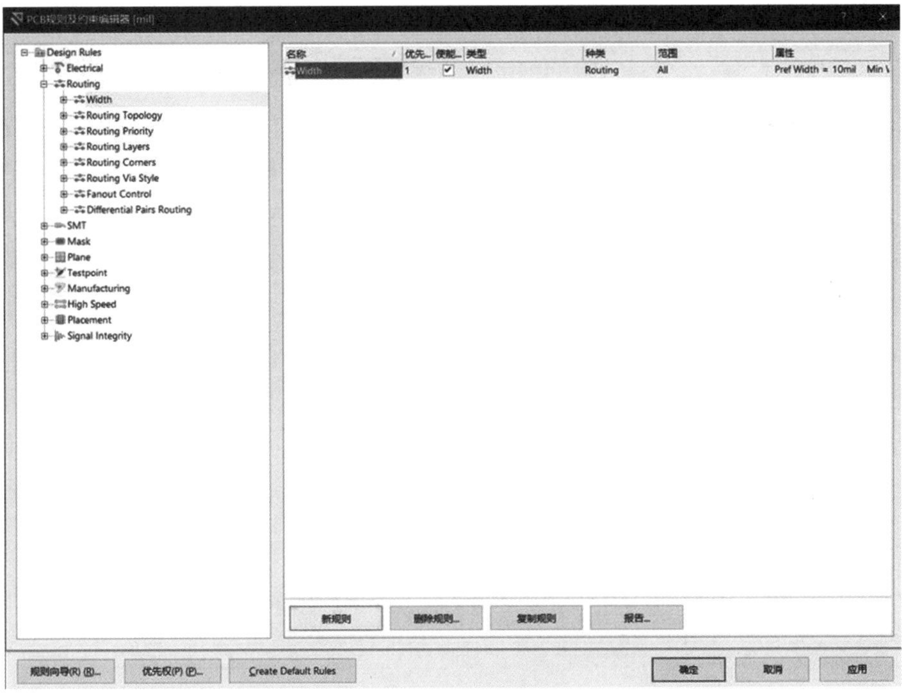

图1.41　设置线宽规则

接着,单击下面的“新规则”按钮,在原有规则的基础之上,添加新的线宽规则,如图1.42所示。

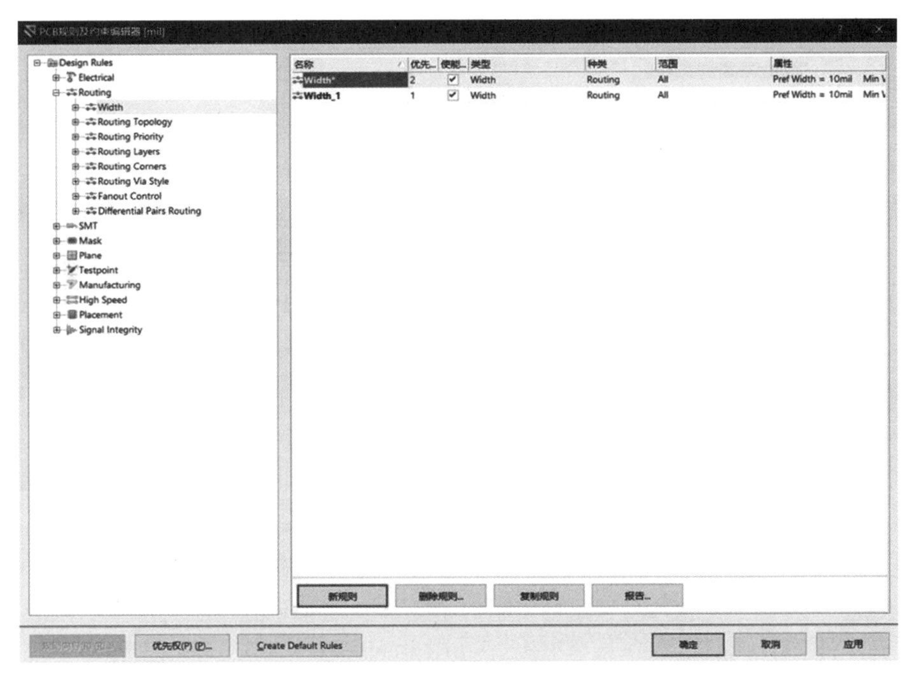

图1.42　添加新的线宽规则

然后,修改刚刚新建线宽规则的名称为“电源线”,如图 1.43 所示。

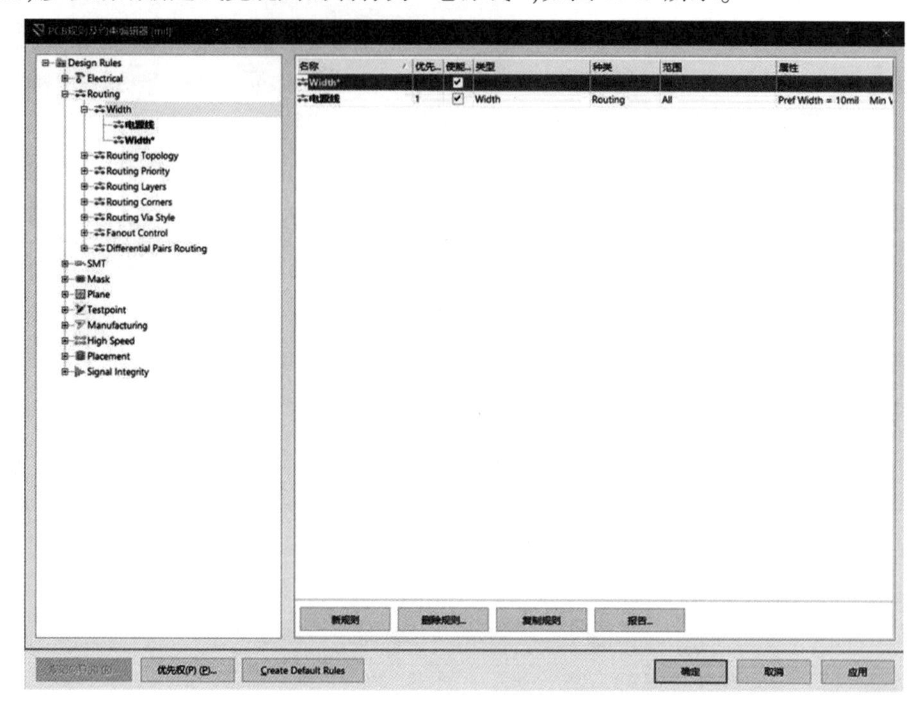

图 1.43　修改规则名称

接着,双击“电源线”选项,设置电源线线宽规则属性,如图 1.44 所示。

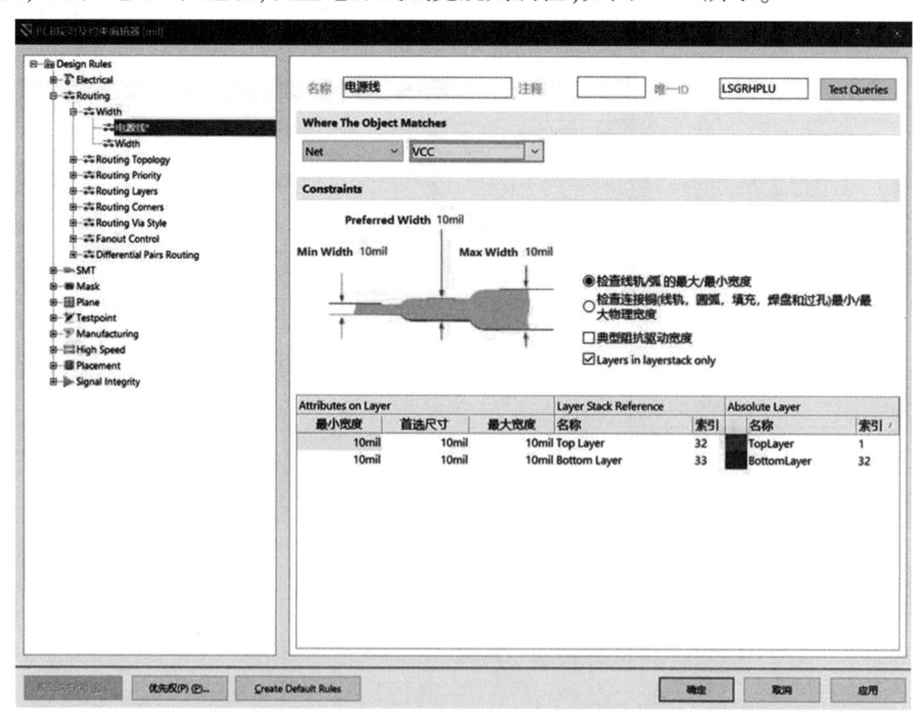

图 1.44　设置电源线线宽规则属性

找到“Where The Object Matches”(其中对象比配)选项,单击“All”,会出现一个下拉列表,选择“Net”(网络)选项,如图 1.45 所示。

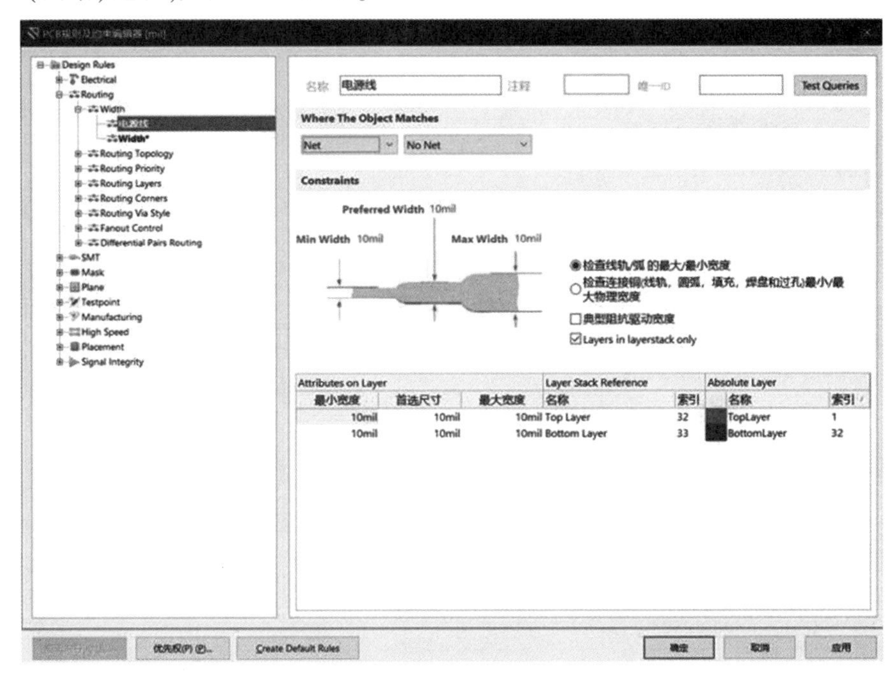

图 1.45　筛选网络

在“Net”选项后面会有一个名为“No Net”(无网络)的选项,单击,会弹出一个下拉列表,然后选择“VCC”选项,如图 1.46 所示。

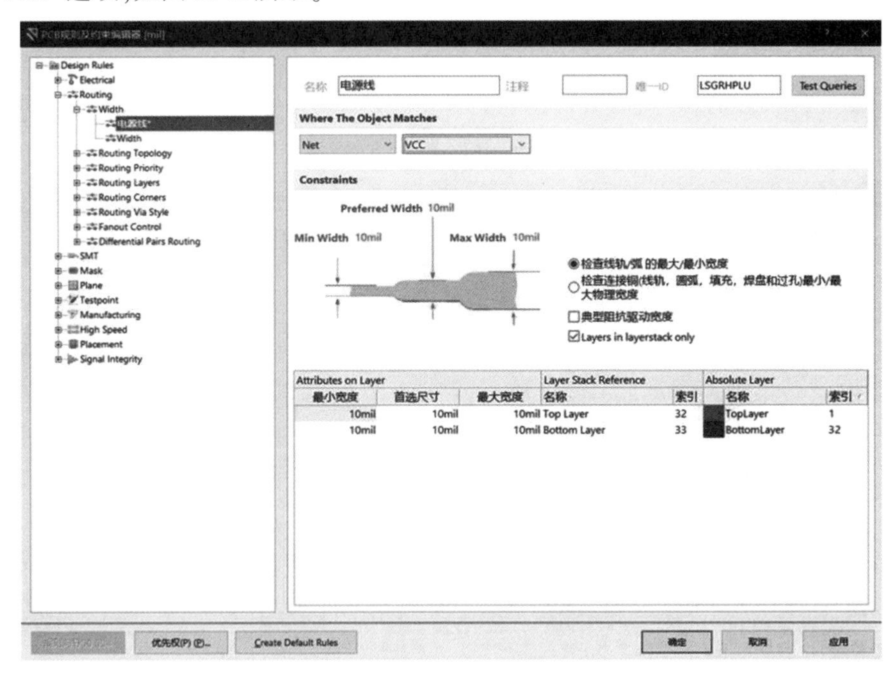

图 1.46　选择 VCC 网络

然后，更改下面的“最小宽度”“首选尺寸”和“最大宽度”3 个选项，将其全部更改为“15 mil”，如图 1.47 所示。

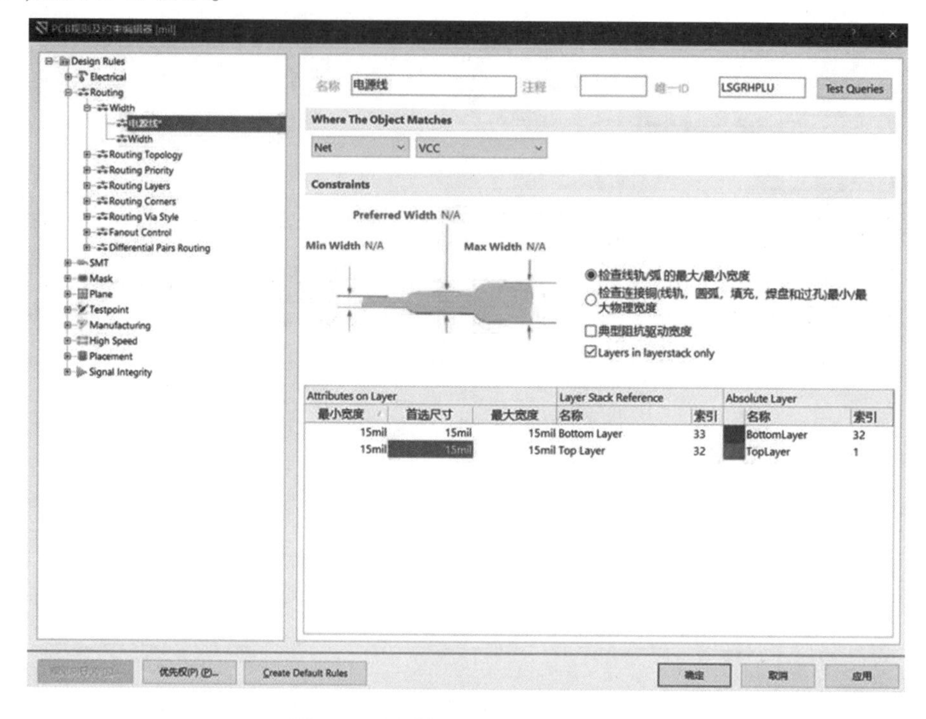

图 1.47　设置 VCC 网络线宽规则

完成之后单击右下角的“应用”按钮，然后单击“确定”按钮，即可完成线宽规则的更改。这样一来，布线前的准备工作已经完成了一半，后面还需更改 PCB 的大小。

3.3　PCB 尺寸设置

在更改板子大小之前，需确定用到板子的 Keep－Out Layer（禁止布线层）来进行板子大小的绘制。在屏幕的下面选择“Keep－Out Layer”，如图 1.48 所示。

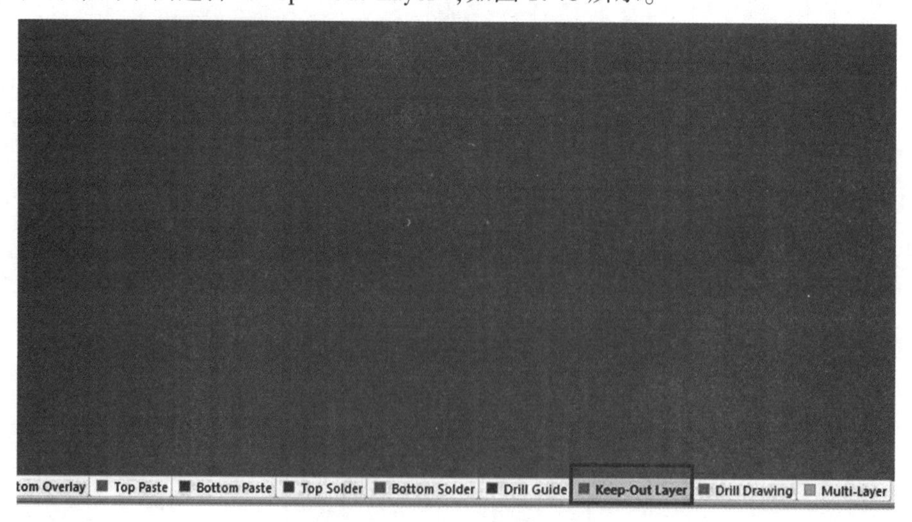

图 1.48　选择“Keep－Out layer”

接着，执行“编辑”→“原点”→“设置”命令，如图1.49所示，做完此操作，鼠标指针会变为十字光标，将鼠标指针移动到板子的左下角，作为板子绘制的中心点。完成情况如图1.50所示。

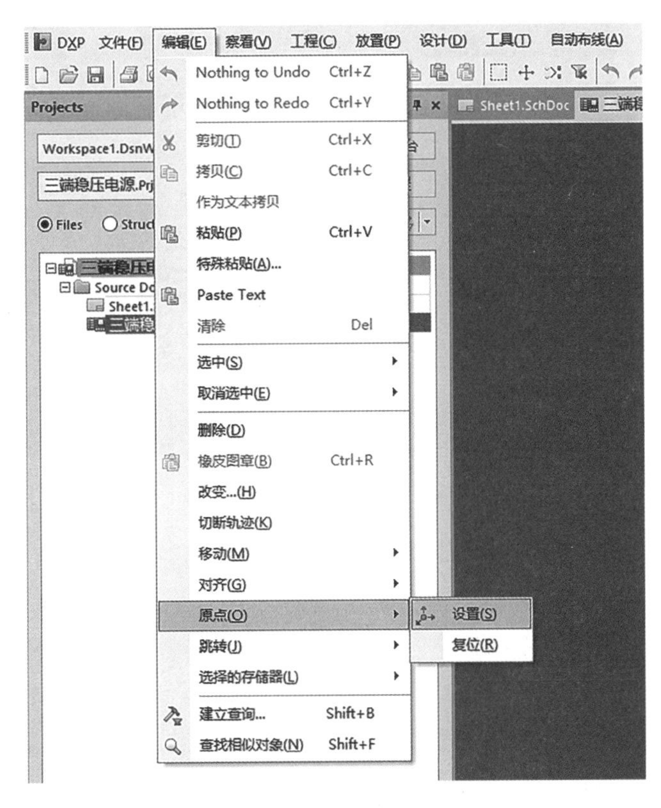

图1.49　设置原点

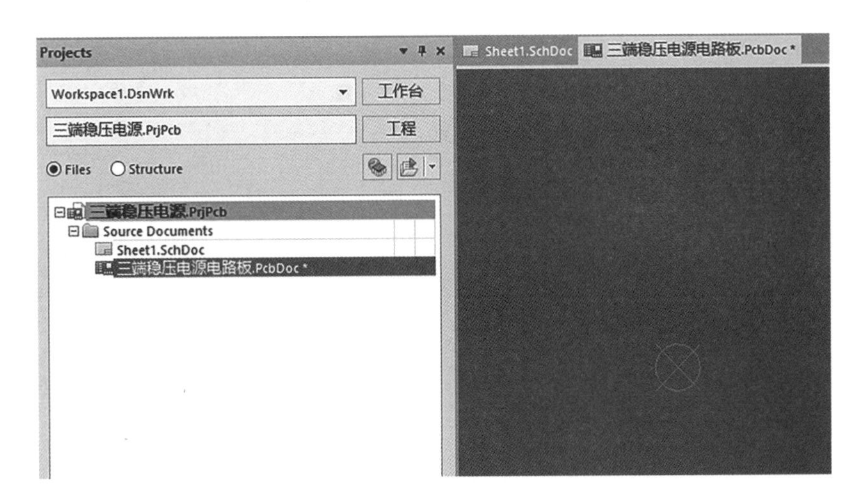

图1.50　原点设置完成

与绘制元器件封装外形的方法一致，先确定板子一边的长与宽。例如，在规定板子的尺寸为150 mm×100 mm之后，单击名为“应用程序”工具栏中的“放置走线”按钮，如图1.51所示。

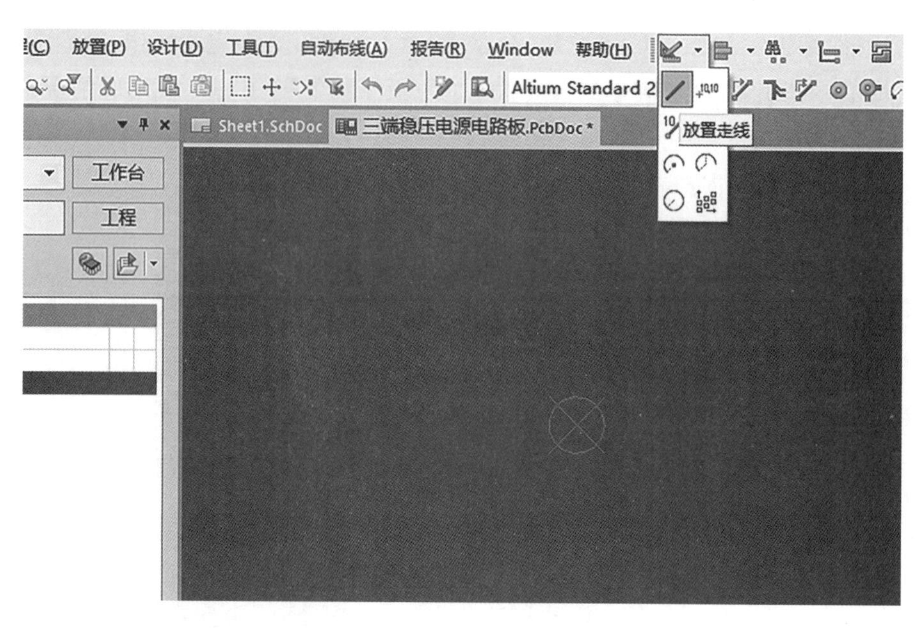

图 1.51　调出"放置走线"工具

接下来,在规定的原点上先画出一条任意长度的横线,如图 1.52 所示,然后双击该横线,并修改它的长度为"150 mm",如图 1.53 所示。

图 1.52　绘制边框线(附彩插)

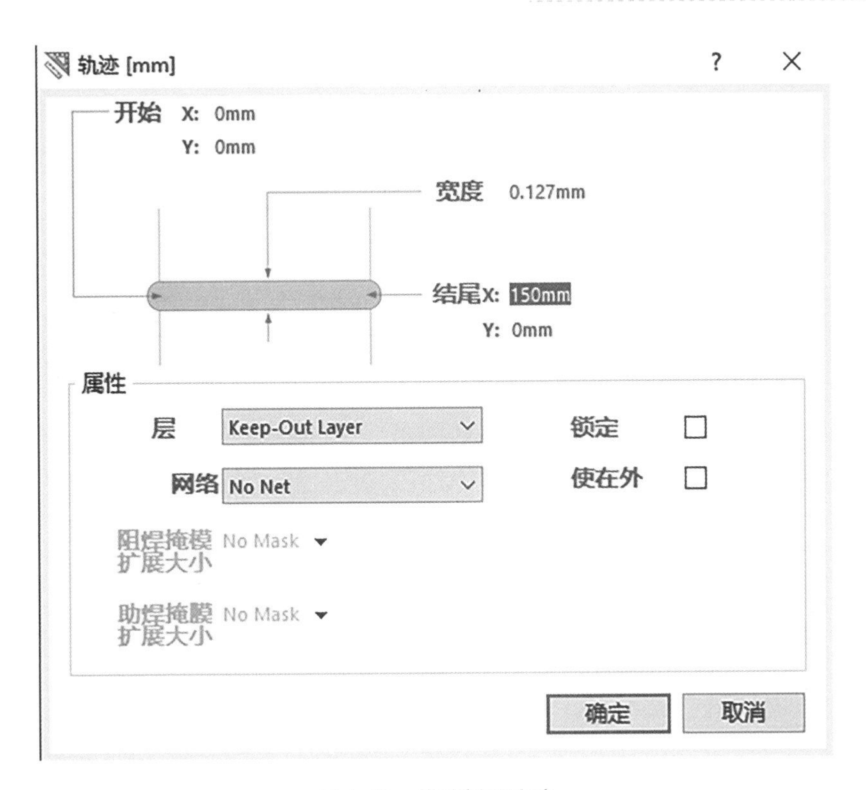

图 1.53　修改板子宽度

然后，在原点之上画出一条任意长度的竖线，如图 1.54 所示。双击该竖线，并修改它的长度为“100mm”，如图 1.55 所示。

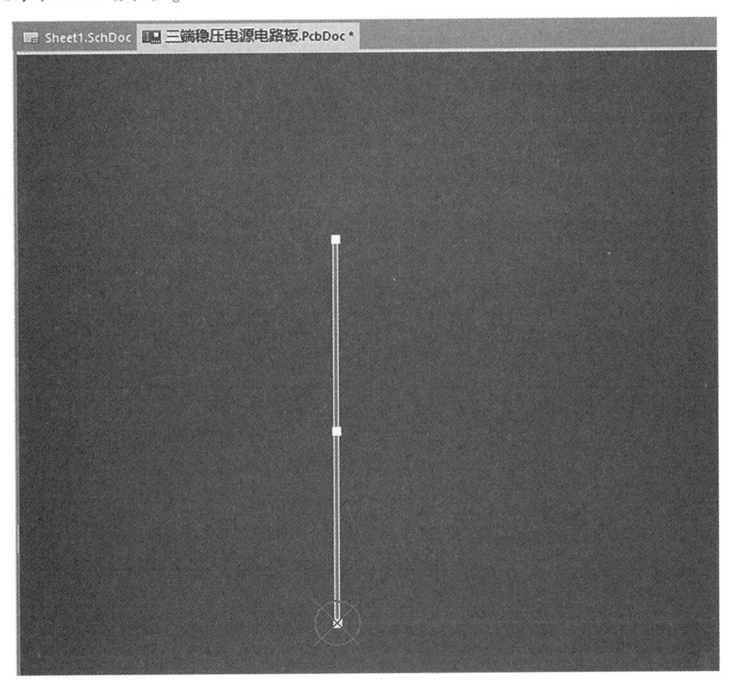

图 1.54　绘制另一边框线

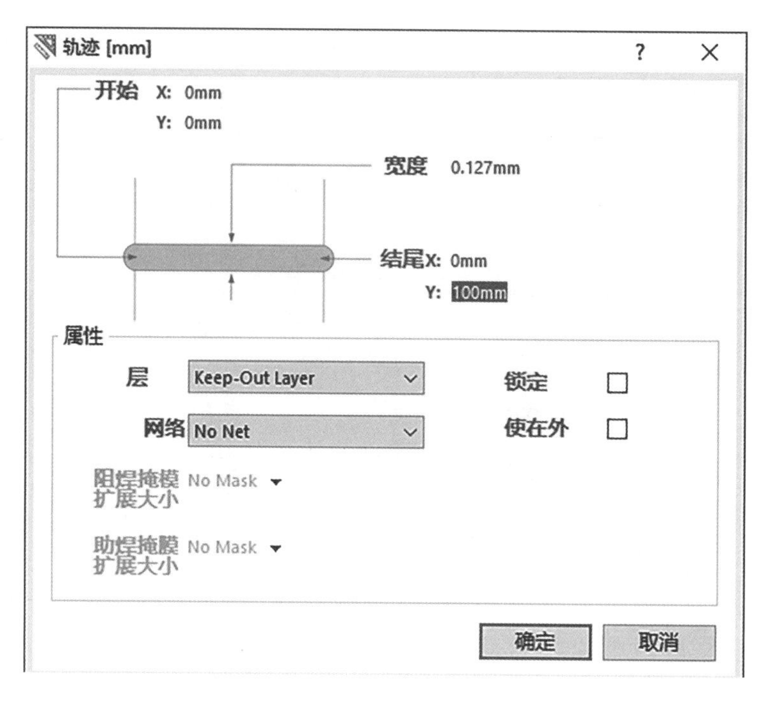

图 1.55　修改板子长度

至此，板子一边的长与宽都设置好了，另一边的线只需复制、粘贴即可。

首先，用鼠标选中板子的宽，并右击，选择“拷贝”选项，如图 1.56 所示，这时鼠标指针会变为十字光标，之后，再次选中同一条线。这样这条 100 mm 的线就复制完成了，如图 1.57 所示。

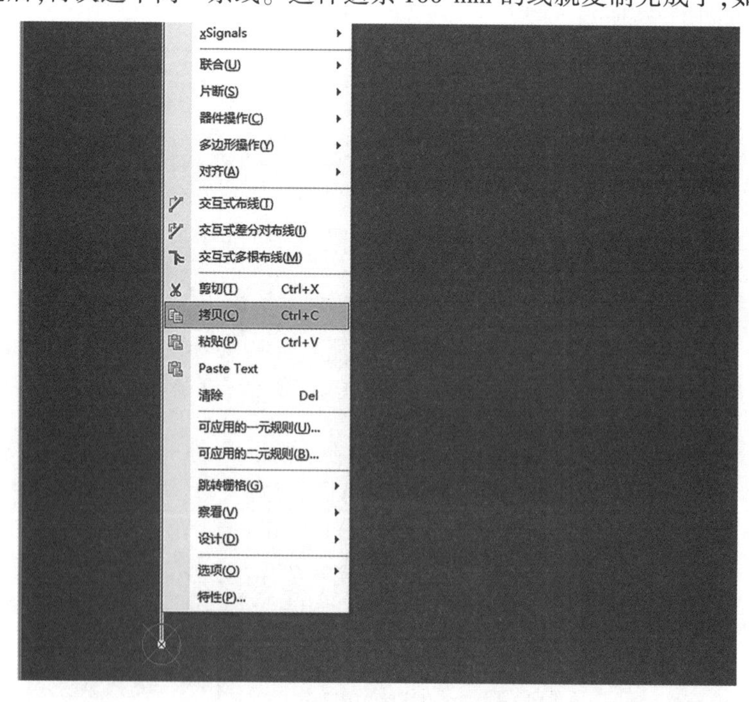

图 1.56　拷贝线条

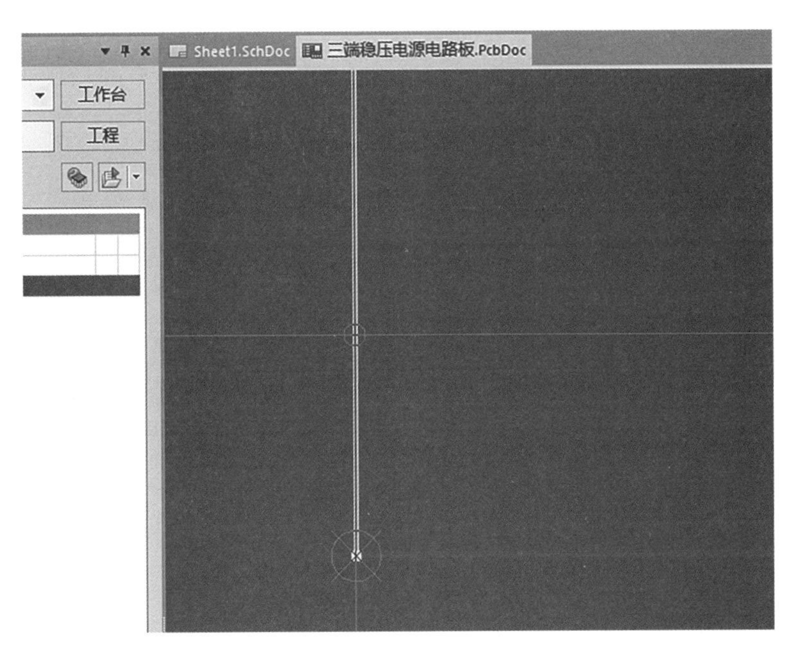

图 1.57　单击再次选中同一条线

之后，在板子的另一边，右击鼠标并选择“粘贴”选项，如图 1.58 所示，并与复制过来的线平行对齐。这样，板子两边的宽就设置好了。另外，板子两边的长也可按照同样的方法进行操作，如图 1.59 所示。

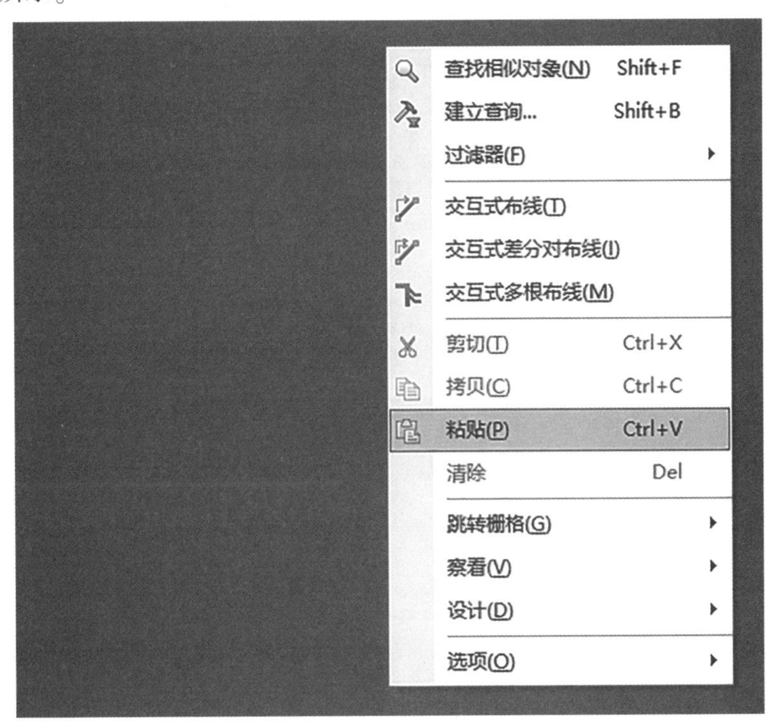

图 1.58　粘贴线条

图 1.59　板子线条绘制完成(附彩插)

这样一个板子的初步外形就设置好了,但是还需进行板子大小的设置。首先,按住〈Shift〉键,将刚刚绘制的 4 条边全部选中,如图 1.60 所示,然后执行“设计”→“板子形状”→“按照选择对象定义”命令,如图 1.61 所示。

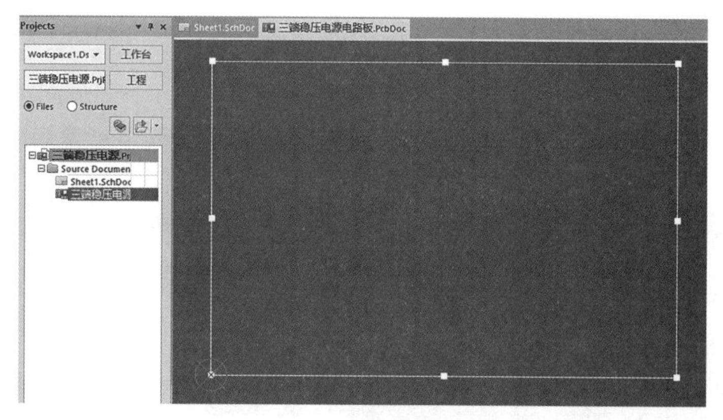

图 1.60　选中板子线条

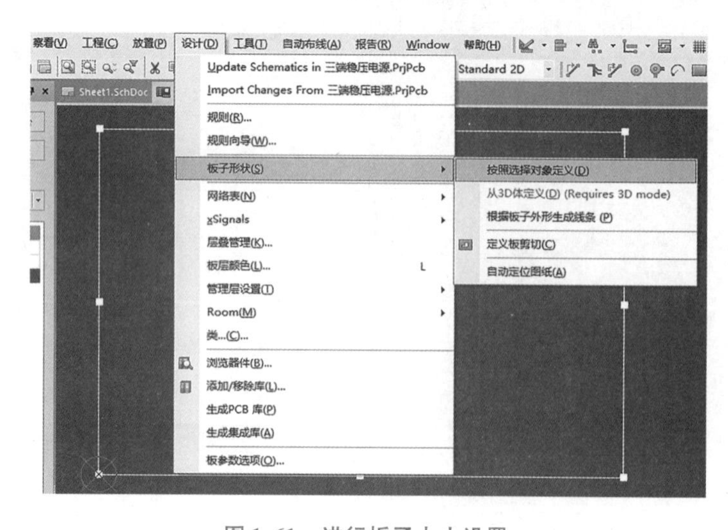

图 1.61　进行板子大小设置

执行完上述命令后,会弹出一个对话框,如图 1.62 所示。

单击“Yes”按钮即可。这样一个长 150 mm、宽 100 mm 的板子就绘制完毕了。

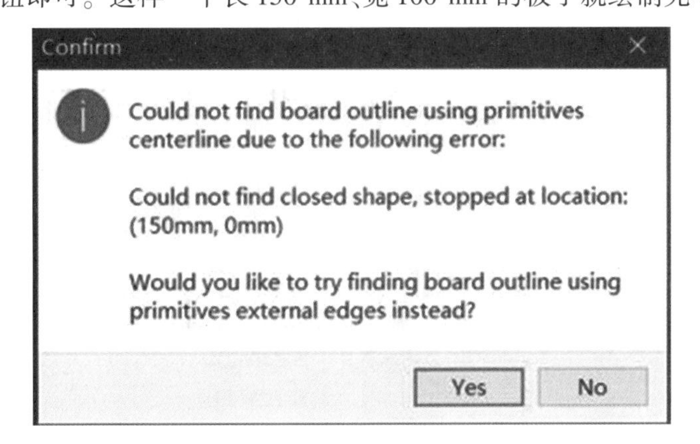

图 1.62　确定进行板子大小设置

知识点 4：PCB 的布局与布线

完成三端稳压电源电路板的布局和布线后,通过之前所画的原理图文件,进行 PCB 的布局和布线。

打开之前在 D 盘所练习的三端稳压电源工程文件和工程中名为“三端稳压电源电路板”的 PCB 文件,如图 1.63 所示。

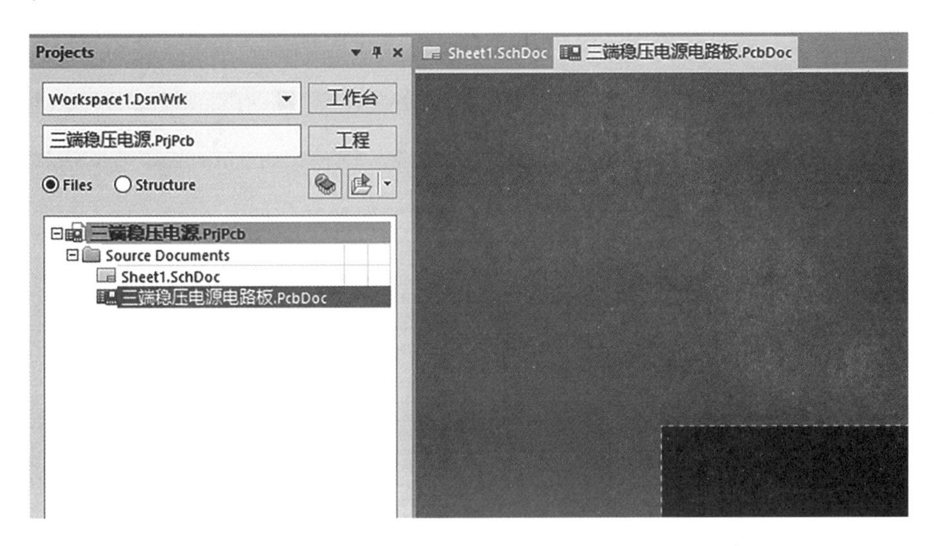

图 1.63　新打开 PCB 文件

4.1　原理图导入 PCB

首先,执行“设计”→“Import Changes From 三端稳压电源. PrjPcb”(从三端稳压电源原理图中输入变化)命令,如图 1.64 所示,此时会弹出“工程更改顺序”对话框,如图 1.65 所示。

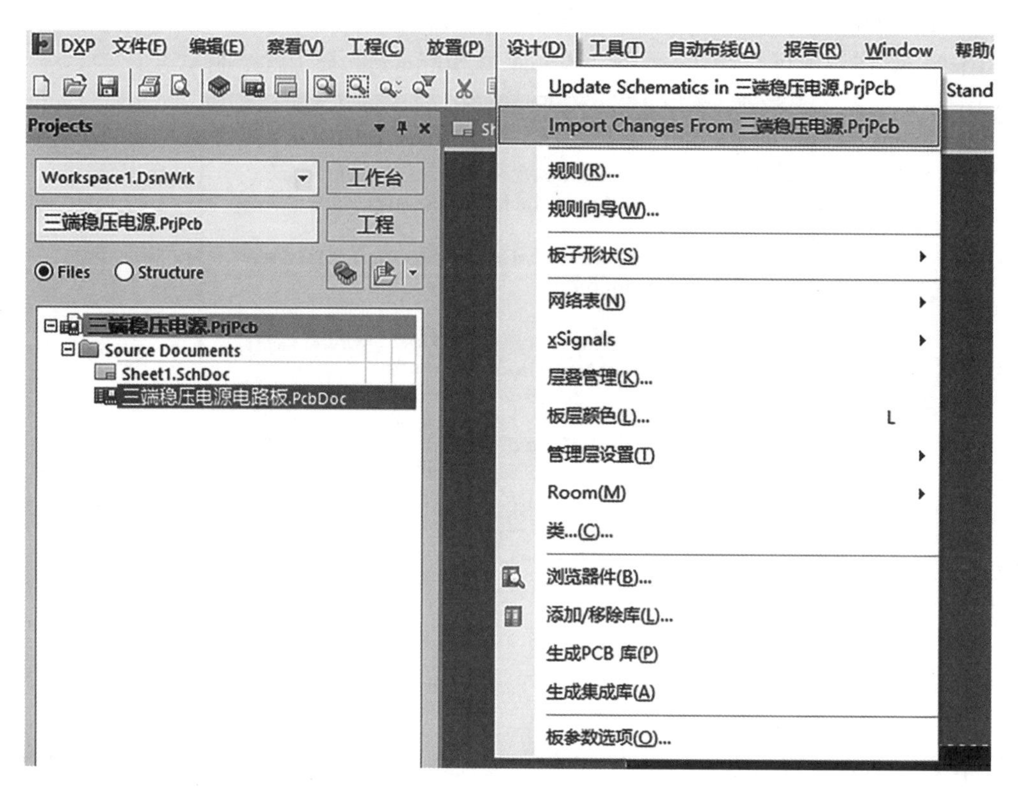

图 1.64　导入原理图图纸

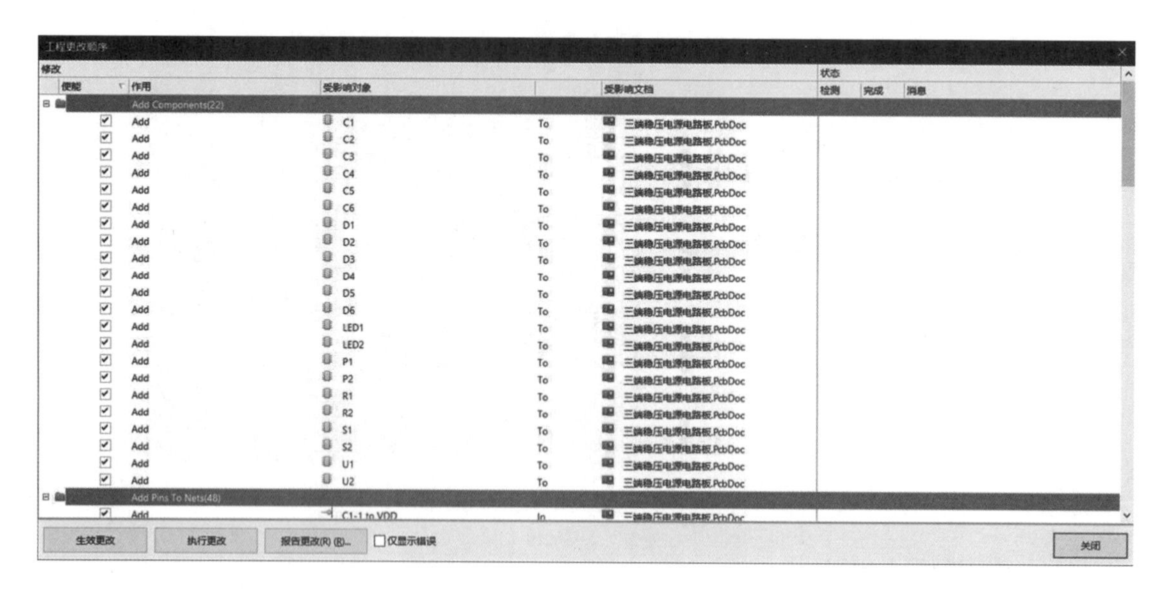

图 1.65　“工程更改顺序”对话框

单击“生效更改”按钮,它会在右边的“状态”栏中的“检测”一栏中打上“√”,如图 1.66 所示。

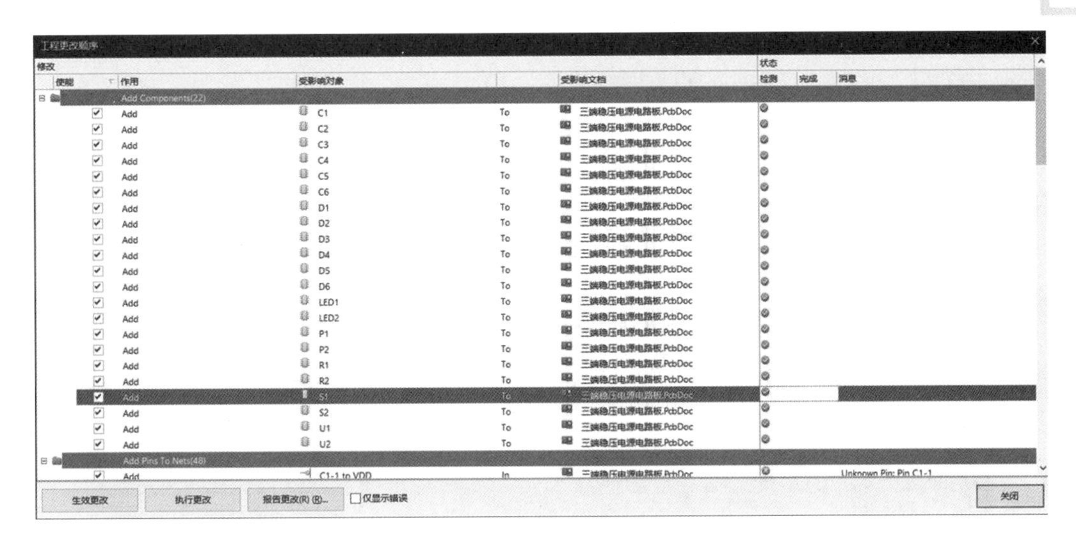

工程更改顺序

修改

使能	作用	受影响对象		受影响文档	状态：检测	完成	消息
	Add Components(22)						
✓	Add	C1	To	三端稳压电源电路板.PcbDoc	◎		
✓	Add	C2	To	三端稳压电源电路板.PcbDoc	◎		
✓	Add	C3	To	三端稳压电源电路板.PcbDoc	◎		
✓	Add	C4	To	三端稳压电源电路板.PcbDoc	◎		
✓	Add	C5	To	三端稳压电源电路板.PcbDoc	◎		
✓	Add	C6	To	三端稳压电源电路板.PcbDoc	◎		
✓	Add	D1	To	三端稳压电源电路板.PcbDoc	◎		
✓	Add	D2	To	三端稳压电源电路板.PcbDoc	◎		
✓	Add	D3	To	三端稳压电源电路板.PcbDoc	◎		
✓	Add	D4	To	三端稳压电源电路板.PcbDoc	◎		
✓	Add	D5	To	三端稳压电源电路板.PcbDoc	◎		
✓	Add	D6	To	三端稳压电源电路板.PcbDoc	◎		
✓	Add	LED1	To	三端稳压电源电路板.PcbDoc	◎		
✓	Add	LED2	To	三端稳压电源电路板.PcbDoc	◎		
✓	Add	P1	To	三端稳压电源电路板.PcbDoc	◎		
✓	Add	P2	To	三端稳压电源电路板.PcbDoc	◎		
✓	Add	R1	To	三端稳压电源电路板.PcbDoc	◎		
✓	Add	R2	To	三端稳压电源电路板.PcbDoc	◎		
✓	Add	S1	To	三端稳压电源电路板.PcbDoc	◎		
✓	Add	S2	To	三端稳压电源电路板.PcbDoc	◎		
✓	Add	U1	To	三端稳压电源电路板.PcbDoc	◎		
✓	Add	U2	To	三端稳压电源电路板.PcbDoc	◎		
	Add Pins To Nets(48)						
✓	Add	C1-1 to VDD	In	三端稳压电源电路板.PcbDoc	◎		Unknown Pin: Pin C1-1

生效更改　执行更改　报告更改(R) (B)...　☐仅显示错误　关闭

图 1.66　生效更改

再次单击“执行更改”按钮，它会在右边的“状态”栏中的“完成”一栏中打上“√”，如图 1.67 所示。

工程更改顺序

修改

使能	作用	受影响对象		受影响文档	状态：检测	完成	消息
	Add Components(22)						
✓	Add	C1	To	三端稳压电源电路板.PcbDoc	◎	◎	
✓	Add	C2	To	三端稳压电源电路板.PcbDoc	◎	◎	
✓	Add	C3	To	三端稳压电源电路板.PcbDoc	◎	◎	
✓	Add	C4	To	三端稳压电源电路板.PcbDoc	◎	◎	
✓	Add	C5	To	三端稳压电源电路板.PcbDoc	◎	◎	
✓	Add	C6	To	三端稳压电源电路板.PcbDoc	◎	◎	
✓	Add	D1	To	三端稳压电源电路板.PcbDoc	◎	◎	
✓	Add	D2	To	三端稳压电源电路板.PcbDoc	◎	◎	
✓	Add	D3	To	三端稳压电源电路板.PcbDoc	◎	◎	
✓	Add	D4	To	三端稳压电源电路板.PcbDoc	◎	◎	
✓	Add	D5	To	三端稳压电源电路板.PcbDoc	◎	◎	
✓	Add	D6	To	三端稳压电源电路板.PcbDoc	◎	◎	
✓	Add	LED1	To	三端稳压电源电路板.PcbDoc	◎	◎	
✓	Add	LED2	To	三端稳压电源电路板.PcbDoc	◎	◎	
✓	Add	P1	To	三端稳压电源电路板.PcbDoc	◎	◎	
✓	Add	P2	To	三端稳压电源电路板.PcbDoc	◎	◎	
✓	Add	R1	To	三端稳压电源电路板.PcbDoc	◎	◎	
✓	Add	R2	To	三端稳压电源电路板.PcbDoc	◎	◎	
✓	Add	S1	To	三端稳压电源电路板.PcbDoc	◎	◎	
✓	Add	S2	To	三端稳压电源电路板.PcbDoc	◎	◎	
✓	Add	U1	To	三端稳压电源电路板.PcbDoc	◎	◎	
✓	Add	U2	To	三端稳压电源电路板.PcbDoc	◎	◎	
	Add Pins To Nets(48)						
✓	Add	C1-1 to VDD	In	三端稳压电源电路板.PcbDoc	◎	◎	

生效更改　执行更改　报告更改(R) (B)...　☐仅显示错误　关闭

图 1.67　执行更改

单击“关闭”按钮，原理图上的元器件就会导入 PCB 上，如图 1.68 所示。

图 1.68　元器件导入 PCB 上

4.2 元器件布局

在此基础上，进行元器件的布局。

首先，按住鼠标左键向右拖动，可选中所有的元器件，如图 1.69 所示。

图 1.69 选中所有元器件

单击选中一个元器件向左拖动，依次把所有的元器件都拖入 PCB 中，如图 1.70 所示。

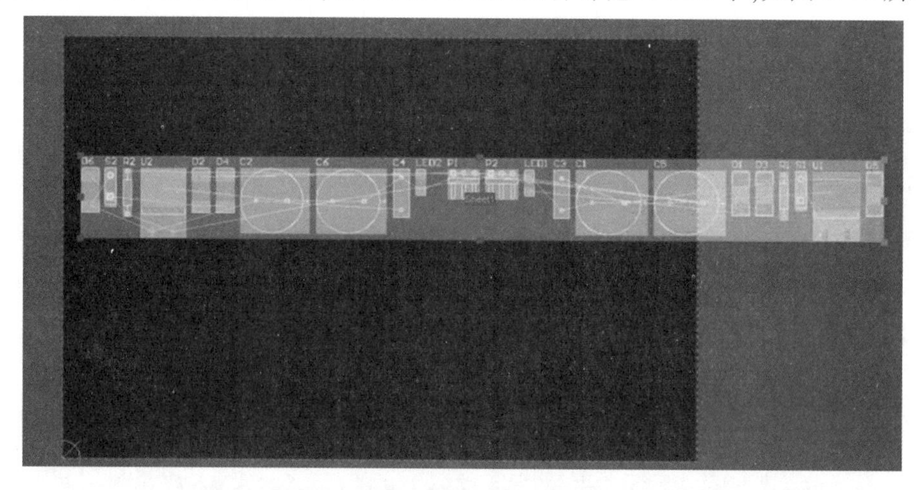

图 1.70 拖动元器件到 PCB 中

然后，再根据原理图的位置，将所有的元器件摆放整齐，如图 1.71 所示。

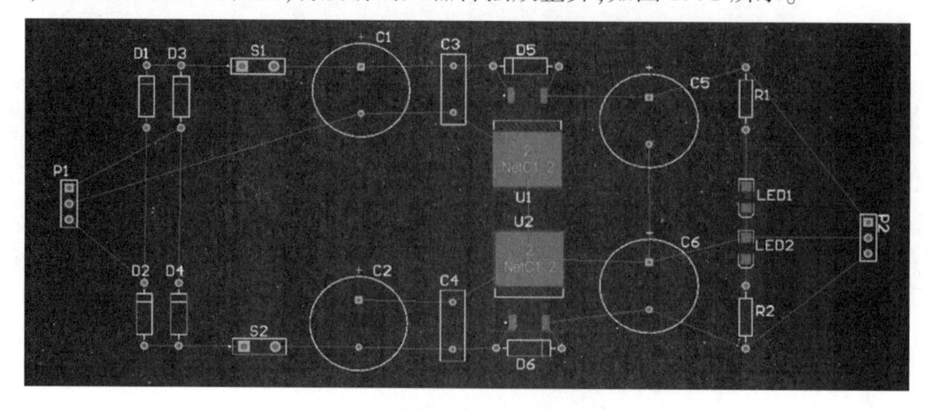

图 1.71 根据原理图位置进行元器件布局

这样,PCB 的布局就完成了,之后在此基础上进行布线。

4.3 元器件布线

首先,选择“布线”工具栏中的“交互式布线连接”选项,此时,鼠标指针会变成十字光标,如图 1.72 所示,将它放在 D1 的焊盘上,然后单击,随着鼠标的移动,会有一条红线始终跟随十字光标,如图 1.73 所示。

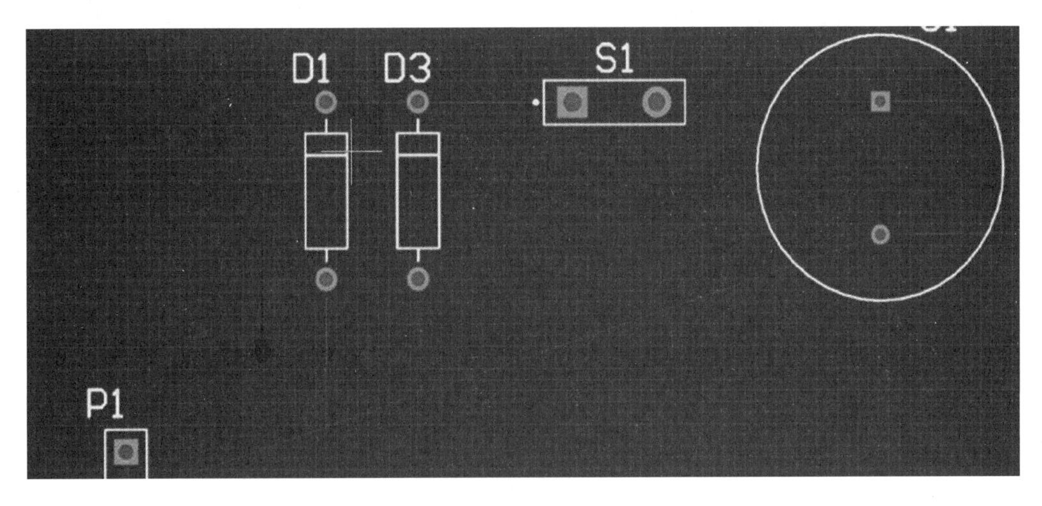

图 1.72 鼠标指针变成十字光标

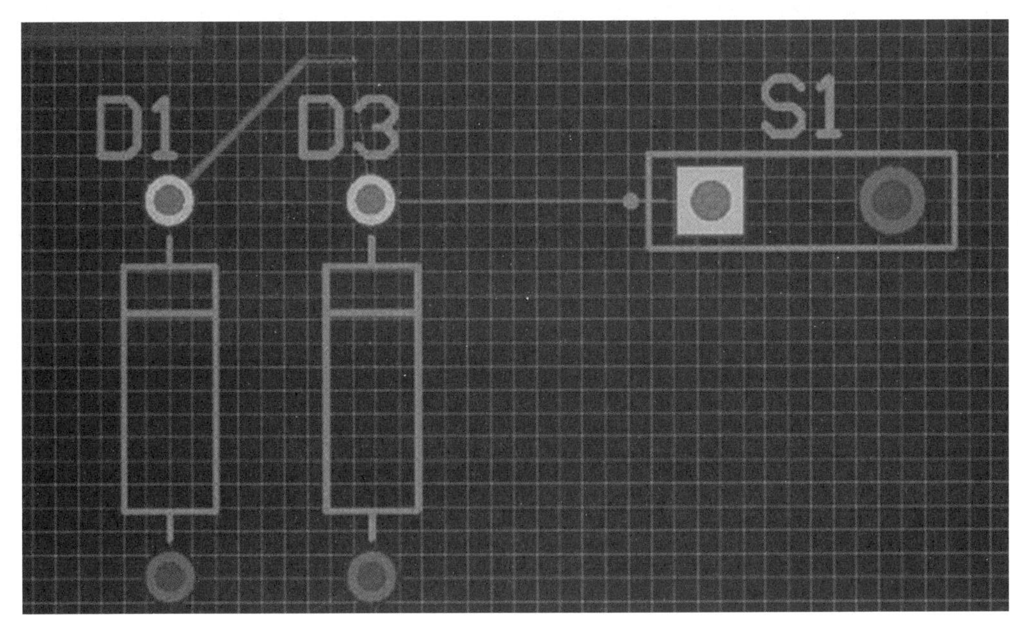

图 1.73 开始走线

接着,将十字光标放在 D3 的焊盘上,此时光标会发生变化,此为连接成功的表示,如图 1.74所示。

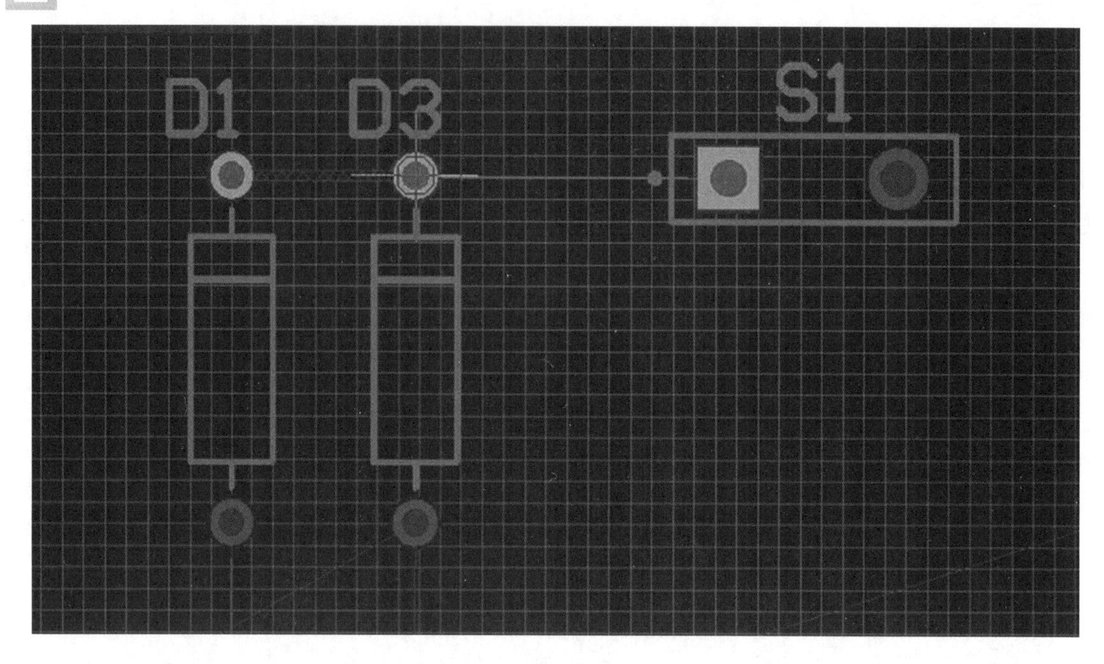

图 1.74　连接元器件两端点

重复此操作，用线将剩下的网络线条全部布好，如图 1.75 所示。

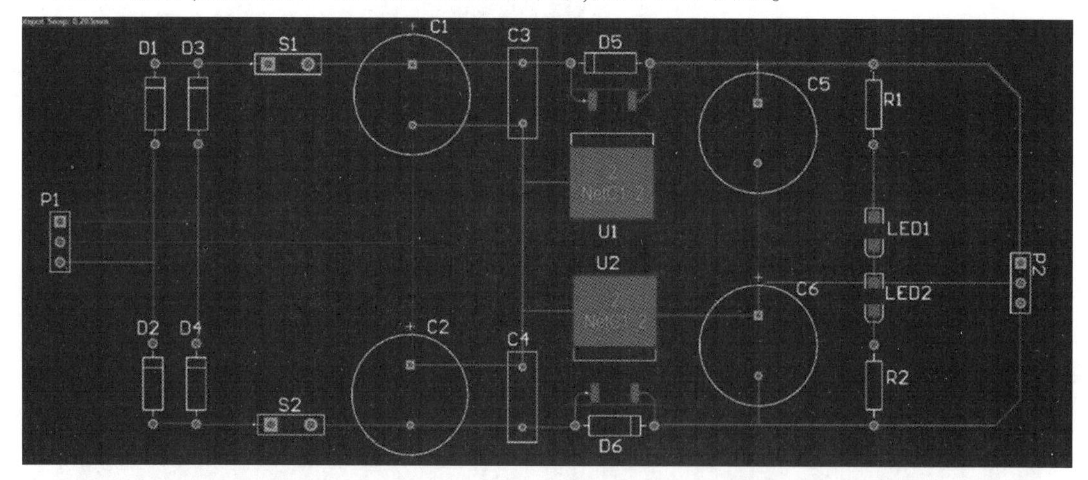

图 1.75　布线完成

这样，一个完整的原理图就连接好了。

知识点 5：元器件布局与布线的注意事项

5.1　布局原则

①遵守“先大后小，先易后难”的布置原则，即重要的单元电路、核心元器件应当优先布局。

②布局中应参考原理图，根据单板的主信号流向规律安排主要元器件。布局应尽量满足以下要求：总的连线尽可能短，关键信号线最短；去耦电容的布局要尽量靠近 IC 的电源引脚，并使之与电源和地之间形成的回路最短；减少信号通过的“冤枉路”，防止出现差错。

③元器件的排列要便于调试和维修,即小元件周围不能放置大元件,需调试的元器件周围要有足够的空间。

④相同结构电路部分应尽可能采用“对称式”标准布局;按照均匀分布、重心平衡、版面美观的标准优化布局。

⑤同类型插装元器件在 X 或 Y 方向上应朝一个方向放置。同一种类型的有极性分立元件也要力争在 X 或 Y 方向上保持一致,便于生产和检验。

⑥发热元件一般应均匀分布,以利于单板和整机的散热,除温度检测元件以外的温度敏感器件应远离发热量大的元器件。除温度传感器之外,晶体管也属于对热敏感的器件。

⑦高电压、大电流信号与低电压、小电流的弱信号完全分开;模拟信号与数字信号分开;高频信号与低频信号分开;高频元器件的间隔要充分。元器件布局时,应适当考虑使用同一种电源的器件尽量放在一起,以便将来的电源分隔开。

5.2　布线原则

关键信号线优先原则:模拟小信号、高速信号、时钟信号和同步信号等关键信号优先布线。

密度优先原则:从单板上连接关系最复杂的元器件着手布线;从单板上连线最密集的区域开始布线。

①尽量为时钟信号、高频信号、敏感信号等关键信号提供专门的布线层,并保证其最小的回路面积。必要时应采取手工优先布线、屏蔽和加大安全间距等方法,保证信号质量。

②电源层和地层之间的 EMC 环境较差,应避免布置对干扰敏感的信号。

③有阻抗控制要求的网络应尽量按线长、线宽要求布线。

拓展训练

在 AD 16.1.12 软件中绘制图 1.76 所示芯片的 PCB 封装。

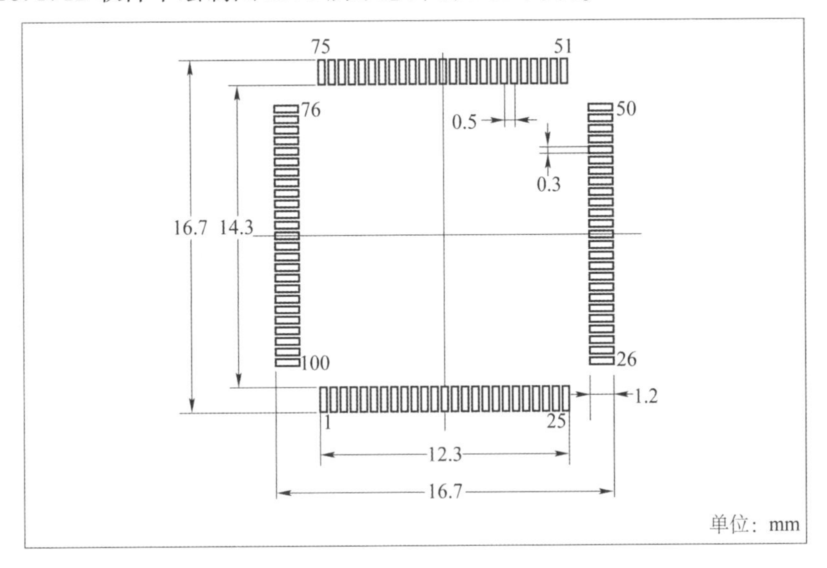

图 1.76　LQFP100 芯片的 PCB 封装尺寸

项目2　金属探测仪电路的制作与调试

金属探测仪概述：金属探测仪是日常生产生活中保安检查的专用工具。其主要应用是车站、地铁、机场、会展、大型活动现场和娱乐场所等人员密集场所，可搜索危害人身安全的各种暗藏刀具、凶器和隐藏的金属物体，为人民群众的生活和工作提供一个安全的环境。中国之所以成为全球最安全的国家之一，与对新技术的推广应用是分不开的。

学习情境描述

在木材加工的过程中，很多被加工的木材都是回购的旧家具，里面隐藏着金属物品，如铁钉、锁件、插销等，如果没有提前将其清除，在进行机器加工的过程中，很容易造成加工设备损坏甚至造成安全事件。故此，在进行木材加工之前，先需要将木材里面隐藏的金属物件查找出来，而查找金属物件自然要用金属探测仪。现场操作一个手持金属探测仪，按下开关，放在一元硬币的周围，前后、左右来回靠近扫动，手持金属探测仪会有振动或蜂鸣声报警。这就是日常生活中金属探测仪的一种最简单应用。

学习目标

①理解二极管的单向导电性并掌握其好坏判断、性能检测的方法。

②会识别晶体管的管型并掌握其好坏判断、性能检测的方法。

③掌握晶体管放大电路的组成、调整及简单分析。

④掌握常用电子元件的焊接技巧。

任务书

在掌握金属探测仪电路的工作原理后，能在规定的时间内，排除金属探测仪常见的2个电气电路故障。

任务分组

请认真填写表2.1。

表 2.1　学生任务分配表

<table>
<tr><td>班级</td><td></td><td>组号</td><td></td><td>指导老师</td><td></td></tr>
<tr><td>组长</td><td></td><td>学号</td><td colspan="3"></td></tr>
<tr><td>组员</td><td colspan="5"><table><tr><td>姓名</td><td>学号</td></tr><tr><td></td><td></td></tr><tr><td></td><td></td></tr><tr><td></td><td></td></tr></table> <table><tr><td>姓名</td><td>学号</td></tr><tr><td></td><td></td></tr><tr><td></td><td></td></tr><tr><td></td><td></td></tr></table></td></tr>
<tr><td>任务分工</td><td colspan="5"></td></tr>
</table>

获取信息

引导问题 **1**:了解简易金属探测仪电路(见图 2.1)的组成及工作原理。

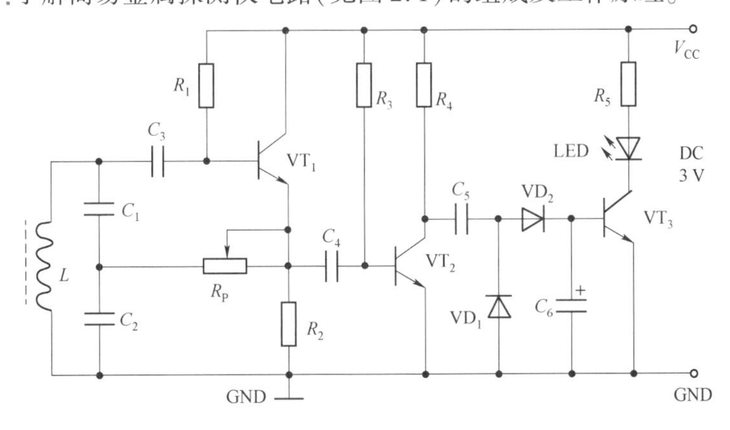

图 2.1　简易金属探测仪电路

问题思考:本电路中应用到了哪些电子元件？请同学们列举日常生活中还有哪些场合会应用到金属探测仪？

____

____

____

____

____

引导问题 2：了解二极管。

①请查阅相关资料，了解二极管的图形符号怎么画。

②二极管有正极和负极之分，图 2.2 中的二极管的正、负极怎么判断？

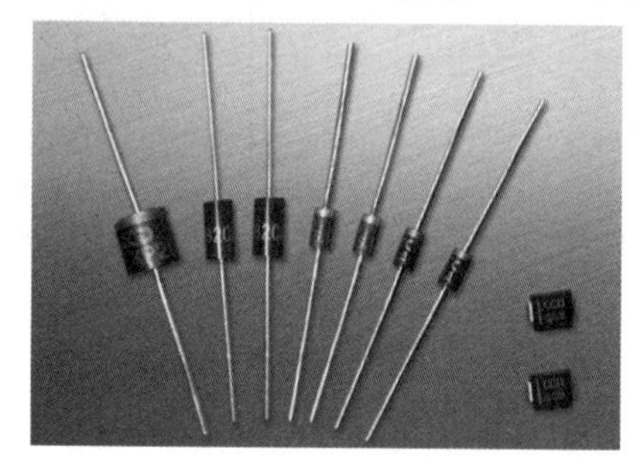

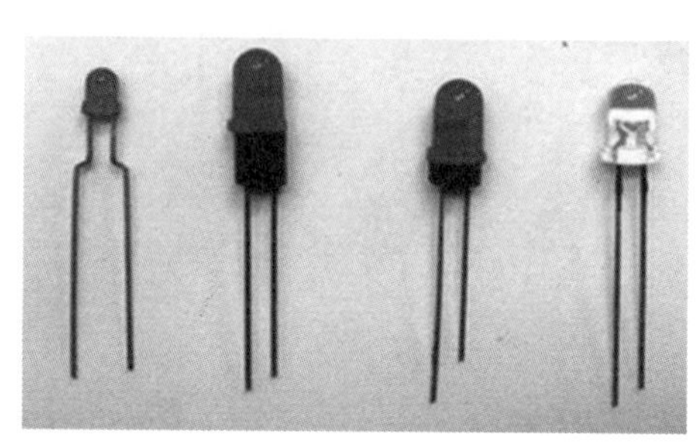

图 2.2　二极管实物

问题思考：日常生活中有哪些场合应用到了二极管？请列举几例。

引导问题 3：了解二极管的单向导电性。

图 2.3 所示的两个电路中，二极管处于两种不同的工作状态，请同学们自己动手焊接一下，观察电路中灯光的亮/灭状态，理解二极管的开关特性，并标出二极管的阳极和阴极，即正极和负极（附：二极管导通时，接电源正极的一端为阳极，接电源负极的一端为阴极）。

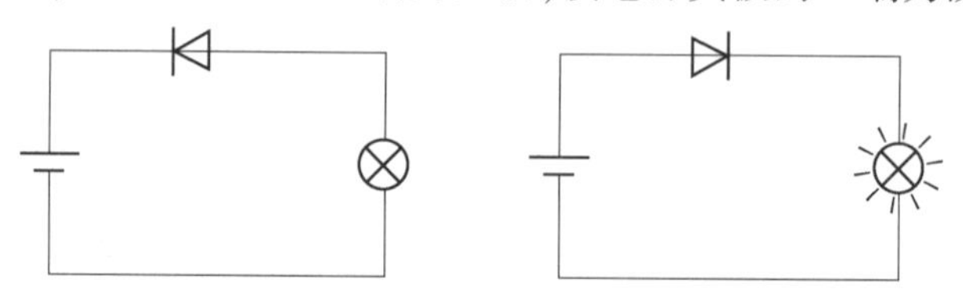

图 2.3　二极管不同方向接法时灯的亮/灭状态

小提示：单向导电性是二极管最主要的特性，即开关特性。即在二极管两端加正向电压时，开关闭合，所在电路导通；加反向电压时，开关断开，所在电路不导通。

引导问题4：二极管的好坏判断。

二极管的检测过程：将万用表挡位转至二极管挡位，将红表笔插入电阻挡 Ω 孔，黑表笔插入 COM 孔，如图2.4所示。红表笔为正，黑表笔为负。

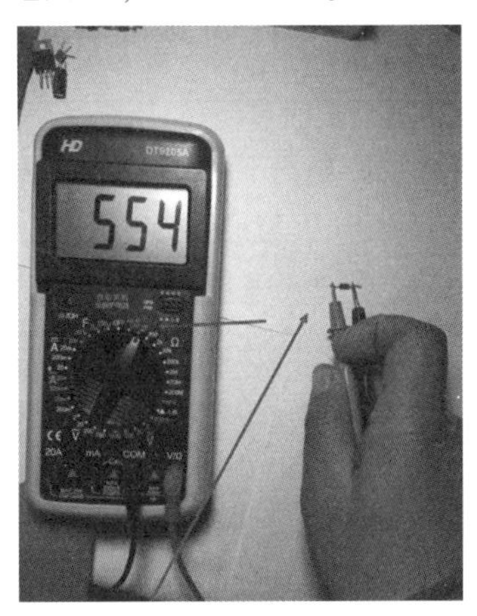

图2.4 万用表检测二极管

如果两表笔反接，则屏幕显示为________，如图2.5所示，则说明二极管是好的。

图2.5 万用表检测二极管的读数

如果两表笔正、反接，屏幕都显示为0，则表示二极管内部________；若屏幕始终显示为1，则说明二极管内部________。

动手练习：找几只型号不同的二极管，根据以上所学到的检测方法及知识，用万用表判别普通二极管的极性及其质量好坏，记录测得的正、反向电阻的阻值及二极管的型号、挡位，并将所测数据填入表2.2中。

表 2.2　二极管正、反向电阻及其性能好坏判别

二极管型号	正向电阻		反向电阻		二极管性能好坏判断
	$R\times100$ 挡	$R\times1\text{k}$ 挡	$R\times100$ 挡	$R\times1\text{k}$ 挡	
1					
2					
3					

引导问题 5：了解二极管伏安特性曲线，并描绘二极管伏安特性曲线

二极管的伏安特性是指二极管两端电压与通过二极管电流之间的关系，测试电路如图 2.6 所示，用逐点测量法调节电位器 R_P，改变输入电压 U_i，分别测出二极管 VD 两端电压 U_D 和通过二极管的电流 I_D，即可在坐标纸上描绘出它的伏安特性曲线 $I_D=f(U_D)$。

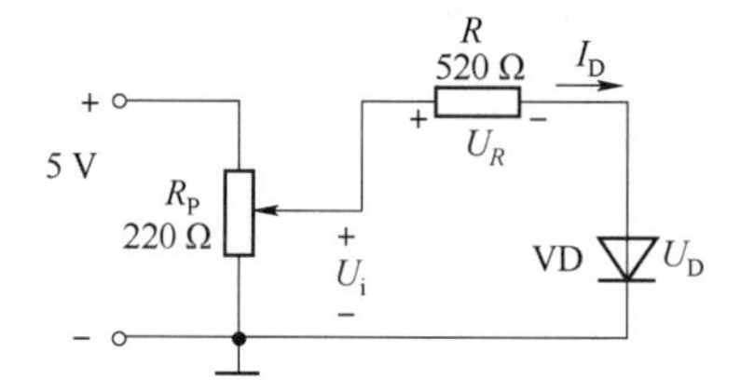

图 2.6　二极管伏安特性的测试

按图 2.6 连接电路，经检查无误后，接通 5 V 直流电源。调节电位器 R_P，使输入电压 U_i 按表 2.3 所示从 0 逐渐增大到 5.0 V。用万用表分别测出电阻 R 两端电压 U_R 和二极管两端电压 U_D，并根据 $I_D=U_D/R$ 算出通过二极管的电流 I_D，记于表 2.3 中。用同样的方法进行两次测量，然后取其平均值，即可得到二极管的正向特性。

表 2.3　二极管的正向特性

U_i/V		0	0.4	0.5	0.6	0.7	0.8	1.0	2.0	3.0	4.0	5.0
第一次测量	U_R/V											
	U_D/V											
第二次测量	U_R/V											
	U_D/V											
平均值	U_R/V											
	U_D/V											
	I_D/mA											

将图 2.6 所示电路的电源正、负极性互换,这样相当于在电路中使二极管反偏,然后再调节电位器 R_P,按表 2.4 所示的 U_i值,分别测出对应的 U_R和 U_D,请将数据记录于表 2.4 中。

表 2.4 二极管的反向特性

U_i/V	0	-1.0	-2.0	-3.0	-4.0	-4.5
U_R/V						
U_D/V						
I_D/μA						

二极管的伏安特性曲线——输入/输出关系如图 2.7 所示。

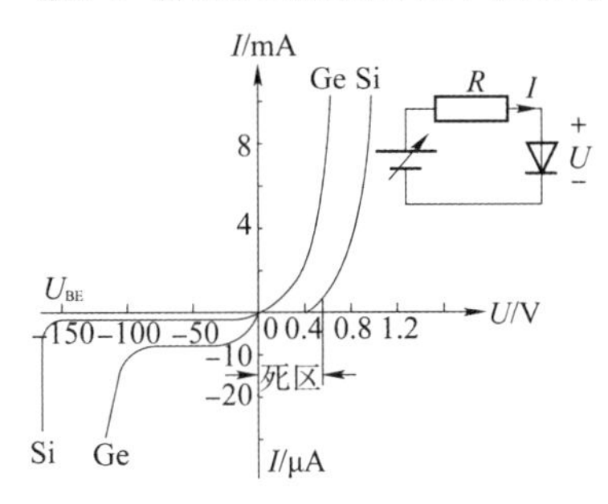

图 2.7 二极管的伏安特性曲线——输入/输出关系

问题思考:①二极管正向导通时,随着电压的增大,电流的变化特点是什么?

②二极管反向通电时,电压增大,电流有什么变化规律? 此电压是否可以无限制地增加? 对于一般的二极管,是否允许这种情况发生?

③按照制造材料的不同,二极管可分为硅二极管和锗二极管两种类型。观察教师演示或自己动手实践,分别用硅二极管和锗二极管接入电路,并测量在二极管导通后,其正向压降分别是多少?

引导问题 6：认识晶体管。常见晶体管如图 2.8 所示。

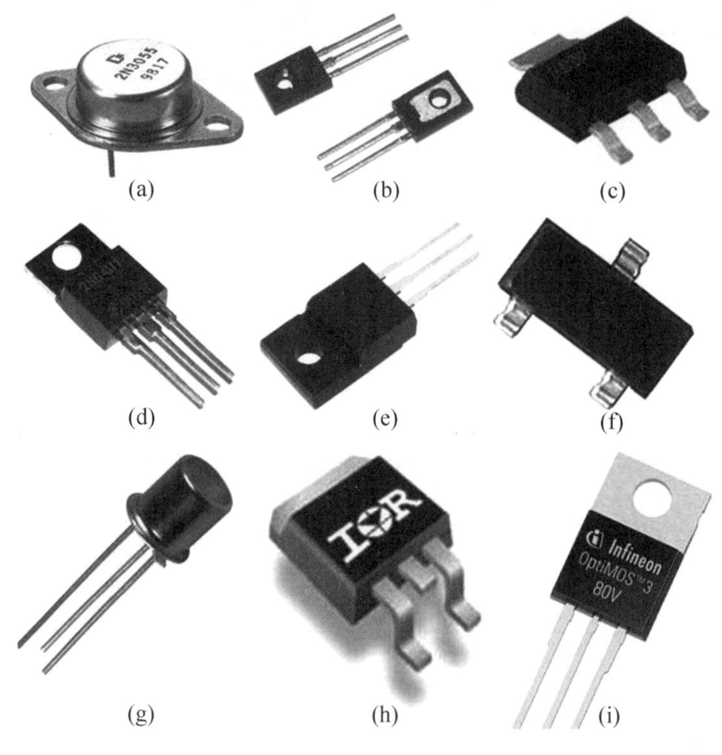

图 2.8　常见晶体管

请查阅相关资料，了解晶体管的图形符号怎么画，它在电路中能起哪些作用？

引导问题 7：晶体管的管型辨认。晶体管实物如图 2.9 所示。

图 2.9　晶体管实物

问题思考:晶体管按结构来分,有两种类型,即 NPN 型及 PNP 型。请查阅相关资料,了解怎么按结构组成判断晶体管是 NPN 型还是 PNP 型。

____

____

____

____

____

引导问题 8:如何分别用辨识法及测量法确定晶体管的 3 个引脚?

____

____

____

____

____

____

引导问题 9:晶体管的参数检测。

找几只不同型号的晶体管,查阅产品手册,然后用万用表检测其各极间的电阻,对照相应的手册参数,将所测量的参数填入表 2.5 和表 2.6,并给出结论。

表 2.5　晶体管极性检测

型号	基极接红表笔		基极接黑表笔		是否合格
	b、e 之间	b、c 之间	b、e 之间	b、c 之间	

表 2.6　晶体管参数检测

项目	参数					
	I_{CM}/mA	P_{CM}/mW	$U_{(BR)CEO}$/V	I_{CEO}/μA	h_{FE}	是否合格
手册值						
测试值						
手册值						
测试值						

问题思考:①怎么判断一只晶体管的基极?

②怎么判断晶体管是 PNP 型还是 NPN 型?

③怎样用万用表测量晶体管的电流放大倍数?

引导问题 10:认识晶体管共射放大电路。晶体管共射放大电路如图 2.10 所示。

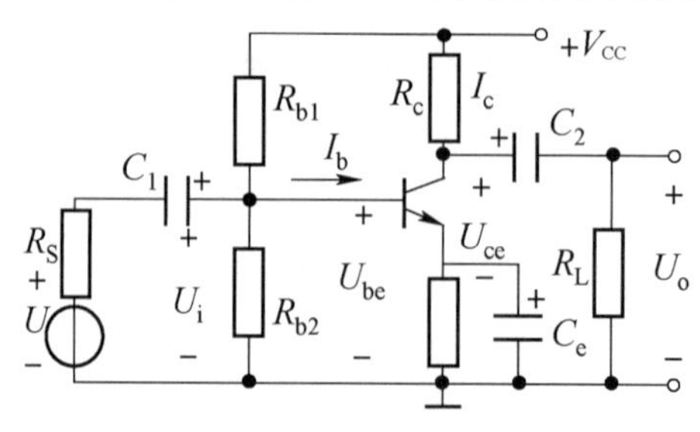

图 2.11　晶体管共射放大电路

问题思考：晶体管共射放大电路的工作原理是什么？各元件的作用是什么？

引导问题11：了解晶体管电路的电压传输特性。

按图2.11所示电路接线，检查无误后，接通直流电源电压 V_{CC}，调节电位器 R_P，使输入电压 U_i 由0逐渐增大。用万用表测出对应的 U_{be}、U_o 值，并计算出 I_c，记入表2.7中。

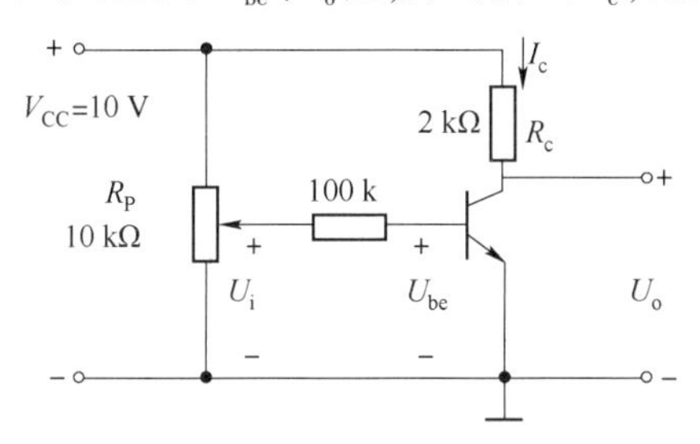

图2.11　晶体管特性测试电路

表2.7　晶体管电压传输特性

U_i/V	0	1.0	2.0	2.5	3.0	3.5	4.0	5.0	6.0	7.0	8.0
U_{be}/V											
U_o/V											
I_c/mA											

将表2.7中的测试数据进行整理，在坐标纸上画出电压传输特性 $U_o=f(U_i)$ 和转移特性 $I_c=f(U_{be})$。

问题思考：①设置静态工作点的原则是什么？如果出现截止失真或饱和失真该怎么调整电路参数？

②如果电路如图2.10所示，其参数：$\beta=100$，$R_S=1\ \text{k}\Omega$，$R_{b1}=62\ \text{k}\Omega$，$R_{b2}=20\ \text{k}\Omega$，$R_c=3\ \text{k}\Omega$，$R_e=1.5\ \text{k}\Omega$，$R_L=5.6\ \text{k}\Omega$，$V_{CC}=15\ \text{V}$。试分别求：$Q$，$A_u$，$R_i$，$R_o$。

引导问题12：认识焊接工具及材料。

①电烙铁是电工维修技术人员在焊接过程中最主要的工具，其主要是利用电流的热效应进行工作的。常用的电烙铁有多种类型。请查阅相关资料，认识它们的功能特点并补全表2.8。

电路焊接 PPT 讲解

表 2.8　常用电烙铁

电烙铁图例	适用场合
 内热式电烙铁	
 外热式电烙铁	
 吸锡式电烙铁	
 恒温式电烙铁	
 调温式电烙铁	

②结合以上列举的几种电烙铁，请对照实物，简要说明手工电烙铁由哪几部分组成？各部分的作用分别是什么？

引导问题13：关于电烙铁的使用方法与注意事项。

常用电烙铁的握法有3种（见表2.9），请查阅相关资料，写出电烙铁的握法名称和适用场合。

表2.9　常用电烙铁的握法

图　示	名　称	适用场合
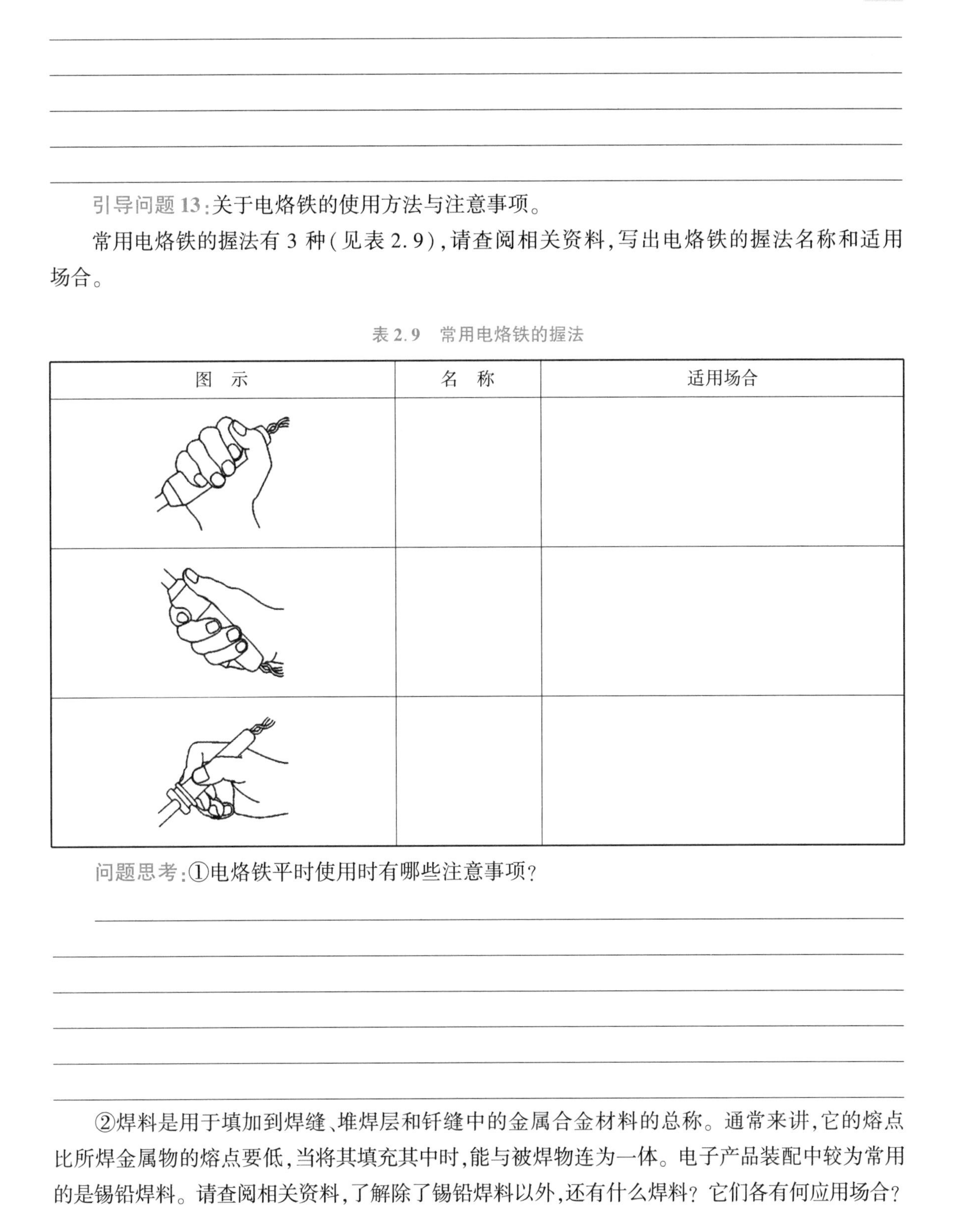		

问题思考：①电烙铁平时使用时有哪些注意事项？

②焊料是用于填加到焊缝、堆焊层和钎缝中的金属合金材料的总称。通常来讲，它的熔点比所焊金属物的熔点要低，当将其填充其中时，能与被焊物连为一体。电子产品装配中较为常用的是锡铅焊料。请查阅相关资料，了解除了锡铅焊料以外，还有什么焊料？它们各有何应用场合？

③锡铅焊料的形状有圆片、带状、球状、焊丝等,直径有 4 mm、3 mm、2 mm、1.5 mm 等规格。说说你所选焊料的形状和规格,并说明理由。

④焊料的内部一般都夹有松香作为焊剂,请查阅相关资料,说明焊剂在焊接过程中所起的作用。

引导问题 14:认识其他常用工具。

在焊接过程中,除电烙铁以外,还常用到镊子、剥线钳、尖嘴钳、平嘴钳、斜口钳等工具。请查阅相关资料,分别写出表 2.10 中各工具名称及其在电子电路中的主要用途。

表 2.10　其他常用工具

图　示	名　称	在电子电路中的主要用途

续表

图 示	名 称	在电子电路中的主要用途
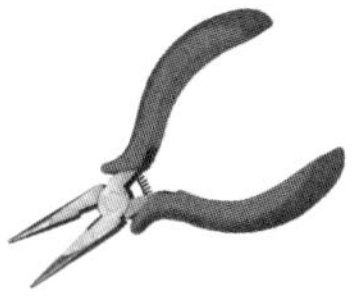		

引导问题 **15**:简易金属探测仪手工焊接操作训练。

小提示:简易金属探测仪电路参考图 2.1。该电路是由 LC 振荡电路、检测控制电路及声光报警电路组成。振荡电路由探测线圈 L、电容 C_1 和 C_2 及晶体管 VT_1 组成。当接通工作电源时,金属探测器处于工作状态,当探测线圈 L 探测到附近有金属物品时,线圈 L 中的电磁场会在金属物品中感应出涡流,从而影响到振荡器的振荡频率及工作状态。若线圈 L 离金属物品比较近时,将会导致处于临界工作状态的振荡器停振,检测控制电路检测到振荡器工作状态发生变化,便会输出一个控制信号去控制声光报警电路的工作,通过声光报警电路的警示,操作者便可以得知金属探测仪探测到了金属物品。

1. 焊接前的准备工作

①在焊接之前,元器件在印制电路板上有两种排列方式,分别为立式和卧式,如图 2.12 所示。在进行焊接前,需要将各种电子元器件的引线按照安装的要求加工成型。焊接后的效果如图 2.13 所示。

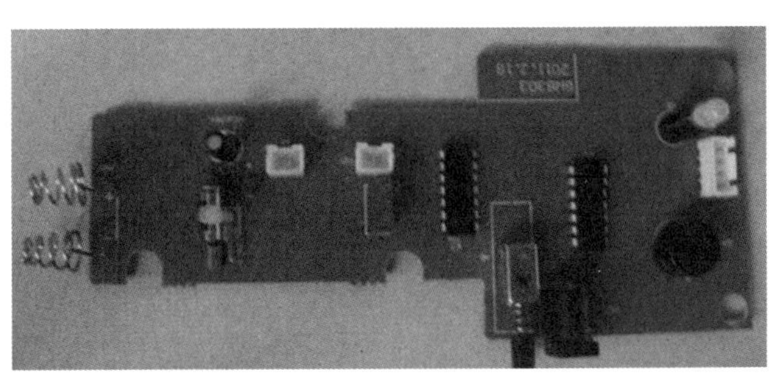

直插元器件的焊接

图 2.12 简易金属探测仪焊接前电子元器件的排列

贴片元器件的焊接

图 2.13　简易金属探测仪焊接后的效果

②在电子元器件中,除少数有金、银镀层的引线外,大部分元器件引脚在焊接前必须先搪锡,这是为什么?简述搪锡的操作方法。

______

______

______

______

______

______

2. 焊接操作步骤

焊接的操作步骤为准备施焊、加热焊件、熔化焊锡、移开焊锡、移开电烙铁,即通常所说的"五步法",如图 2.14 所示。请查阅资料,简述各步的操作要点。

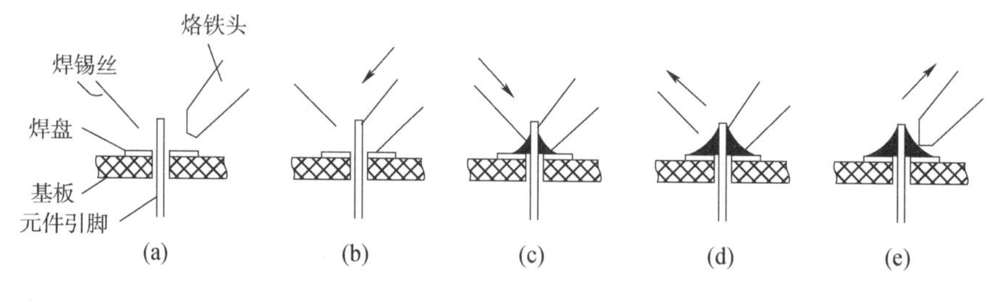

图 2.14　焊接操作步骤

(a)准备施焊;(b)加热焊件;(c)熔化焊锡;(d) 移开焊锡;(e)移开电烙铁

①准备施焊:

______

______

______

______

______

______

②加热焊件：

③熔化焊锡：

④移开焊锡：

⑤移开电烙铁：

3. 焊接质量的检查

①表2.11中列举了常见焊点缺陷的外观特征和危害。对照图表,检查自己的焊接电路是否存在这些问题。请查阅相关资料,找出造成缺陷的原因并分析,补全表2.11。

表 2.11　常见焊点缺陷的外观特征和危害

图示	焊点缺陷	焊点质量分析
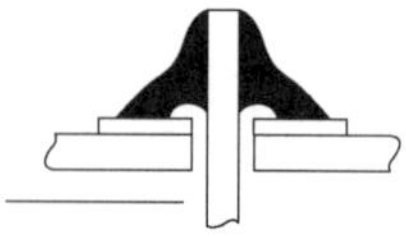	焊料过少	外观:焊点未形成平滑面,焊料较少。 原因分析: ______ ______ ______ ______ 危害:机械强度不足。
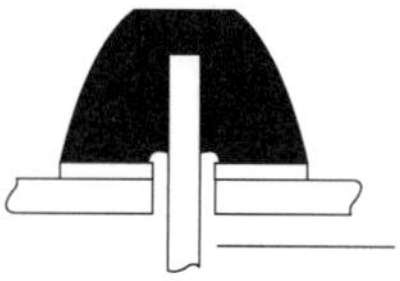	焊料过多	外观:焊点成凸形。 原因分析: ______ ______ ______ ______ 危害:浪费焊料,且可能包藏缺陷。
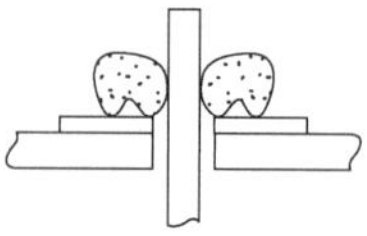	焊料堆积	外观:焊点结构松散、白色、无光泽。 原因分析: ______ ______ ______ ______ 危害:机械强度不足,可能虚焊。
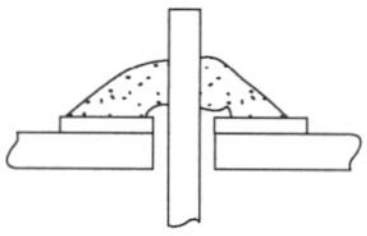	虚焊	外观:焊料与元器件引脚接触过大,不平滑。 原因分析: ______ ______ ______ ______ 危害:不能正常工作。
	松香焊	外观:焊缝中夹有松香渣。 原因分析: ______ ______ ______ ______ 危害:强度不足,导通不良,有可能时通时断。

续表

图示	焊点缺陷	焊点质量分析
	过热	外观：焊点发白，光泽度不好，表面粗糙。 原因分析： __________ __________ __________ __________ 危害：焊盘容易剥落，强度降低。
	冷焊	外观：焊点表面呈豆腐渣状颗粒，有时有裂纹。 原因分析： __________ __________ __________ __________ 危害：强度低，导电性能不好。
	浸润不良	外观：焊料与焊件交界面接触过大，不平滑。 原因分析： __________ __________ __________ __________ 危害：强度低，不通或时通时断。
	不对称	外观：焊锡未流满焊盘。 原因分析： __________ __________ __________ __________ 危害：强度不足。
	松动	外观：导线或元器件引线可松动。 原因分析： __________ __________ __________ __________ 危害：导通不良或不导通。

续表

图示	焊点缺陷	焊点质量分析
	拉尖	外观:焊点出现尖端。 原因分析: ______ ______ ______ ______ 危害:外观不佳,容易造成桥接现象。
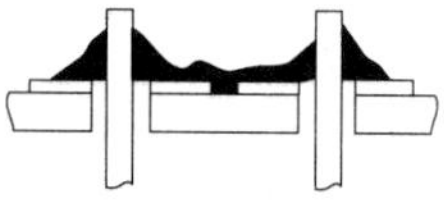	桥连	外观:焊点之间形成搭接。 原因分析: ______ ______ ______ ______ 危害:电气短路。
	针孔	外观:目测或低倍数放大器可见有孔。 原因分析: ______ ______ ______ ______ 危害:强度不足,焊点容易腐蚀。
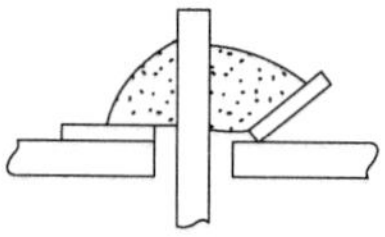	铜箔翘起	外观:铜箔从印制电路板上剥离。 原因分析: ______ ______ ______ ______ 危害:印制电路板已损坏。
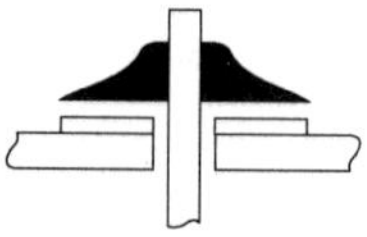	剥离	外观:焊点从铜箔上剥落。 原因分析: ______ ______ ______ ______ 危害:断路。

续表

图示	焊点缺陷	焊点质量分析
	气泡	外观:引线根部有喷火式焊料隆起,内部藏有空洞。 原因分析: ______ ______ ______ ______ 危害:暂时导通,但长时间容易引起导通不良。

②根据以上图表所示焊点缺陷,对照自己焊接操作训练中完成的印制电路板上的焊点判断是否合格,将不合格的焊点进行分类并记录下来。

______

______

______

______

______

______

工作计划

①制订工作方案,并填入表2.12中。

表2.12　工作方案

步骤	工作内容	负责人
1		
2		
3		
4		
5		
6		
7		
8		

②写出简易金属探测仪电路工作原理。

______

______

______

③列出电器所需仪表、工具、耗材和器材清单,并填入表2.13中。

表2.13　器具清单

序号	名称	数量及规格	负责人

工作实施

(1)按照本组任务制订的计划实施

①领取元器件及材料。

②检查元器件并确认有没有损坏,若有,请找相关人员确认并更换。

③按照焊接工艺要求进行焊接。

④焊接完成之后,检测印制电路板无短路、无虚焊后,即可上电测试。

(2)焊接调试的一般步骤

①识读电路图,明确所用元器件及其作用,熟悉电路工作原理。

②按照PCB上元器件位号进行元器件焊接,焊接顺序:先焊接贴片元器件,后焊接直插元器件,元器件的焊接按照先矮后高的原则进行。

③焊接发光二极管时注意极性方向、晶体管及电容元件的引脚。

④印制电路板焊接完成之后,用肉眼及万用表检测印制电路板有无虚焊及短路,无短路、无虚焊之后,即可上电测试。

⑤通电测试,根据电路功能说明,依次进行测试。

⑥若测试结果与功能说明一致,则电路安装完成。

评价反馈

各组代表展示作品,介绍任务的完成过程。作品展示前应该准备阐述材料,并完成评价表2.14~图2.17。

表 2.14　学生自评表

班级：________　姓名：________　学号：________				
任务：金属探测仪电路的制作与调试				
序号	评价项目	评价标准	分值	得分
1	完成时间	是否在规定时间内完成任务	10 分	
2	相关理论填写	正确率 100% 为 20 分	20 分	
3	技能训练	操作规范、焊接过程中无异常	10 分	
4	任务完成质量	整机能够实现金属探测仪的功能	20 分	
5	调试优化	印制电路板背面焊点美观，正面元器件焊接整齐	10 分	
6	工作态度	态度端正、积极认真	10 分	
7	职业素养	安全生产、保护环境、爱护设施	20 分	
合计				

表 2.15　学生互评表

任务：金属探测仪电路的制作与调试							
序号	评价项目	分值	等级				评价对象____组
1	计划合理	10 分	优 10 分	良 8 分	中 6 分	差 4 分	
2	方案正确	10 分	优 10 分	良 8 分	中 6 分	差 4 分	
3	团队合作	10 分	优 10 分	良 8 分	中 6 分	差 4 分	
4	组织有序	10 分	优 10 分	良 8 分	中 6 分	差 4 分	
5	工作质量	10 分	优 10 分	良 8 分	中 6 分	差 4 分	
6	工作效率	10 分	优 10 分	良 8 分	中 6 分	差 4 分	
7	工作完整	10 分	优 10 分	良 8 分	中 6 分	差 4 分	
8	工作规范	10 分	优 10 分	良 8 分	中 6 分	差 4 分	
9	效果展示	20 分	优 20 分	良 16 分	中 12 分	差 8 分	
合计							

表 2.16　教师评价表

班级：________　姓名：________　学号：________				
任务：金属探测仪电路的制作与调试				
序号	评价项目	评价标准	分值	综合
1	考勤	无迟到、旷课、早退现象	10 分	
2	完成时间	是否按时完成	10 分	

续表

班级:________ 姓名:________ 学号:________				
任务:金属探测仪电路的制作与调试				
3	引导问题填写	全部按要求完成	20 分	
4	规范操作	操作规范、焊接过程中无异常	10 分	
5	完成质量	整机能够实现金属探测仪的功能	20 分	
6	参与讨论主动性	主动参与小组成员之间的协作	10 分	
7	职业素养	安全生产、保护环境、爱护设施	10 分	
8	成果展示	能准确汇报工作成果	10 分	

表 2.17　综合评价表

项目			
自评(20%)	小组互评(30%)	教师评价(50%)	综合得分

学习情境的相关知识点

知识点 1：二极管

行业概况:根据中国电子信息产业统计年鉴公开数据表明,中国半导体二极管行业市场规模一直以来整体保持向上增长的趋势。尤其是最近十多年来,物联网、云计算、大数据、智能制造、智能交通、医疗电子等新兴应用领域的市场拓展,促使中国半导体二极管行业市场规模自2017 年起呈现爆发式增长的快速发展趋势,对世界范围内二极管行业发展有着举足轻重的影响。

二极管负极标识如图 2.15 所示。

①不管是塑封封装,还是玻璃封装,有色环、色带或色点的一端为负极。

②比较二极管两个金属电极引脚长度,长的是正极,短的是负极。

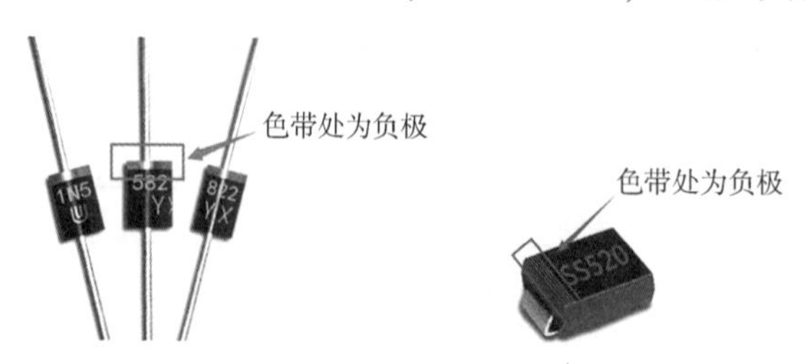

图 2.15　二极管负极标识

半导体

③将万用表的黑表笔接二极管正极,红表笔接二极管负极,可测得二极管的正向电阻,如图 2.16 所示。一般要求二极管正向电阻越小越好,反向电阻越大越好。

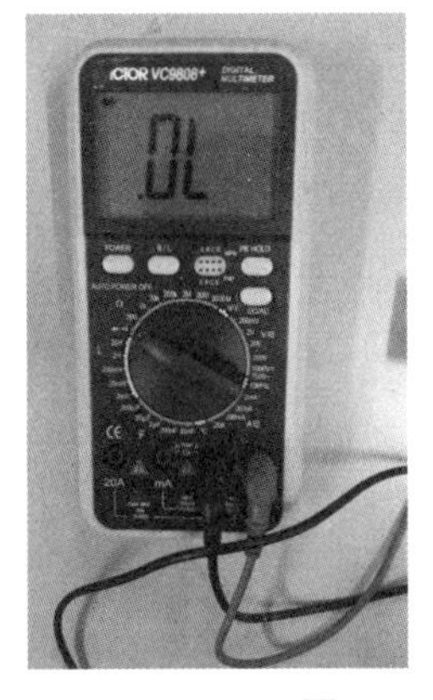

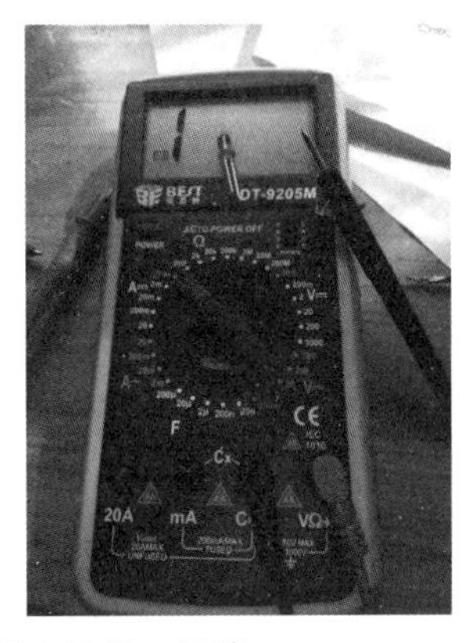

二极管的导通截止

图 2.16　万用表测量二极管

知识点 2：晶体管

行业概况：根据中国电子产品协会数据显示，中国半导体晶体管的应用领域已从工业控制和消费电子拓展至新能源、轨道交通、智能电网、变频家电等诸多细分方向，市场规模呈现稳健增长态势。作为全球最大的半导体需求市场，中国占全球需求比例高达 35%。据预测，到 2025 年，中国半导体市场提供纯增量规模有望达到 200 亿元，在全球高居榜首。

晶体管在电子电路中最主要的功能是电流放大(模拟电路)和开关作用(数字电路)，分别有 PNP 型和 NPN 型。晶体管对外有 3 根引线，分别是晶体管的 3 个电极，即晶体管的基极(用字母 b 表示)、集电极(用字母 c 表示)和发射极(用字母 e 表示)，如图 2.17 所示。

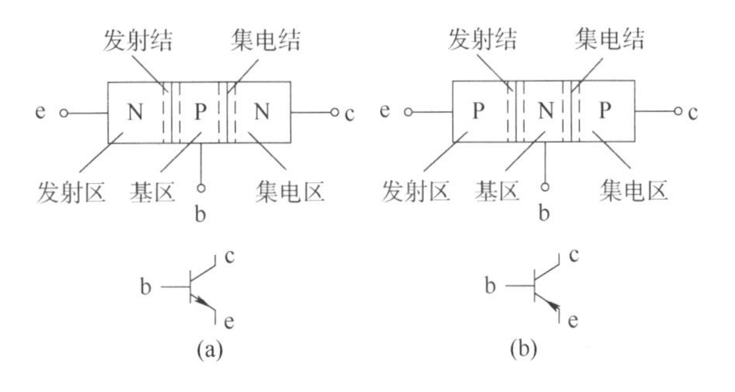

图 2.17　晶体管符号

(a)NPN 型；(b)PNP 型

2.1　晶体管管型极性的测量

1. 晶体管基极的测量

①先将万用表置于 $R\times1\text{k}$ 挡位，然后任取两个电极，若这两个电极为 1、2，则将万用表两表笔调换测量其正、反向电阻。

②再分别取 1、3 两个电极和 2、3 两个电极进行测量，同样将两表笔调换测量它们的正、反向电阻。

③在这 6 次测量中，必然有 2 次测量的结果相近，即 6 次测量中指针有 4 次偏转较大，剩下

的2次测量前、后指针偏转角度都很小,在这次测量中,未触碰的那只引脚就是基极b。

④在确定了晶体管的基极后,我们就可以根据基极与另外两个电极之间PN结的方向来确定管子的导电类型。

⑤将万用表的黑表笔接基极,红表笔接另外两个电极中的一极,若指针偏转角度很大,则说明被测晶体管为NPN型;若指针偏转角度很小,则说明被测晶体管为PNP型。

2. 目测法辨认及步骤

①如图2.18(a)所示,将晶体管平滑光整的一面正对自己、弧面朝外,3个引脚朝下,用手拿着。

②从左往右3个引脚分别是e、b、c。

③其他管型如图2.18(b)所示。

三极管参数

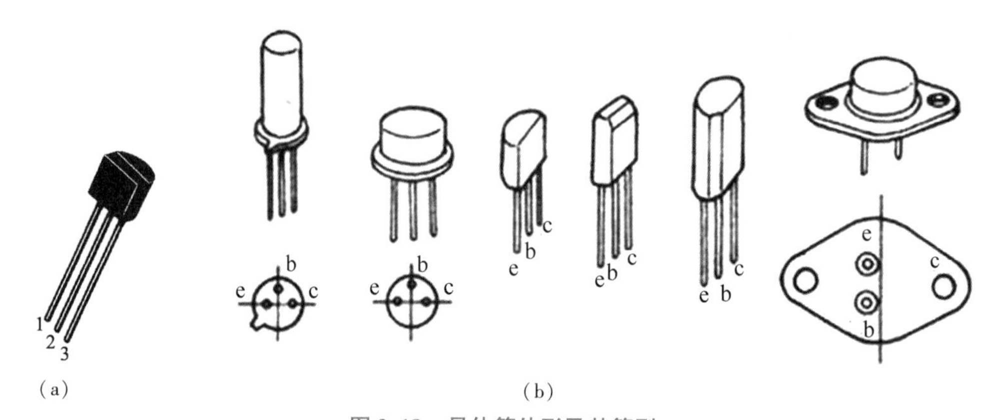

(a) (b)

图2.18 晶体管外形及其管型

(a)外形;(b)管型

3. 工具测量法及步骤

①对于NPN型晶体管,由于知道了其基极,接下来就是去寻找晶体管的集电极和发射极。假定黑表笔连接的是c,红表笔连接的是e,手指将b、c短接,观测指针摆动情况;随后,调换两表笔重新测量,观测指针摆动情况,如图2.19所示。在两次测量过程中,指针偏转大的那一次中,黑表笔接的是c,红表笔接的是e。因为对于NPN型晶体管而言,其电位大小为$U_c > U_b > U_e$。

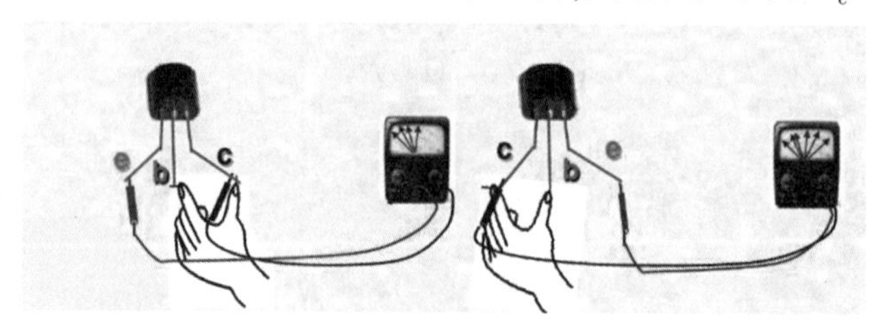

图2.19 万用表测量NPN晶体管

电流的流向:黑表笔→c→b→e→红表笔,电流流向正好与晶体管中的箭头方向一致,即顺箭头,所以此时黑表笔所接的是c,红表笔所接的一定是e。

②对于PNP型晶体管,测量方法跟NPN型晶体管基本上是一样的,不同的是假定红表笔连

接的是 c，而黑表笔连接的是 e，手指将 b、c 短接，观测指针摆动情况，如图 2.20 所示；随后，调换两表笔重新测量，观测指针摆动情况。在两次测量过程中，指针偏转大的那一次中，黑表笔接的是 e，红表笔接的是 c。因为对于 PNP 型晶体管而言，其电位大小为 $U_e > U_b > U_c$

电流的流向：黑表笔→e→b→c→红表笔，电流流向正好与晶体管中的箭头方向一致，即顺箭头，所以此时红表笔所接的是 c，黑表笔所接的一定是 e。

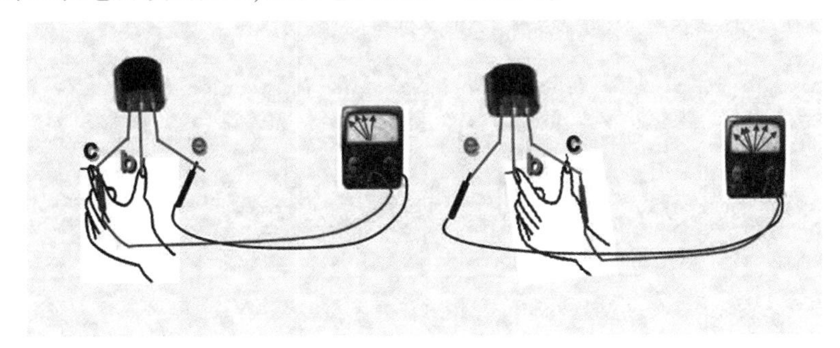

图 2.20　万用表测量 PNP 型晶体管

2.2　晶体管放大倍数的测量

在明确了晶体管管型和晶体管的各引脚之后，直接将万用表挡位开关转至“hFE”挡位，然后按要求将各引脚插入对应的插孔，屏幕上显示的读数就是晶体管的电流放大倍数。

知识点 3：晶体管共射放大电路

电路分析计算的意义：晶体管放大电路参数看起来千变万化，形式也千差万别，但只要掌握基本分析思路和方法，都能做到化繁为简、融会贯通。其实现实生活中很多的工作也是如此，看起来千难万苦、千头万绪，只要找到规律，就会达到四两拨千斤的效果。

3.1　静态工作点的估算

$$U_{BQ} = \frac{R_{b2}}{R_{b1} + R_{b2}} V_{CC}, I_{EQ} = \frac{U_{BQ} - U_{BEQ}}{R_e}, I_{CQ} \approx I_{EQ}, I_{BQ} \approx I_{EQ}/\beta, U_{CEQ} = V_{CC} - I_{EQ}(R_c + R_e)$$

静态工作点的稳定原理：

$$I\uparrow \rightarrow I_C\uparrow \rightarrow U_E\uparrow \rightarrow U_{BE}\downarrow \rightarrow I_B\downarrow$$
$$\rightarrow I_C\downarrow$$

三极管的
开关作用

3.2　直流电路分析

晶体管共射放大电路的直流通路如图 2.21 所示。

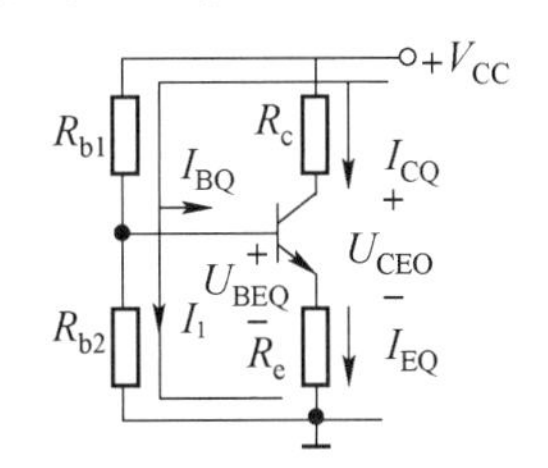

图 2.21　晶体管共射放大电路的直流通路

三极管放大仿真

晶体管电路正常工作的基本设置要求：

$I_1 \geqslant (5\sim10) I_{BQ}$；

$U_{BQ} \geqslant (5\sim10) U_{BEQ}$。

3.3 输入、输出电阻计算

(1)交流电路

晶体管共射放大电路的交流通路如图 2.22 所示。

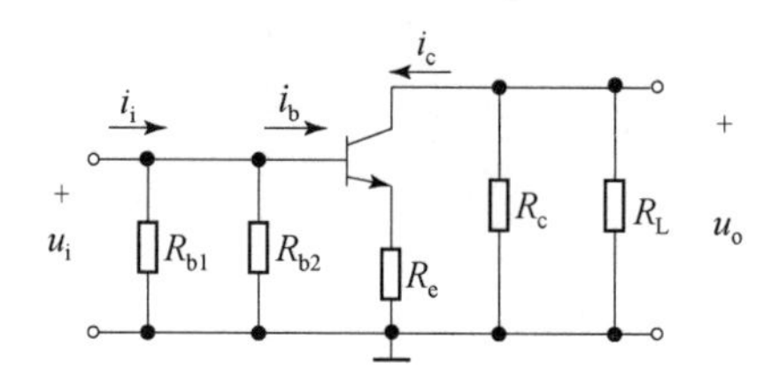

图 2.22　晶体管共射放大电路的交流通路

(2)小信号等效电路

小信号等效电路如图 2.23 所示。

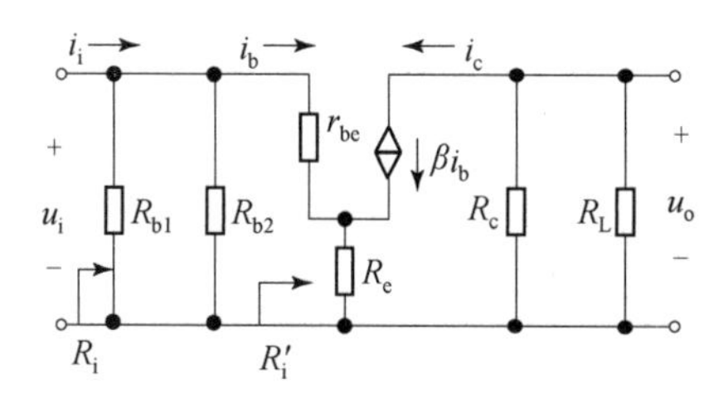

图 2.23　小信号等效电路

电压放大倍数 $A_u = \dfrac{u_o}{u_i} = \dfrac{-\beta i_b R'_L}{i_b r_{be}} = -\beta \dfrac{R'_L}{r_{be}}$；

电源电压放大倍数 $A_{uS} = \dfrac{u_o}{u_S} = \dfrac{u_o}{u_i}\dfrac{u_i}{u_S} = \dfrac{R_i}{R_S + R_i} A_u$（$R_S$ 为信号源内阻，u_S 为信号源开路时的电压）；

输入电阻 $R_i = R_{b1} /\!/ R_{b2} /\!/ [r_{be} + (1+\beta) R_e]$；

输出电阻 $R_o = R_c$。

知识点 4：基本电子元件的焊接技巧与训练

焊接的意义：通过电子产品的焊接实训学习过程，让同学们掌握基本的焊接方法和焊接技能，养成节俭意识和严谨细致的作风。同时还要培养同学们的耐心，磨炼同学们的意志，增强团队协作精神和创新思维等基本的心理素质。

4.1 电烙铁的使用注意事项

①电烙铁停置不用时，不要长期保持通电状态，以防造成损坏。

②电烙铁在焊接时，最好使用松香焊剂，以保护烙铁头不被腐蚀。电烙铁应放置在烙铁架上，轻拿轻放，不要将电烙铁上的焊锡乱甩。

③更换熔芯时要注意不要将线接错,以免发生触电事故。

4.2 焊接的基本流程

①焊接前的焊件表面处理:手工电烙铁焊接中遇到的焊件往往都需要进行表面清理工作,去除焊接面上的锈迹、油污、灰尘等影响焊接质量的杂质。手工操作中常用机械刮磨和酒精、丙酮擦洗等简单易行的方法。

②预焊过程:将要锡焊的元件引线的焊接部位预先用焊锡湿润。

③不要用过量的焊剂:合适的焊剂应该是松香水,仅能浸湿的是将要形成的焊点,不要让松香水透过印制电路板流到元件面或插孔里。使用松香焊锡时不需要再涂焊剂。

④保持烙铁头清洁:烙铁头表面被氧化的一层黑色杂质能形成隔热层,使烙铁头失去加热作用。因此要随时在烙铁架上蹭去杂质,或者用一块湿布或海绵随时擦拭烙铁头。

⑤焊锡量要合适。

⑥焊件要固定。

⑦焊接完成之后电烙铁的撤离:撤离烙铁头时轻轻旋转一下,可保持焊点周围有适量的焊料。

拓展训练

请查阅资料,了解焊接可以分为哪几类?各有什么特点?分别适用于什么场合?

____

____

____

____

____

____

项目3　液位控制器的制作与调试

液位控制器概述：目前社会经济不论如何飞速发展，水在人们生活和生产中的重要性都不会被改变。假如没有了水，轻则给人们生活带来极大的不便，重则可能造成严重的生产事故及损失。因此，供水系统和供水设备需要有着严苛的标准，满足及时、准确、安全充足的供水要求。如果仍然使用人工方式，则劳动强度大，工作效率低，安全性难以保障，因此必须进行自动化控制系统的改造，从而制作出能提供足够的水量、平稳的水压且设计成本低、实用价值高的自动水位控制器。在我国，传统的水塔供水系统是非常普遍的，应用比较广泛，缺点就是能耗大、控制精度低。但是，基于自控原理的水位控制器，会依据不断变化的用水量进行自动调节，不仅可以满足用户用水的需求，还能够提高用户用水的质量。水位控制器有很多的优点，如结构简单，成本低，安装方便，灵敏性好，能耗低等。水位控制器是一种成本低、实用价值高的仪器。

学习情境描述

木板加工生产线上需要液位测量电路，控制搅拌机中的液体液面高度保持恒定状态。技术科安排维修电子技术员前去完成液位测量控制板的安装，电子技术员接到任务工单之后，按要求完成任务。

学习目标

①能根据液位控制器的元器件清单正确识别并清点元器件数量。
②能正确识读液位控制器电路原理图（见图3.1），能说出集成运算放大器有哪些作用。
③能正确识读液位控制器电路中的集成运算放大器构成的电压比较器、继电器驱动电路。
④会按照工艺要求正确将元器件焊接到印制电路板上。
⑤能进行各模块电路的组装连线，并能上电调试。
⑥能够完成整机电路的拼装，并能进行整机上电调试。

任务书

根据液位控制器的元器件清单（见表3.1）正确识别并清点元器件数量，准备焊接工具恒温电烙铁、斜口钳、镊子、万用表等，焊接完成液位控制器的组装。

表 3.1 液位控制器的元器件清单

序号	元器件名称	参数	位号	数量
1	直插电阻	1 kΩ	R_5、R_7、R_9、R_{14}、R_{17}、R_{20}	6
2	直插电阻	2.2 kΩ	R_{11}	1
3	直插电阻	4.7 kΩ	R_{10}	1
4	直插电阻	10 kΩ	R_{21}、R_{22}	2
5	直插电阻	47 kΩ	R_1、R_2、R_3、R_8、R_{12}、R_{16}、R_{18}、R_{19}	8
6	直插电阻	100 kΩ	R_6、R_{15}	2
7	直插电阻	1 MΩ	R_4、R_{13}	2
8	晶体管	S8050	VT_1、VT_2	2
9	瓷片电容	104	$C_2 \sim C_5$、$C_7 \sim C_9$	7
10	瓷片电容	222	C_1	1
11	电解电容	10 μF/25 V	C_{10}	1
12	电解电容	100 μF/16 V	C_6	1
13	二极管	1N4148	VD_1、VD_2、VD_4、VD_5	4
14	二极管	1N4007	VD_9	1
15	发光二极管	红色	VD_6、VD_8	2
16	发光二极管	黄色	VD_7	1
17	发光二极管	绿色	VD_3	1
18	集成电路	LM324	U1	1
19	IC 芯片座	14 - pin	U1	1
20	自锁开关	8 * 8 mm	S_1	1
21	继电器	5V1P2T	K_1	1
22	接线端子	2.54 - 2P	J1、J2、J3	3
23	接线端子	201 - 3P	J4	1
24	端子线	单头		3
25	控制 PCB			1
26	传感 PCB			1

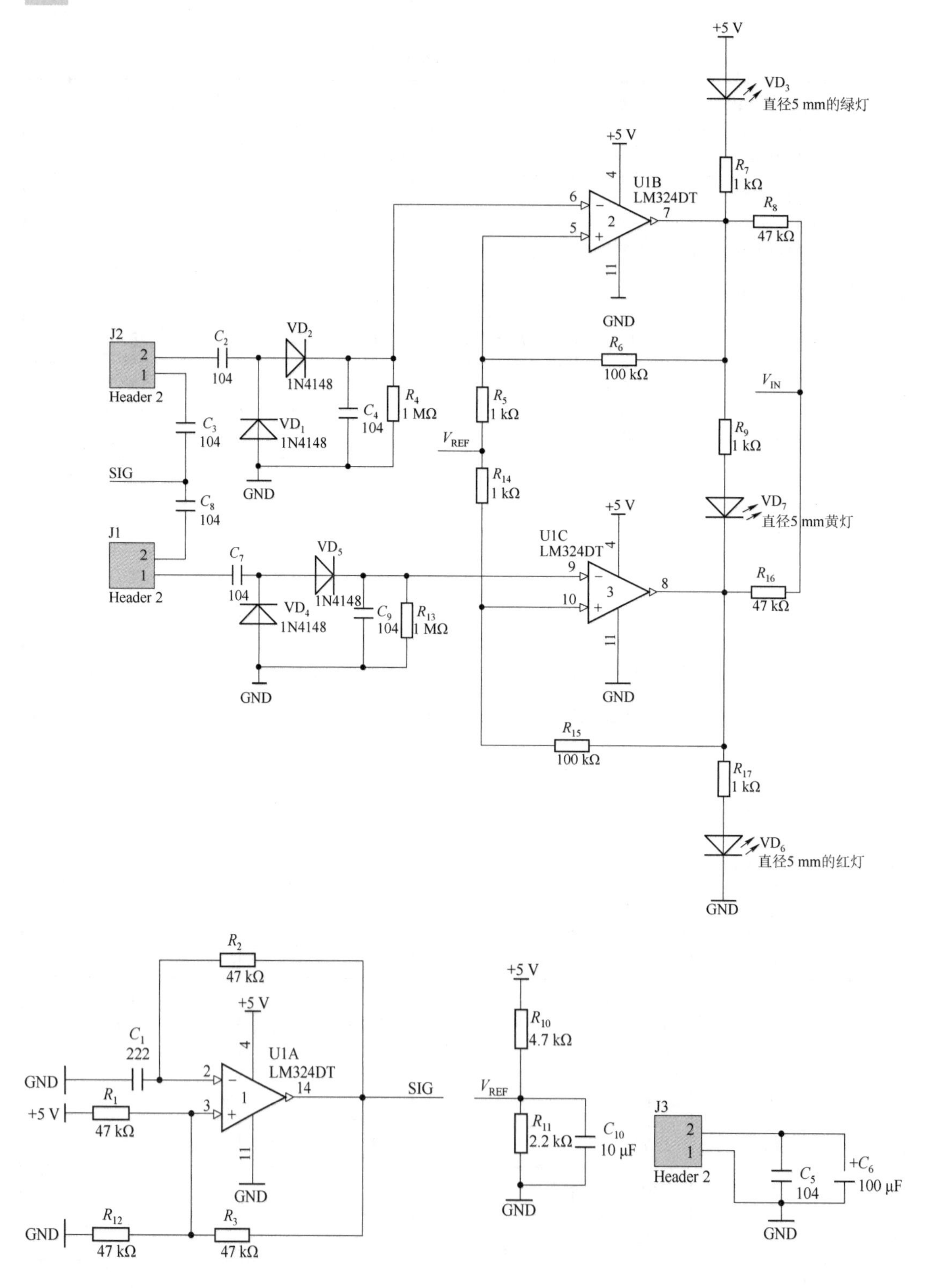

图 3.1　液位控制器电路原理图

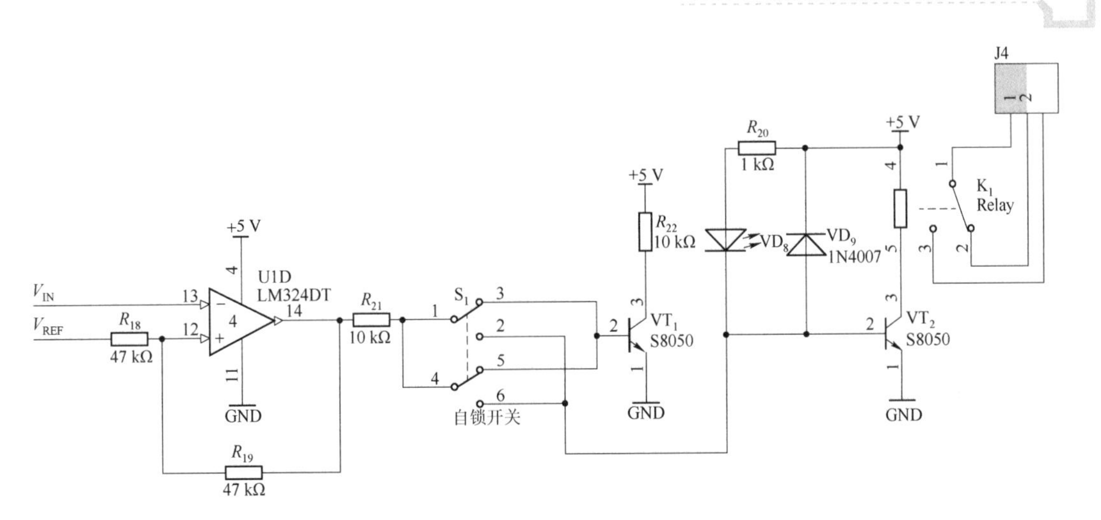

图 3.1　液位控制器电路原理图(续)

任务分组

针对本任务对学生进行分组,并将分组情况填入表 3.2 中。

表 3.2　学生任务分配表

<table>
<tr><td>班级</td><td></td><td>组号</td><td></td><td>指导老师</td><td></td></tr>
<tr><td>组长</td><td></td><td>学号</td><td colspan="3"></td></tr>
<tr><td>组员</td><td colspan="5">
<table>
<tr><td>姓名</td><td>学号</td></tr>
<tr><td></td><td></td></tr>
<tr><td></td><td></td></tr>
<tr><td></td><td></td></tr>
</table>
<table>
<tr><td>姓名</td><td>学号</td></tr>
<tr><td></td><td></td></tr>
<tr><td></td><td></td></tr>
<tr><td></td><td></td></tr>
</table>
</td></tr>
<tr><td>任务分工</td><td colspan="5"></td></tr>
</table>

获取信息

引导问题 1:认识集成运放 LM324。

①芯片 U1 在图中总共有 4 个部分,即 U1A、U1B、U1C、U1D,LM324 内部总共有几个集成运算放大器?1 个集成运算放大器的输入端有几个?输出端有几个?分别叫什么?

____

____

小提示：LM324 内部有 4 个独立的集成运算放大器，集成运算放大器有两个输入端（同相输入端与反相输入端），1 个输出端。

②集成运算放大器与晶体管构成放大电路，集成运算放大器有什么优点？集成运算放大器内部由哪几部分组成？各个部分的作用分别是什么？

小提示：与晶体管构成的放大电路相比较，集成运算放大器设计的放大电路，具有电路结构简单、放大倍数稳定及性能指标优越等特点。集成运算放大器一般由 4 部分组成，即输入级、中间级、输出级和偏置电路，各个部分的作用详见学习情境的相关知识点内容。

③LM324 的引脚图是怎样的？LM324 的供电电压范围是多少？它能支持双电源工作吗？

小提示：LM324 的引脚图参见学习情境的相关知识点；LM324 工作电压范围宽，可用正电源 3 ~ 30 V，或正负双电源 1.5 ~ 15 V 工作。

引导问题 2：了解传感器输入端部分，其电路如图 3.2 所示。

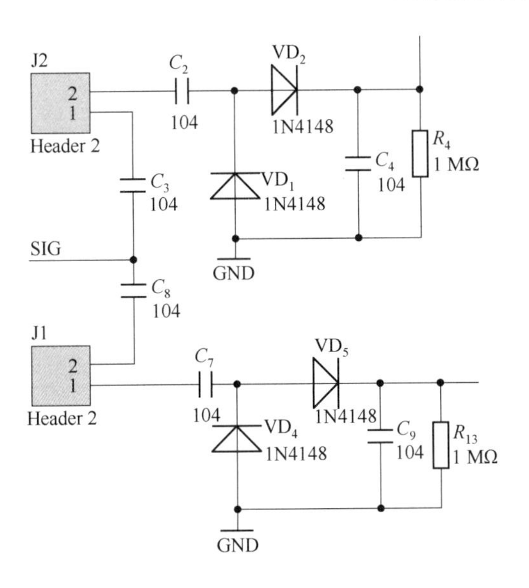

图 3.2 传感器输入端部分电路

①图 3.2 中所示的 J2 与 J1 的作用分别是什么?

小提示:J2 和 J1 外接水位传感器,相当于由水位控制的两个开关。

②图中C_2、C_3的作用分别是什么? VD_1和VD_2的作用是什么?

小提示:C_3、C_2为耦合电容,VD_1、VD_2整流,C_4滤波,在R_4上形成整流滤波后的电压作为U1B的反向输入端电压。

③图中C_4、R_4 的作用是启动了信号延时,那么延时时间 τ 怎么计算呢? 延时时间为多少?

小提示:在 RC 电路中时间常数 $\tau = RC$。

引导问题 3：了解振荡信号 SIG 的产生。矩形波发生电路如图 3.3 所示。

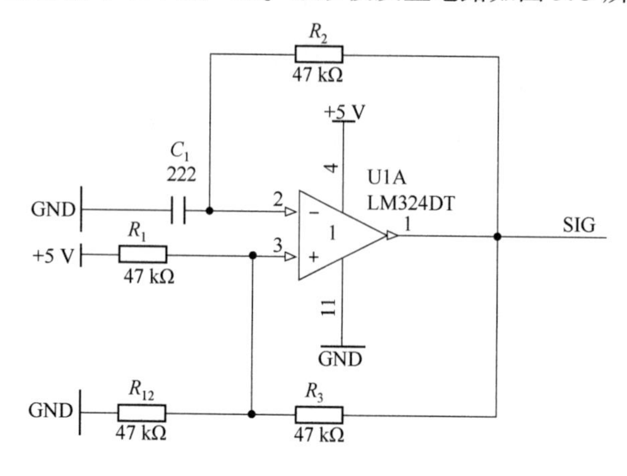

图 3.3　矩形波发生电路

图 3.3 所示的电路中，如果要改变矩形波的频率，则需要改变哪几个器件参数？

小提示：在上述矩形波发生电路中，改变电阻 R_{12}、R_1、R_3、R_2、C_1 的数值可以改变电路的振荡频率。

引导问题 4：图 3.4 所示为电阻分压电路，那么图中 V_{REF} 信号电压为多少？请在下面写出其计算公式。

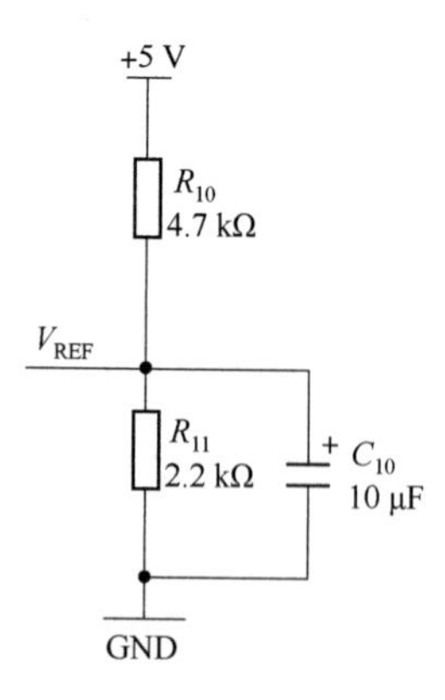

图 3.4　电阻分压电路

小提示:先求出流过 R_{11} 的电流,然后利用欧姆定律求出 R_{11} 两端电压,即为 V_{REF} 信号电压。

图 3.5 所示电路中集成运算放大器 LM324 在此处构成电压比较器,什么是电压比较器的阈值电压?在图 3.5 的比较器中阈值电压为多少?电阻 R_6 的作用是什么?

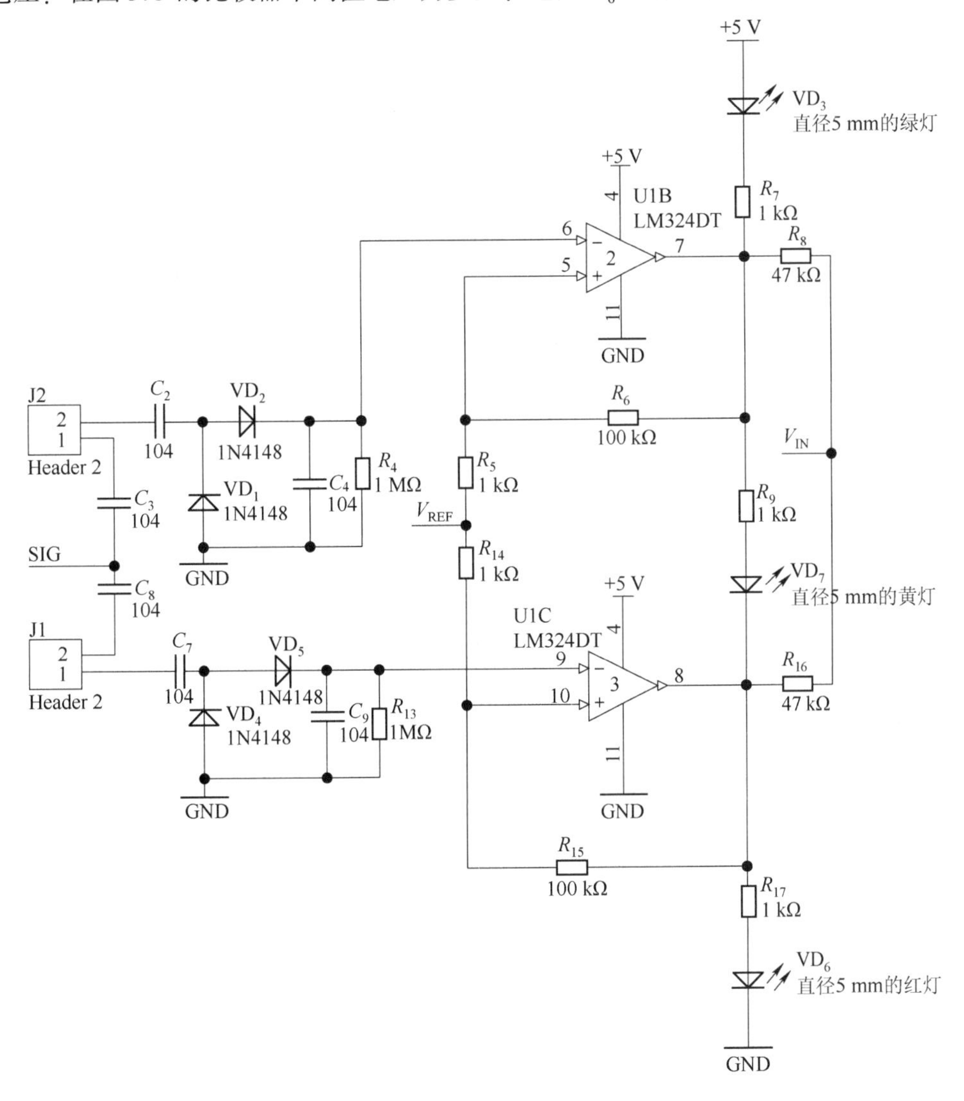

图 3.5 LM324 构成比较器

小提示：水位信号从集成运算放大器反相输入端输入，那么同相输入端的电压即为此电压比较器的阈值电压U_T，根据图3.5可知$U_T = V_{REF}$。R_6为正反馈电阻，它将输出电压反馈到运算集成放大器的同相输入端，增加净输入量，使集成运算放大器的输出跃变到U_{OL}或U_{OH}，使之更加灵敏。

工作计划

①制订工作方案，并填入表3.3中。

表3.3 工作方案

步骤	工作内容	负责人
1		
2		
3		
4		
5		
6		
7		
8		

②写出液位控制器的工作原理。

____

____

____

____

____

③列出电路所需仪表、工具、耗材和器材清单，并填入表3.4中。

表3.4 器具清单

序号	名称	数量	负责人

工作实施

(1)按照本组任务制订的计划实施

①领取元器件及材料。

②检查元器件。

③按照焊接工艺要求进行焊接。

④焊接完成之后,检测印制电路板无短路、无虚焊后,即可上电测试。

(2)焊接调试的一般步骤

①识读电路图,明确所用元器件及其作用,熟悉电路工作原理。

②按照 PCB 上元器件位号进行元器件焊接,焊接顺序:先焊接贴片元器件,后焊接直插元器件,先焊接矮的元器件,后焊接高的元器件。

③焊接发光二极管时注意极性方向、芯片标志引脚。

④印制电路板焊接完成之后,用肉眼及万用表检测印制电路板是否有虚焊及短路,无短路、无虚焊之后,即可上电测试。

⑤通电测试,根据电路功能说明,依次进行测试。

⑥若测试结果与功能说明一致,则电路安装完成。

评价反馈

各组代表展示作品,介绍任务的完成过程。作品展示前应该准备阐述材料,并完成表3.5 ~ 表3.8 的记录填写。

表 3.5　学生自评表

班级:________　姓名:________　学号:________				
任务:液位控制器的制作与调试				
序号	评价项目	评价标准	分值	得分
1	完成时间	是否在规定时间内完成任务	10 分	
2	相关理论填写	正确率 100% 为 20 分	20 分	
3	技能训练	操作规范、焊接过程中无异常	10 分	
4	完成质量	整机能够实现液位控制器的功能	20 分	
5	调试优化	印制电路板背面焊点美观,正面元器件焊接整齐	10 分	
6	工作态度	态度端正,无迟到、旷课现象	10 分	
7	职业素养	安全生产、保护环境、爱护设施	20 分	
合计				

表 3.6　学生互评表

任务:液位控制器的制作与调试							
序号	评价项目	分值	等级				评价对象____组
1	计划合理	10 分	优 10 分	良 8 分	中 6 分	差 4 分	

续表

任务:液位控制器的制作与调试							
序号	评价项目	分值	等级				评价对象____组
2	方案正确	10 分	优 10 分	良 8 分	中 6 分	差 4 分	
3	团队合作	10 分	优 10 分	良 8 分	中 6 分	差 4 分	
4	组织有序	10 分	优 10 分	良 8 分	中 6 分	差 4 分	
5	工作质量	10 分	优 10 分	良 8 分	中 6 分	差 4 分	
6	工作效率	10 分	优 10 分	良 8 分	中 6 分	差 4 分	
7	工作完整	10 分	优 10 分	良 8 分	中 6 分	差 4 分	
8	工作规范	10 分	优 10 分	良 8 分	中 6 分	差 4 分	
9	效果展示	20 分	优 20 分	良 16 分	中 12 分	差 8 分	
合计							

表 3.7　教师评价表

班级:________		姓名:________		学号:________
任务:液位控制器的制作与调试				
序号	评价项目	评价标准	分值	综合
1	考勤	无迟到、旷课、早退现象	10 分	
2	完成时间	是否按时完成	10 分	
3	引导问题填写	正确率 100% 为 20 分	20 分	
4	规范操作	操作规范、焊接过程中无异常	10 分	
5	完成质量	整机能够实现液位控制器的功能	20 分	
6	参与讨论主动性	主动参与小组成员之间的协作	10 分	
7	职业素养	安全生产、保护环境、爱护设施	10 分	
8	成果展示	能准确汇报工作成果	10 分	

表 3.8　综合评价表

项目			
自评(20%)	小组互评(30%)	教师评价(50%)	综合得分

学习情境的相关知识点

知识点 1：集成运算放大器

行业概况:集成运算放大器在电子电路中应用非常广泛,在芯片制造领域,有很大比例属于模拟芯片设计,而集成运算放大器就属于模拟芯片。我国的集成电路产业开始时间并不晚,但是由于后来的发展不够充分,导致整体集成电路产业还处于比较落后的阶段。但从近几年的产业发展来看,技术差距正在逐步缩小。同时在国家大力倡导发展半导体的背景下,集成电路设计得到极大发展,很多在海外有技术经验的华人回国创办集成电路设计公司,带来了直接的技术和经验,在短短的几年内,国内集成电路的设计公司就有几百家之多。这些公司开始依靠自己的产品获得市场的认可,有的还做出很好的成绩,我国的集成电路优秀设计企业,几乎都在这个阶段诞生,也涌现出如中星微、珠海炬力、展讯、瑞芯微等国内著名公司。

集成运算放大器利用半导体制造工艺,将整个电路中的元器件制作在一块基片上,封装后构成特定功能的电路块。集成电路按其功能可分为模拟集成电路和数字集成电路。模拟集成电路品种繁多,其中应用最广泛的是集成运算放大器。

1.1 集成运算放大器的基本组成

集成运算放大器(简称集成运放)是模拟电子电路中最重要的器件之一,它本质上是一个高电压增益、高输入电阻和低输出电阻的直接耦合多级放大电路,因最初其主要应用于模拟量的数学运算而得名。近几年来,集成运放得到迅速发展,有不同类型、不同结构,但基本结构具有共同之处。集成运算放大器内部电路由输入级、中间级、输出级和偏置电路4部分组成,如图3.6所示。

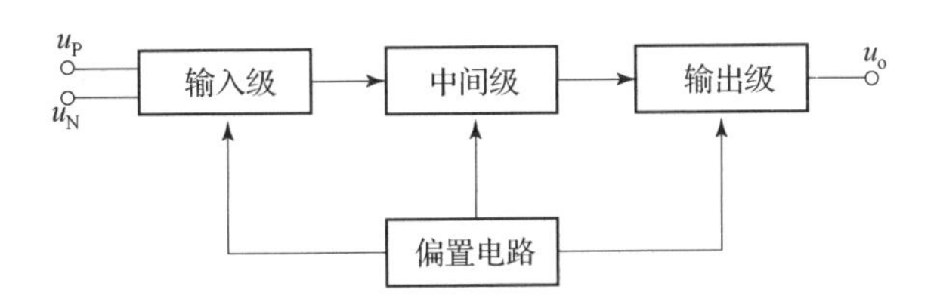

集成运放

图3.6 集成运算放大器的内部组成电路框图

1.2 集成运算放大器4个组成部分的作用

输入级:是集成运算放大器的第一级。其零点漂移小,输入电阻高,所以一般都采用差分放大电路。

中间级:整个集成运算放大器的主放大器,将输入级输出的信号电压加以放大,一般由共射放大电路组成,要求有足够的放大能力。

输出级:输出级直接与负载相连,要求有足够的电压放大幅度及输出功率,以满足负载的需要。同时要求输出电阻小,带负载能力强,一般由互补对称电路或射极跟随器组成。

偏置电路:为各级放大电路设置合适的静态工作点,采用电流源电路。

1.3 集成运算放大器的封装、图形符号与引脚功能

目前集成运放常见的两种封装形式有双列直插式塑料封装(英文名简称DIP)和小外形表面贴片式封装(英文名简称SOP),其外形如图3.7所示。

(a)　　(b)

图 3.7　集成运放的两种封装

(a)DIP－14 封装;(b)SOP－14 封装

DIP 封装是以凹点作为辨认标志,由器件顶部向下看,辨认标志朝向自己,标记右方第一个引脚为引脚 1,然后逆时针围绕器件,依次数出其余各引脚。SOP 封装以芯片表面凹点作为辨认标志,由器件顶部向下看,辨认标志朝向左,那么左下角第一个引脚为引脚 1,然后逆时针围绕器件,依次数出其余各引脚。

集成运放的符号如图 3.8(a)所示,对于其外部引脚排列,各制造厂家有自己的规范。图 3.8(b)为其内部 4 个运算放大器引脚排列。

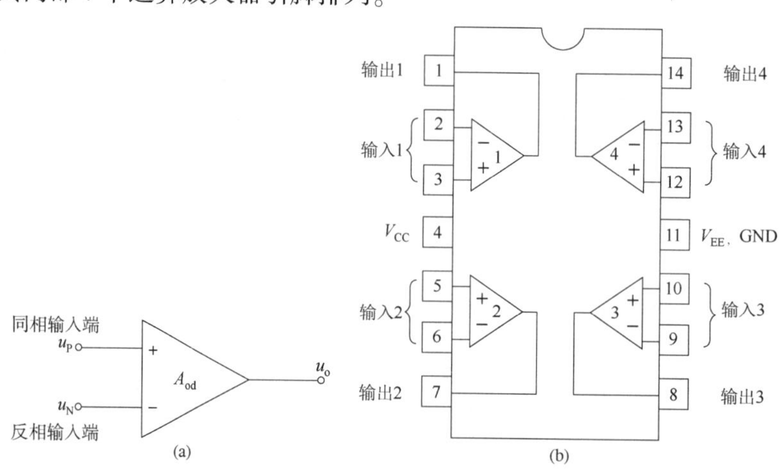

图 3.8　集成运放的图形符号和引脚排列

(a)集成运放的图形符号;(b)LM324 内部 4 个运算放大器引脚排列

LM324 是通用型低功耗集成四运放,采用 14 脚 DIP 封装或者 SOP 封装,内部有 4 个运算放大器,以及相位补偿电路,电路功耗很小。

LM324 工作电压范围宽,可用正电源 3～30 V,或正、负双电源 1.5 ～15 V 工作。它的输入电压可低到地电位,而输出电压范围为 0～V_{CC}。其内部包含 4 组形式完全相同的运算放大器,除电源共用外,4 组运算放大器相互独立。每一组运算放大器都可用如图 3.9 所示的图形符号来表示,它有 5 个引脚,其中“＋”“－”为两个信号输入端,“V_+”“V_-”为正、负电源端,“u_o”为输出端。两个信号输入端中,u_{i-} 为反相输入端,表示运放输出端V_o的信号与该输入端的相位相反;u_{i+} 为同相输入端,表示运放输出端u_o的信号与该输入端的相位相同。

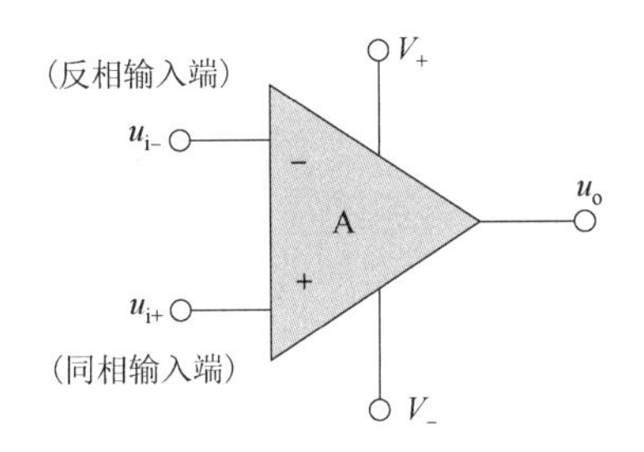

图 3.9　LM324 内部的一组运算放大器

1.4　集成运算放大器的主要参数

集成运算放大器的性能可用各种参数表示，了解这些参数有助于正确挑选和合理使用各种不同类型的集成运算放大器。

(1)开环差模电压放大倍数A_{od}

集成运算放大器在无外接反馈电路时的差模电压放大倍数称为开环差模电压放大倍数，记作A_{od}，常用分贝(dB)表示，通常为 $20\lg|A_{od}|$。通用性集成运算放大器的A_{od}通常在10^5左右，即 100 dB 左右。

(2)输入失调电压U_{i0}及其温漂$\frac{dU_{i0}}{dT}$

当输入电压为 0 时，理想集成运算放大器的输出电压必然为 0。但实际运算放大器的差分输入级很难做到完全对称，当输入电压为 0 时，输出电压并不为 0。如果在输入端人为地外加一个补偿电压使输出电压为 0，则该补偿电压称为输入失调电压U_{i0}。U_{i0}一般在几个毫伏量级，其值越小越好。

$\frac{dU_{i0}}{dT}$是U_{i0}的温度系数，是衡量运算放大器温漂的重要指标，一般以 μV/℃ 为单位，其值越小，表明运算放大器的温漂越小。高质量的放大器常选用低温漂的器件来组成。

U_{i0}可以通过调零电位器进行补偿，但不能使$\frac{dU_{i0}}{dT}$为 0。

(3)输入失调电流I_{i0}及其温漂$\frac{dI_{i0}}{dT}$

在常温下，当输入信号为 0 时，放大器的两个输入端的基极静态电流之差称为输入失调电流I_{i0}，即$I_{i0}=|I_{b1}-I_{b2}|$。输入失调电流的大小反映了差分输入级两个晶体管放大倍数β的失调程度，I_{i0}一般以纳安(nA)为单位，对于高质量的运算放大器，$I_{i0}<1$ nA。

输入失调电流温漂$\frac{dI_{i0}}{dT}$是指I_{i0}随温度变化的平均变化率，一般以 nA/℃ 为单位。

(4)输入偏置电流I_{ib}

I_{ib}是指在常温下输入信号为 0 时，两个输入端的基极静态电流的平均值，即$I_{ib}=\frac{1}{2}(I_{b1}+I_{b2})$，$I_{ib}$的大小反映了放大器的输入电阻和输入失调电流的大小，I_{ib}越小，运算放大器的输入电阻越高，信号源内阻变化引起的输出电压变化越小，输入失调电流也就越小。

(5)差模输入电阻R_{id}

R_{id}是指运算放大器两个输入端之间的动态电阻,一般为几兆欧(MΩ)。

(6)输出电阻R_o

运算放大器在开环工作时,输出端与地之间的等效电阻即为输出电阻。它的大小反映了运算放大器的负载能力。

(7)共模抑制比K_{CMR}

共模抑制比等于差模放大倍数与共模放大倍数之比的绝对值,即$K_{CMR}=\frac{A_{ud}}{A_{uc}}$,用 dB 表示时为 $20\lg\left|\frac{A_{ud}}{A_{uc}}\right|$。

(8)最大差模输入电压$U_{id(max)}$

$U_{id(max)}$是指运算放大器同相输入端与反相输入端之间所能加的最大输入电压。当输入电压超过$U_{id(max)}$时,运算放大器输入级的晶体管将出现反向击穿现象,使运算放大器输入特性显著恶化,甚至造成其永久性损坏。

(9)最大共模输入电压$U_{ic(max)}$

$U_{ic(max)}$是指运算放大器在线性工作范围内所能承受的最大共模输入电压。如果共模输入电压超过这个值,则运算放大器的共模抑制比将显著下降,甚至使运算放大器失去差模放大能力或永久性损坏,因此规定了最大共模输入电压。高质量的运算放大器其$U_{ic(max)}$可达十几伏。

(10)最大输出电压$U_{o(P-P)}$

在给定负载(通常$R_L=2\ k\Omega$)上最大不失真输出电压的峰 - 峰值称为最大输出电压$U_{o(P-P)}$,它一般比电源电压低 2 V 以上。

(11)开环带宽 BW 和单位增益带宽 BW_G

开环带宽是指集成运算放大器的外部电源无反馈时,差模电压放大倍数下降到 3 dB 时所对应的频率。理想集成运算放大器的 BW 趋于无限大。

单位增益带宽 BW_G是指集成运算放大器的开环差模电压放大倍数下降到 0 dB 时的频率。

(12)转换速率SR

在额定输出电压下,集成运算放大器输出电压最大变化速率称为转换速率 SR,即

$$SR=\left.\frac{\mathrm{d}u_o(t)}{\mathrm{d}t}\right|_{max}$$

SR 是反映集成运算放大器对于高速变化的输入信号响应情况的参数。只有当输入信号变化速率的绝对值小于 SR 时,输出才线性反映输入变化的规律。SR 越大,表明集成运算放大器的高频特性越好。SR 一般在 1 V/μs 以下。

1.5 理想集成运算放大器

利用集成运算放大器作为放大电路,引入各种不同的反馈,就可以构成具有不同功能的实用电路。在分析各种实用电路时,通常都将集成运算放大器的性能指标理想化,理想集成运算放大器具有如下性能指标:

①开环差模增益(放大倍数)$A_{od}\to\infty$;

②差模输入电阻$R_{id}\to\infty$;

③输出电阻$R_o \to 0$；

④共模抑制比$K_{CMR} \to \infty$；

⑤带宽 BW→∞，转换速率 SR→∞。

1.6　集成运算放大器的传输特性

集成运算放大器的传输特性曲线如图 3.10 所示。u_i为集成运放的差模输入信号，$u_i = u_P - u_N$。由图可见，传输特性曲线分为线性区和非线性区：在线性区，实际集成运算放大器输出随输入线性变化，理想集成运算放大器输出随输入线性变化更剧烈，且曲线近似与纵轴重合；在非线性区，当同相输入端电压大于反相输入端电压时，输出电压记为$+U_i$，反之输出为$-U_o$。

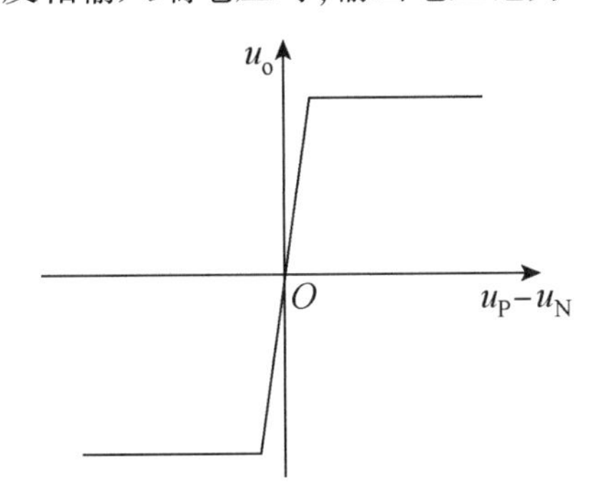

图 3.10　集成运算放大器的传输特性曲线

对于工作在线性区的理想运算放大器，分析时有以下两条简化原则。

①集成运算放大器工作在线性区时，输出电压与差模输入电压呈线性关系，即 $u_o = A_{uo}(u_P - u_N)$。由于u_o为有限值，对于理想运算放大器，$A_{uo} \to \infty$，因此净输入电压$u_P - u_N \approx 0$，即$u_P \approx u_N$（虚短），称两个输入端“虚短路”，简称“虚短”，指集成运算放大器的两个输入端电位无穷接近，但又不是真正的短路。

②理想集成运算放大器差模输入电阻$R_{id} \to \infty$，又由于净输入电压为 0，因此两个输入端的输入电流也均为 0，称为虚断，即$i_P \approx i_N \approx 0$（虚断）。

“虚短”和“虚断”是非常重要的概念，对于集成运算放大器工作在线性区，“虚短”和“虚断”是分析其输入信号和输出信号关系的两个基本出发点。

1.7　反馈

(1)反馈的基本概念

在实际中，我们需要的放大器是多种多样的。前面所学的基本放大电路是不能满足所有要求的，故在放大电路中常采用负反馈的方法来改善其性能。

将放大器输出信号（电压或电流）的一部分（或全部），经过一定的电路（称为反馈网络）送回到输入回路，与原来的输入信号（电压或电流）共同控制放大器，该过程称为反馈。具有反馈的放大器称为反馈放大器。对放大电路而言，由多个电阻、电容等反馈元件构成的电路称为反馈放大电路，其组成框图如图 3.11 所示。

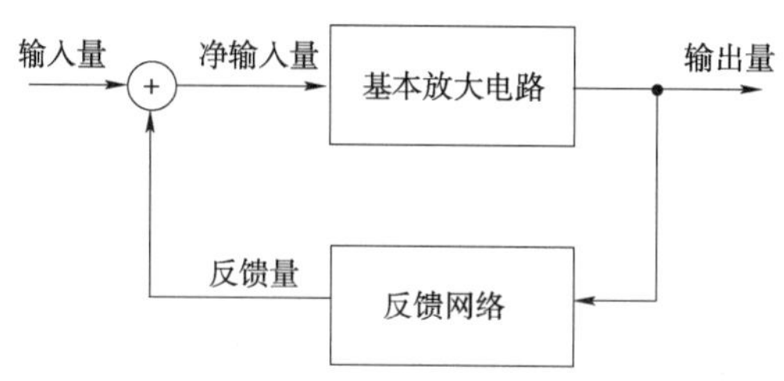

图 3.11　反馈放大电路的组成框图

(2)反馈的种类及其判定方法

正反馈与负反馈:从反馈的结果来判断,使输出量的变化减小的为负反馈,否则为正反馈;或者凡反馈的结果使净输入量减小的为负反馈,否则为正反馈。

交流反馈和直流反馈:直流通路中存在的反馈称为直流反馈,交流通路中存在的反馈称为交流反馈。

对于单个集成运放组成的反馈,从输出端引到反相输入端的为负反馈;引到同相输入端的为正反馈。集成运算放大器反馈的判定如图 3.12 所示。

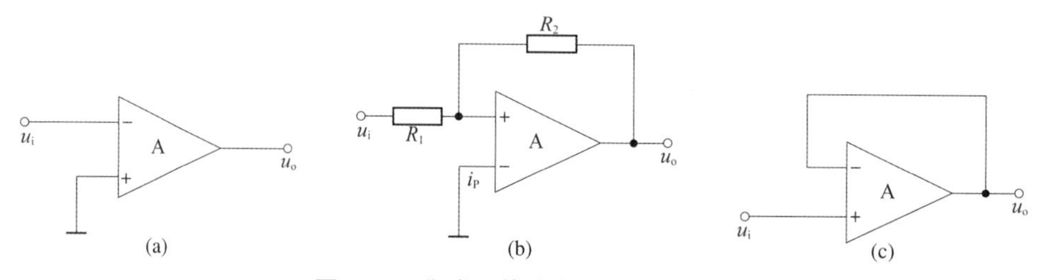

图 3.12　集成运算放大器反馈的判定

(a)无反馈;(b)正反馈;(c)负反馈

1.8　集成运算放大器的基本运算电路

由集成运放和外接电阻、电容可以构成比例、加减、积分和微分运算电路,称为基本运算电路,此外还可以构成有源滤波电路,这时集成运放必须工作在传输特性曲线的线性区。在分析基本运算电路的输入与输出的运算关系或电压放大倍数时,将集成运放看成理想集成运放,可根据“虚短”和“虚断”的特点来进行分析,较为方便。

1. 反相比例运算电路

反相比例运算电路如图 3.13 所示。输入信号u_i经输入外接电阻R_1送到集成运算放大器的反相输入端,输入端通过R_2接地,以保证集成运放输入级差分放大电路的对称性,其中$R_2 = R_1 /\!/ R_f$。反馈电阻R_f跨接在输出端和反相输入端之间。

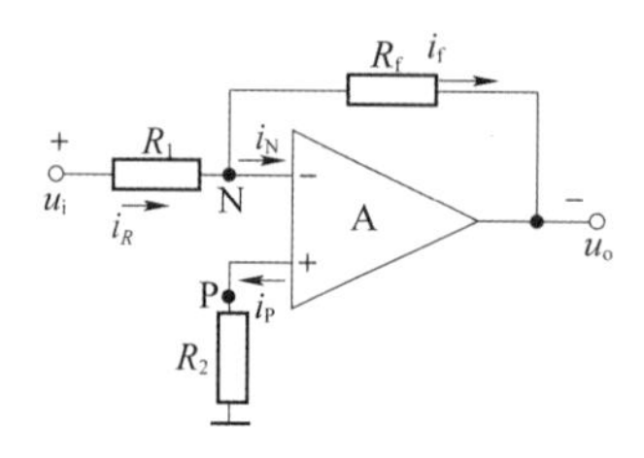

图 3.13　反相比例运算电路

由理想运放“虚断”的特性可知，流入放大器同相输入端和反相输入端的电流都近似为0，即$i_N=i_P=0$。

由$i_P=0$可得$u_P=0$。由$i_N=0$可得流过R_1的电流与流过R_f的电流相等，即$i_R=i_f$，所以

$$\frac{u_i-u_N}{R_1}=\frac{u_N-u_o}{R_f}$$

结合理想运放“虚断”的特性，即$u_N=u_P$，有

$$u_N=0$$

反相比例放大器

代入上式，有

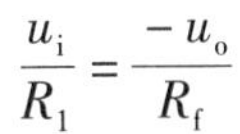

$$\frac{u_i}{R_1}=\frac{-u_o}{R_f}$$

整理得

$$u_o=-\frac{R_f}{R_1}u_i$$

其中，u_o与u_i成比例关系，负号表示u_o与u_i反相，比例系数为$-\frac{R_f}{R_1}$，只要R_f与R_1的阻值足够精确，就能保证比例运算的精度和工作稳定性。与晶体管构成的电压放大器相比，显然用集成运放设计的电压放大器既方便，性能又好。当$R_f=R_1$时，$u_o=-u_i$，构成的电路为反相器。

2. 同相比例运算电路

将反相比例运算电路中的输入端和接地端互换，就得到同相比例运算电路，如图3.14所示。

同相比例放大器

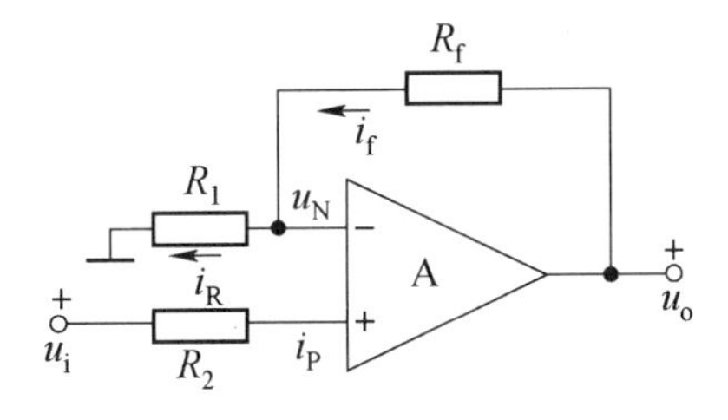

图3.14　同相比例运算电路

根据工作于线性区的理想集成运放“虚断”和“虚短”的特性，有

$$i_N=i_P=0（虚断）$$

$$u_N=u_P=u_i（虚短）$$

由此可得

$$i_f=i_R+i_N=i_R$$

由图列出方程，即

$$\frac{u_o-u_N}{R_f}=\frac{u_N-0}{R_1}$$

即

$$\frac{u_o-u_i}{R_f}=\frac{u_i}{R_1}$$

整理得

$$u_o = \left(1 + \frac{R_f}{R_1}\right)u_i$$

上式表明u_o与u_i同相且$u_o > u_i$。在同相比例运算电路中，信号源提供的信号电流为0，即输入电阻无穷大，这也是同相比例运算电路特有的优点。当$R_f = 0$时，$u_o = u_i$，电路构成电压跟随器，理想运放的开环差模电压放大倍数为无穷大，因此电压跟随器具有比射极跟随器好很多的跟随特性。

3. 加法器

在实际应用中，常需要对一些信号进行组合处理形成信号的加减，若所有输入信号均应用于集成运放的同一个输入端，则实现加法运算；若一部分输入信号作用于集成运放的同相输入端，另一部分作用于反相输入端，则实现减法运算。

(1)反相加法运算电路

反相加法运算电路如图3.15所示，u_{i1}、u_{i2}、u_{i3}分别为3个输入信号，加在集成运放的反相输入端，R_4为平衡电阻。

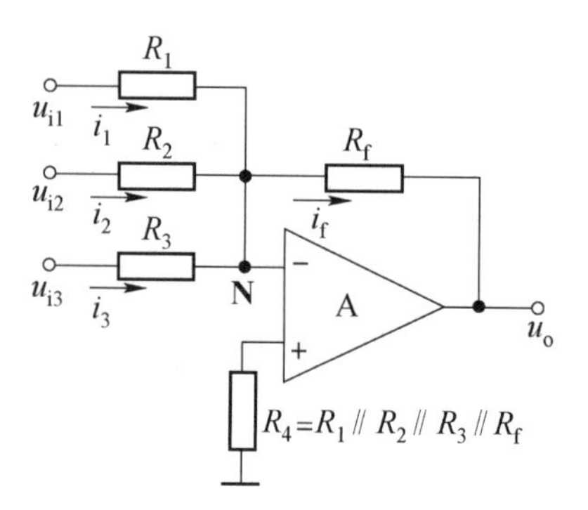

图3.15 反相加法运算电路

利用理想集成运放“虚断”和“虚短”的特性，有

$$i_N = i_P = 0(\text{虚断})$$

$$u_N = u_P = u_i(\text{虚短})$$

当$R_1 = R_2 = R_3 = R$时，可得到

$$u_o = -\frac{R_f}{R}(u_{i1} + u_{i2} + u_{i3})$$

当$R = R_f$时，有

$$u_o = -(u_{i1} + u_{i2} + u_{i3})$$

在图3.14中，若有多个输入信号加在集成运放的同相输入端，反相输入端通过电阻接地，则可构成同相加法运算电路。

(2)加减运算电路

如果集成运放的两个输入端都有信号输入，则可构成加减运算电路，如图3.16所示，平衡电阻满足$R_1 /\!/ R_2 /\!/ R_f = R_3 /\!/ R_4 /\!/ R_5$。

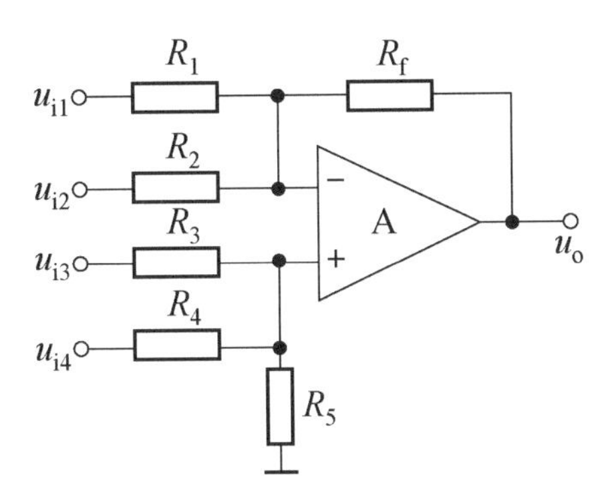

图 3.16　加减运算电路

分析图 3.16 所示电路，结合“虚短”和“虚断”可得出

$$u_o = R_f\left[\left(\frac{u_{i3}}{R_3}+\frac{u_{i4}}{R_4}\right)-\left(\frac{u_{i1}}{R_1}+\frac{u_{i2}}{R_2}\right)\right]$$

若$R_1=R_2=R_3=R_4=R$，则上式可化简为

$$u_o=\frac{R_f}{R}[u_{i3}+u_{i4}-(u_{i1}+u_{i2})]$$

利用集成运放，可以轻松地实现加减运算电路。使用单个集成运放构成加减运算电路时存在 3 个缺点：一是电阻的选取和调整不方便；二是对于每个信号源输入电阻均较小；三是电路可能存在共模电压。选用集成运放受共模抑制比的限制，因此必要时可采用两级或多级电路。

1.9　电压比较器

电压比较器是对输入信号进行鉴幅与比较的电路，是组成非正弦波发生电路的基本单元电路，在测量和控制中有着相当广泛的应用。

电压比较器的输出电压u_o与输入电压u_i的函数关系为$u_o=f(u_i)$，一般用曲线来描述。输入电压u_i是模拟信号，而输出电压u_o只有两种可能的状态，即高电平U_{OH}和低电平U_{OL}，用以表示比较的结果。使u_o从U_{OH}跃变为U_{OL}，或者从U_{OL}跃变为U_{OH}的输入电压称为阈值电压，或称为转折电压，记作U_T。

1. 单限电压比较器

单限电压比较器中只有一个阈值电压，输入电压u_i逐渐增大或减小的过程中，当通过U_T时，输出电压u_o产生跃变，从高电平U_{OH}跃变为低电平U_{OL}，或者从U_{OL}跃变为U_{OH}。

图 3.17 为单限电压比较器的一般形式及其电压传输特性，U_{REF}为外加参考电压。集成运放反相输入端的电位为

$$u_N=\frac{R_1}{R_1+R_2}u_i+\frac{R_2}{R_1+R_2}U_{REF}$$

电压比较器(1)

令$u_N=u_P=0$，则阈值电压为

$$U_T=-\frac{R_2}{R_1}U_{REF}$$

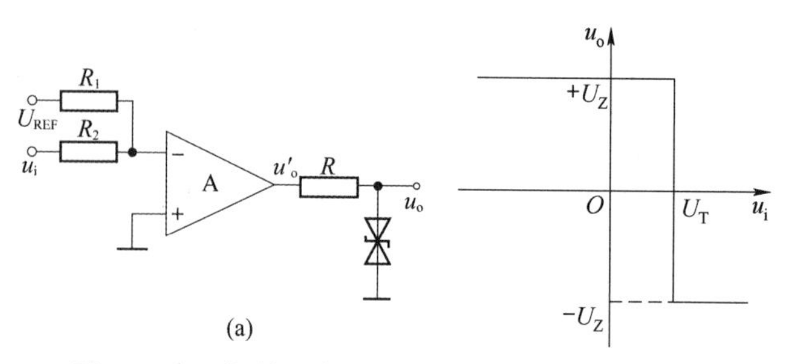

电压比较器(2)

图 3.17　一般单限电压比较器及其电压传输特性

(a)电路;(b)电压传输特性

2. 滞回比较器

滞回比较器电路有两个阈值电压,输入电压u_i从小变大过程中使输出电压u_o产生跃变的阈值电压U_{T1},不等于u_i从大变小过程中使输出电压u_o产生跃变的阈值电压U_{T2},电路具有滞回特性。它与单限电压比较器的相同之处在于:当输入电压向单一方向变化时,输出电压只跃变一次。

从反相输入端输入的滞回比较器及其电压传输特性如图 3.18 所示,从集成运放输入端的限幅电路中可以看出,$u_o = \pm U_Z$。集成运放反相输入端电位$u_N = u_i$,同相输入端电位$u_P = \frac{R_1}{R_1 + R_2}U_Z$。

令$u_N = u_P$,可知$u_i = u_P$,u_i就是阈值电压U_T,因此得出

$$\pm U_T = \pm \frac{R_1}{R_1 + R_2}U_Z$$

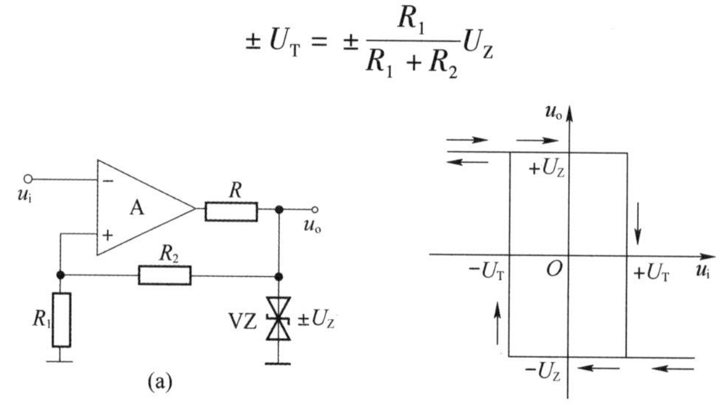

图 3.18　滞回比较器及其电压传输特性

(a)电路;(b)电压传输特性

3. 窗口比较器

图 3.19(a)为窗口比较器的电路,外加参考电压$U_{RH} > U_{RL}$,电阻R_1、R_2和稳压管 VZ 构成限幅电路。

电路中有两个阈值电压。输入电压u_i从小变大或从大变小过程中使输出电压u_o产生两次跃变。例如,某窗口比较器的两个阈值电压$U_{T1} > U_{T2}$,且均大于 0。

输入电压u_i从 0 开始增大,当经过U_{T1}时,u_o从高电平U_{OH}跃变为低电平U_{OL};u_i继续增大,当经过U_{T2}时,u_o从U_{OL}跃变为U_{OH};窗口比较器的电压传输特性如图 3.19(b)所示,中间如同开了窗,故命名为“窗口比较器”。窗口比较器与前两种比较器的区别在于:输入电压由单一方向变化过程中,输出电压跃变两次。

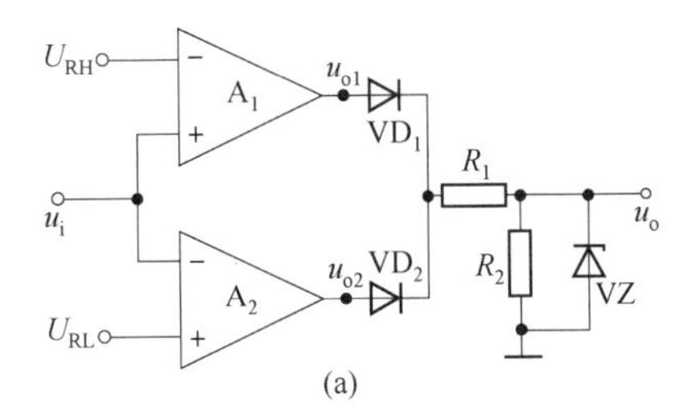

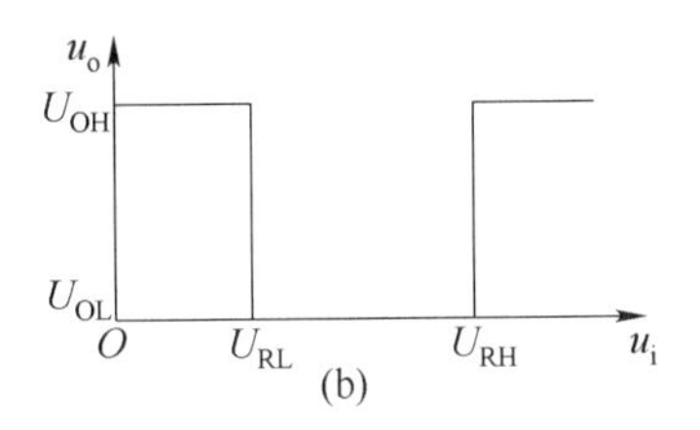

图 3.19　窗口比较器及其电压传输特性

(a)电路;(b)电压传输特性

液位控制器的介绍

知识点 2：液位控制器电路原理分析

2.1　功能说明

液位控制器可以实现以下两种功能，通过开关 S_1(参考图 3.1)进行切换。

(1)液位控制器实现自动加水设备

3 种颜色 LED 分别指示低(红色)、中(黄色)、高(绿色)水位。低水位时继电器吸合(外接水泵工作)，开始加水；当水位升高到高水位时，继电器断开(水泵停止工作)；待水位再次降到低水位时，继电器再次吸合，上述过程依次循环。此功能应用在自动加水设备中，可让水位维持在低水位和高水位之间。

(2)液位控制器实现自动排水设备

3 种颜色 LED 分别指示低(红色)、中(黄色)、高(绿色)水位。高水位时继电器吸合(外接电磁阀工作)，开始排水；当水位降到低水位时，继电器断开(电磁阀停止工作)；待水位再次升高到高水位时，继电器再次吸合，上述过程依次循环。此功能应用在自动排水设备中，可让水位维持在低水位和高水位之间。

2.2　工作原理

液位控制器由水位测量传感器、振荡电路、LED 指示电路、继电器驱动电路构成。

1. 水位测量传感器

水位测量传感器由两组镀锡走线构成，较长一组为中水位感应线，较短一组为高水位感应线。如果在实际应用中感觉中水位和高水位距离不够，则可用两条导电铜线分别焊接在中水位感应线上。

水位测量传感器实物如图 3.20 所示，J1 和 J2 外接水位传感器，相当于由水位控制的两个开关。当水位较低时，J1 与 J2 都没有被水淹没，它们之间均为开路状态，红色灯将会被点亮，表示低水位。

当水上升淹没使 J1 两根导线之间短路，此短路信号将会传输到后续电路进行处理，使黄色灯点亮，表示中水位。

当水上升淹没使 J2 两根导线之间短路时，此短路信号将会传输到后续电路进行处理，使绿色灯点亮，表示高水位。

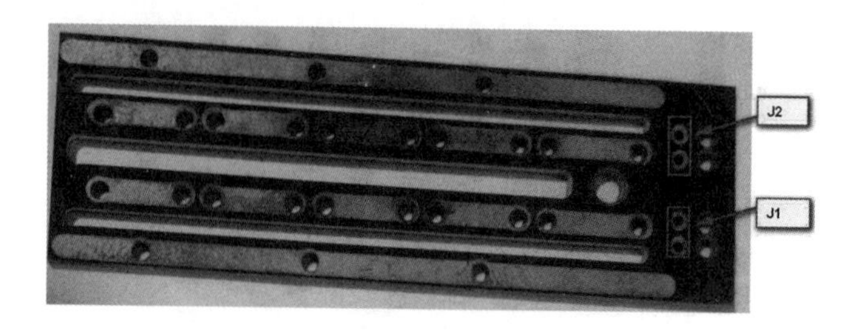

图 3.20　水位测量传感器

2. 振荡电路

液位控制器的振荡电路如图 3.21 所示，U1A 及外围元件组成一个多谐振荡器，工作在放大比较器状态。

R_1和R_2对 5 V 电压进行分压，R_3为正反馈电阻，共同作为同相输入 3 脚的基准电压u_+，反向输入端 2 脚电压u_-取自R_2、C_1组成的积分电路中电容C_1两端。u_+与u_-进行比较决定输出SIG信号电压的高低，由于C_1不断在正、反两个方向充电和放电，使u_-的电压不断地在振荡，因此，输出的 SIG 电压也就不断在高低电平间翻转，这样就产生了系统所需的振荡信号SIG。

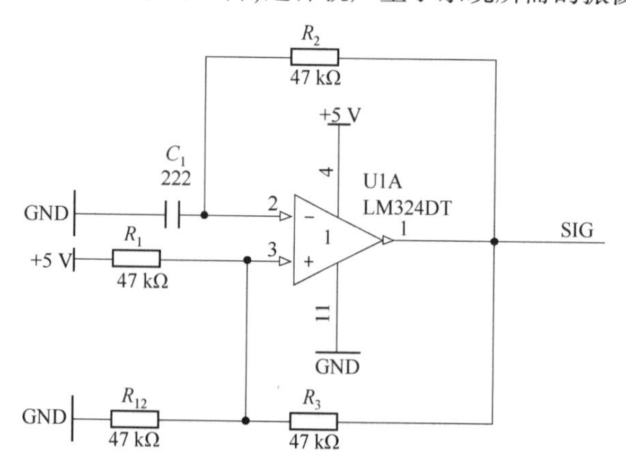

图 3.21　液位控制器的振荡电路

水位控制器
电路原理分析

3. LED 指示电路

此电路包括整流滤波电路和电压比较电路两部分，下面分别介绍其工作原理。

(1)整流滤波电路

液位控制器的整流滤波电路如图 3.22 所示，C_2为耦合电容，VD_1、VD_2整流，C_4滤波，在R_4上形成整流滤波后的电压作为U1B的反相输入端电压。J1和J2外接水位传感器，相当于由水位控制的两个开关，低水位时J1和J2均为开路状态，R_4和R_{13}上无电压。中水位时，水位传感器使J1短路，SIG信号经C_8耦合，经导电液体到C_7耦合、VD_4和VD_5整流、C_9滤波，在R_{13}上形成电压。高水位时，水位传感器使J2也短路，SIG信号经C_3耦合，经导电液体到C_2耦合、VD_1和VD_2整流、C_4滤波后在R_4上形成电压。

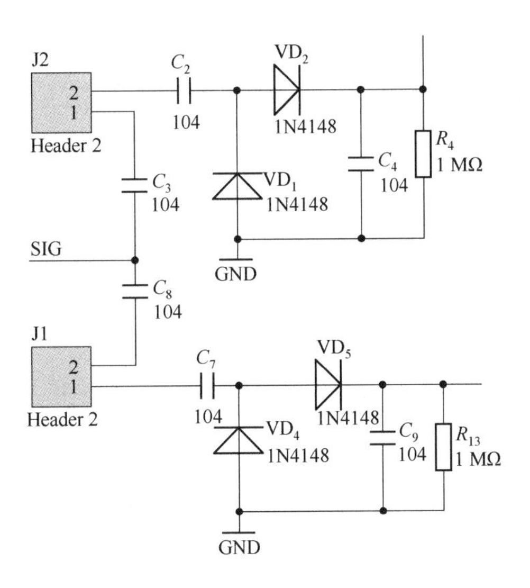

图 3.22　液位控制器的整流滤波电器

(2)电压比较电路

电压比较电路及其电压传输特性如图 3.23 所示，C_2为耦合电容，VD_1、VD_2整流，C_4滤波，在R_4上形成整流滤波后的电压作为U1B反相输入端电压。

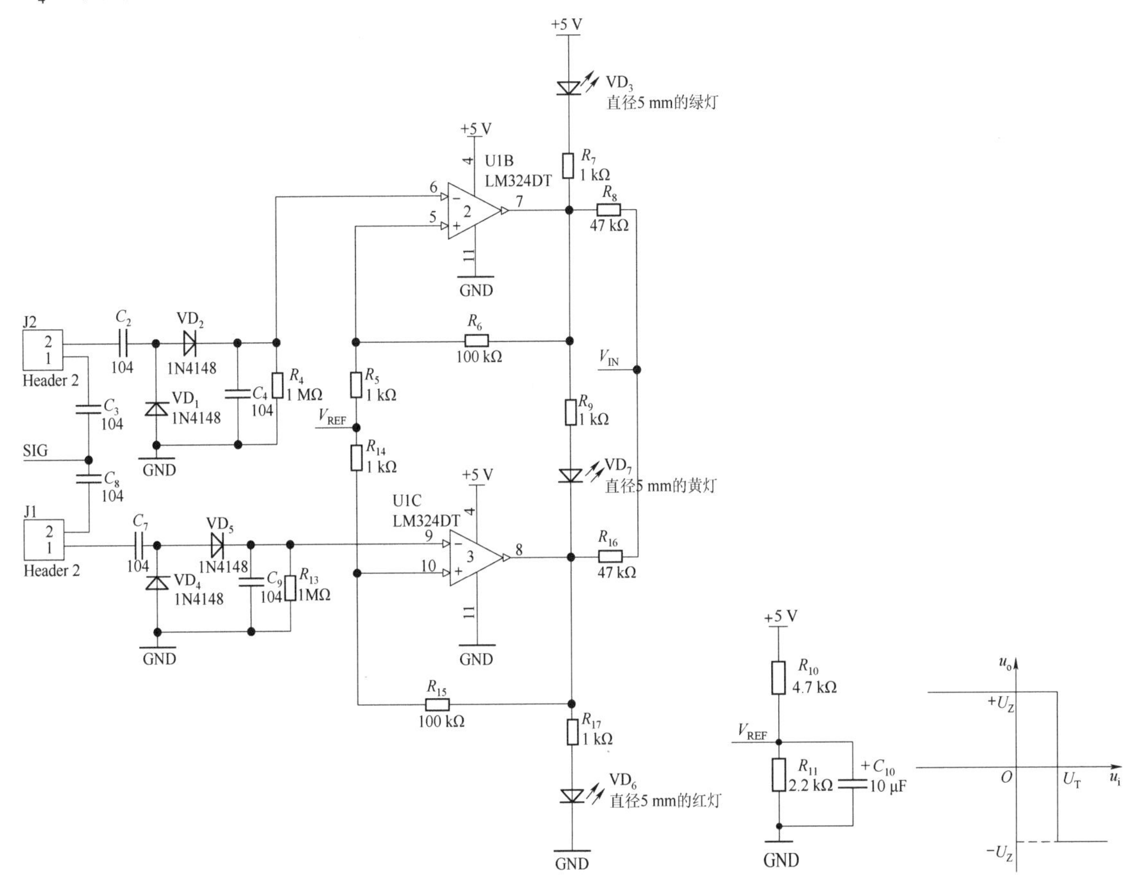

图 3.23　电压比较电路及其电压传输特性

集成运放U1B和U1C分别构成电压比较电路，它们的同相输入端电压由基准电压V_{REF}提供，同相输入端电压和反相输入端电压进行比较，基准电压V_{REF}为U1B构成的比较电路的阈值电压；图中R_6为正反馈电阻，它将输出电压反馈到运放的同相输入端，增加净输入量，使运放的输出跃变到U_{OL}或U_{OH}，从而更加灵敏。

若U1B反相输入端6脚电压小于同相输入端电压，则U1B的输出端7脚输出高电平，反之输出低电平。

LED指示电路如图3.24所示，J1和J2外接水位传感器，相当于由水位控制的两个开关，低水位时J1和J2均为开路状态，R_4和R_{13}上无电压，此时U1B与U1C的输出端7脚和8脚均为高电平，故只有红色VD_6（低水位指示灯）发光。

中水位时，水位传感器使J1短路，SIG信号经C_8耦合，经导电液体到C_7耦合、VD_4和VD_5整流、C_9滤波后在R_{13}上形成电压作为U1C反向输入端电压；此电压大于U1C同相输入端电压，所以其8脚输出低电平，红色VD_6（低水位指示灯）熄灭，黄色VD_7（中水位指示灯）发光。

高水位时，水位传感器使J2也短路，SIG信号经C_3耦合，经导电液体到C_2耦合、VD_1和VD_2整流、C_4滤波后在R_4上形成电压作为U1B反相输入端电压；此电压大于U1B同相输入端电压，所以其7脚输出低电平，红色VD_7（中水位指示灯）熄灭，绿色VD_3（高水位指示灯）发光。

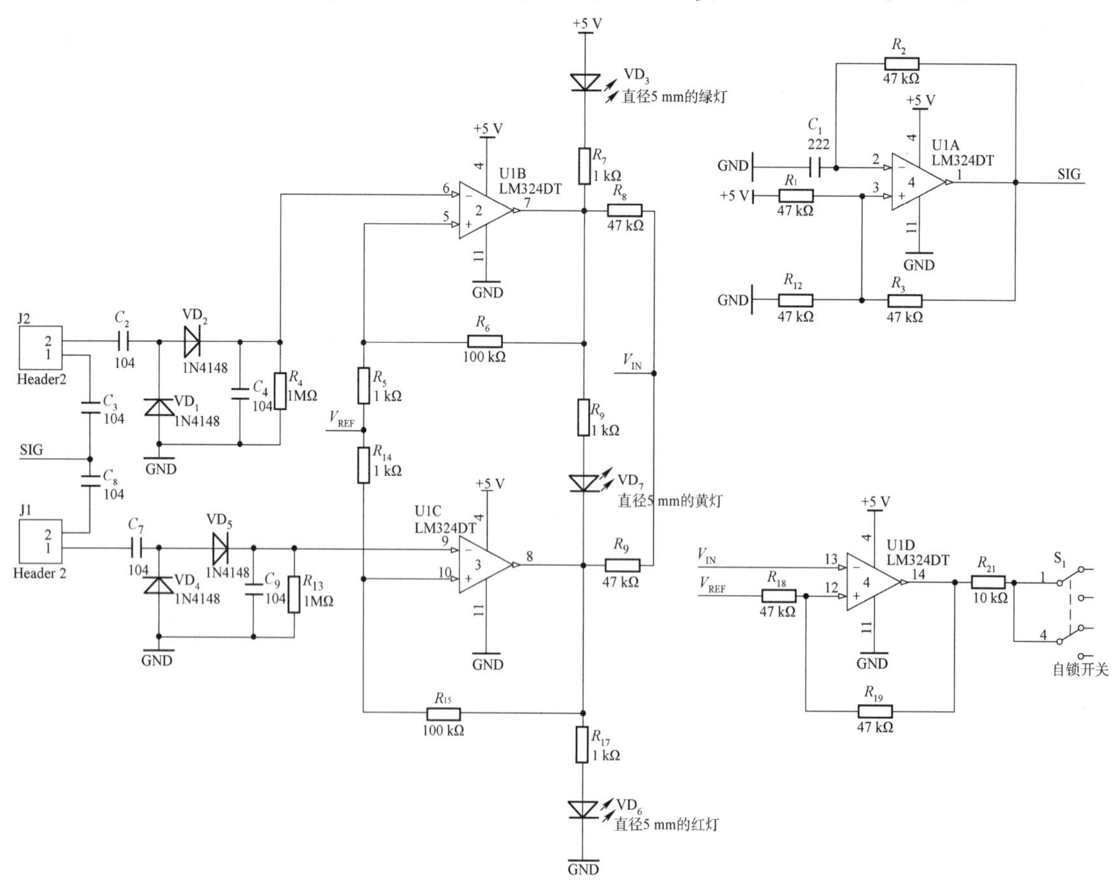

图3.24　LED指示电路

4. 继电器驱动电路

LED 指示电路中 U1B 的 7 脚电压 u_7 和 U1C 的 8 脚电压 u_8 分别经R_8和R_{16}，得到V_{IN}。通过上述分析可知，u_7与u_8的电压要么输出高电平 5 V，要么输出低电平 0 V。因此V_{IN}与u_7、u_8之间的关系，可以用数字电子技术中的逻辑代数来分析。

电阻R_8和电阻R_{16}在此电路中可以看成数字电路中的“或”逻辑门。因此V_{IN}与 U1B 的 7 脚电压、U1C 的 8 脚电压之间的关系是逻辑加，即$V_{IN} = u_7 + u_8$。根据或逻辑门的特性可知，只有在u_7、u_8都为低电平的时候，V_{IN}才会为低电平。V_{IN}与 U1B 的 7 脚电压u_7和 U1C 的 8 脚电压u_8的连接如图 3.25 所示。

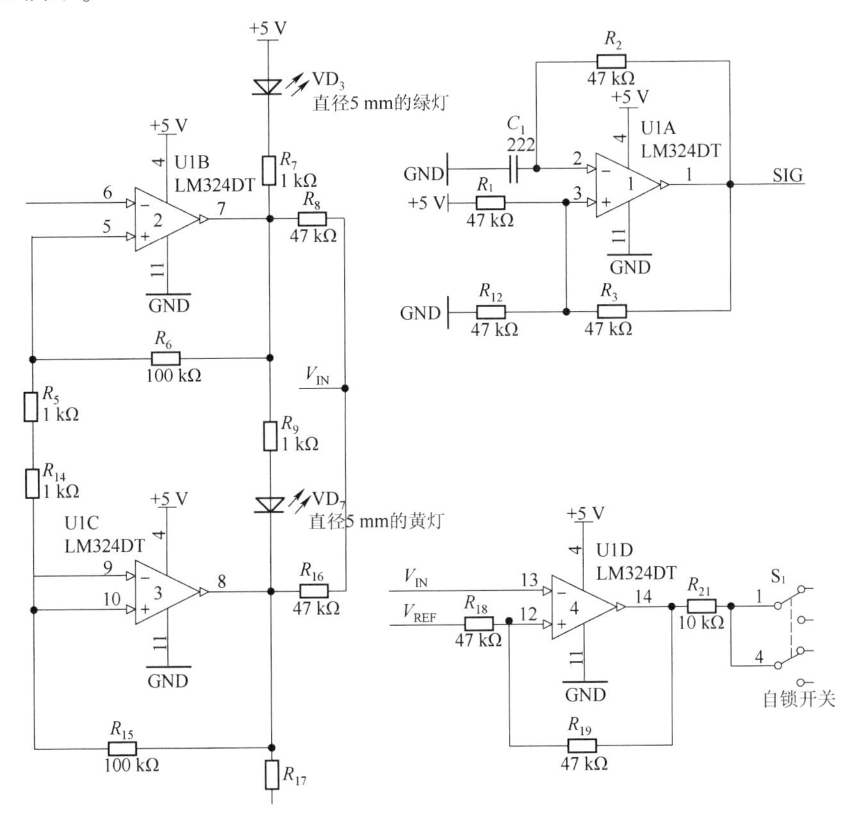

图 3.25　V_{IN}与 U1B 的 7 脚电压u_7和 U1C 的 8 脚电压u_8的连接

V_{IN}作为U1D电压比较器的反相输入端电压；U1D同相输入端电压由基准电压V_{REF}提供，$V_{IN} < V_{REF}$时，14 脚输出高电平，反之则输出低电平。

继电器驱动电路如图 3.26 所示，S_1为功能切换开关，以 14 脚输出低电平为例来说明功能切换开关的工作原理。功能 1（电路图中开关向下拨动）：低电平经 R_{21}限流到VT_2的基极，VT_2截止导致继电器不工作。功能 2（电路图中开关向上拨动）：低电平经R_{21}限流到VT_1的基极，VT_1截止，5 V 电压（高电平）经R_{22}再经开关到VT_2的基极，VT_2导通使继电器得电工作。

低水位时，U1B与U1C的输出端 7 脚和 8 脚均为高电平，红色 VD_6（低水位指示灯）发光；此时V_{IN}也为高电平，经过与U1D的同相输入端比较，U1D的 14 脚输出低电平，根据上述描述可知继电器不工作。

中水位时，运放的 7 脚输出高电平，8 脚输出低电平，黄色VD_7（中水位指示灯）发光，红色VD_6熄灭；此时V_{IN}也为高电平，经过与U1D的同相输入端比较，U1D的 14 脚输出低电平，根据上述描述可知继电器不工作。

只有在最高水位，U1B与U1C的输出端 7 脚和 8 脚均为低电平时，绿灯VD_3（高水位指示灯）发光；此时V_{IN}也为低电平，经过与U1D的同相输入端比较，U1D的 14 脚输出高电平，根据上述描述可知继电器工作。

水位探测器的
疑惑简答

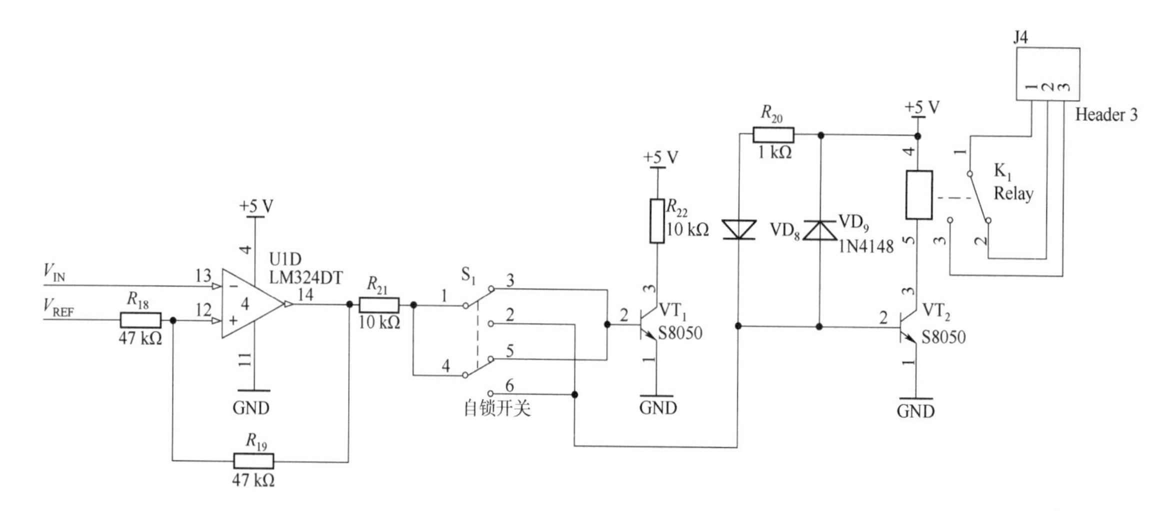

图 3.26　继电器驱动电路

拓展训练

请在 Proteus 仿真软件上，对液位控制器电路图进行仿真，并观察现象是否与实物现象一致。

项目4　电子秤的制作与调试

电子秤概述：秦始皇统一六国后，下令统一度量衡。这个“衡”也就是秤，即称重的工具。度量衡的统一对我国以后经济、文化的发展和维护国家统一，有极为重要的影响。中华人民共和国成立后，官方先后制订了杆秤检定规程和国家标准。20世纪80年代，中国对杆秤结构作了一次重大改革，将木质杆改为金属杆。时代飞速发展，现在大家更习惯用直观精确的电子秤。电子秤是日常生活中常用的电子衡器，广泛应用于超市、大中型商场、物流配送中心。电子秤在结构和原理上取代了以杠杆平衡为原理的传统机械式称量工具。相比传统的机械式称量工具，电子秤具有称量精度高、装机体积小、应用范围广、易于操作使用等优点，在外形布局、工作原理、结构和材料上都是全新的计量衡器。

学习情境描述

木板加工生产线上需要木板电子秤，控制生成出来的每块木板的重量保持一致。技术科安排维修电子技术员前去完成电子秤电路板的安装，电子技术员接到任务工单之后，按要求完成任务。

学习目标

①能根据电子秤的元器件清单正确识别并清点元器件数量。
②能正确识读电子秤电路原理图，并说出电源电路中相关元器件的作用。
③能正确识读电子秤单片机系统电路图、称重传感器电路图。
④能将元器件正确无误地焊接到电路板上。
⑤能进行各模块电路的组装连线，并能上电调试。
⑥能够完成整机电路的拼装，并能进行整机上电调试。

任务书

根据电子秤的元器件清单(见表4.1)正确识别并清点元器件数量，准备焊接工具恒温电烙铁、镊子、斜口钳、万用表等，焊接完成电子秤的组装，其电路原理如图4.1所示。

表 4.1 电子秤元器件清单

序号	元器件名称	参数	位号	封装	数量
1	直插瓷片电容	22 pF	C_1、C_2	直插	2
2	电解电容	10 μF/25 V	C_6、C_7	RB7.6 - 15	2
3	发光二极管	红色直插 3 mm	VD_{13}	LED_#3	1
4	单排针	Header,20 - Pin	J1、J3	MHDR1X20	2
5	单排针	Header,9 - Pin	J2	HDR1X9	1
6	DC005 插座	DC 插座	J4	接插件_D	1
7	单排针座	2 针排针	J6	XH254 - 2	1
8	单排针座	预留 HX711 模块接口	J7	MHDR1X4	1
9	单排针座	LCD1602	J9	MHDR1X16	1
10	单排针	预留排针	J10	MHDR1X5	1
11	DC3 - 10P 牛角插座	ISP 下载接口	JP1	MHDR2X5	1
12	AT24C16 集成芯片	AT24C16	JP2	DIP8 - 300	1
13	贴片电阻	1 kΩ	R_1	0805_R	1
14	贴片电阻	10 kΩ	R_5	0805_R	1
15	103 蓝白式电位器	10 kΩ	R_4	直插	1
16	轻触按键	SW - SPST	S_1、S_2、S_3、S_5	SW_3 - 6 - 2.5	4
17	侧拨船形开关	SW - SPST	S_4	直插	1
18	STC 单片机	STC89C52	U1	DIP40 - 600	1
19	直插晶振	11.059 2 MHz	Y_1	R38	1
20	集成 IC 底座 8P	DIP - 8			1
21	集成 IC 底座 40P	DIP - 40			1
22	称重 AD 采集模块	HX711 模块			1
23	LCD1602 液晶显示屏				1
24	PCB				1
25	M3 * 6 螺栓自带垫片				4

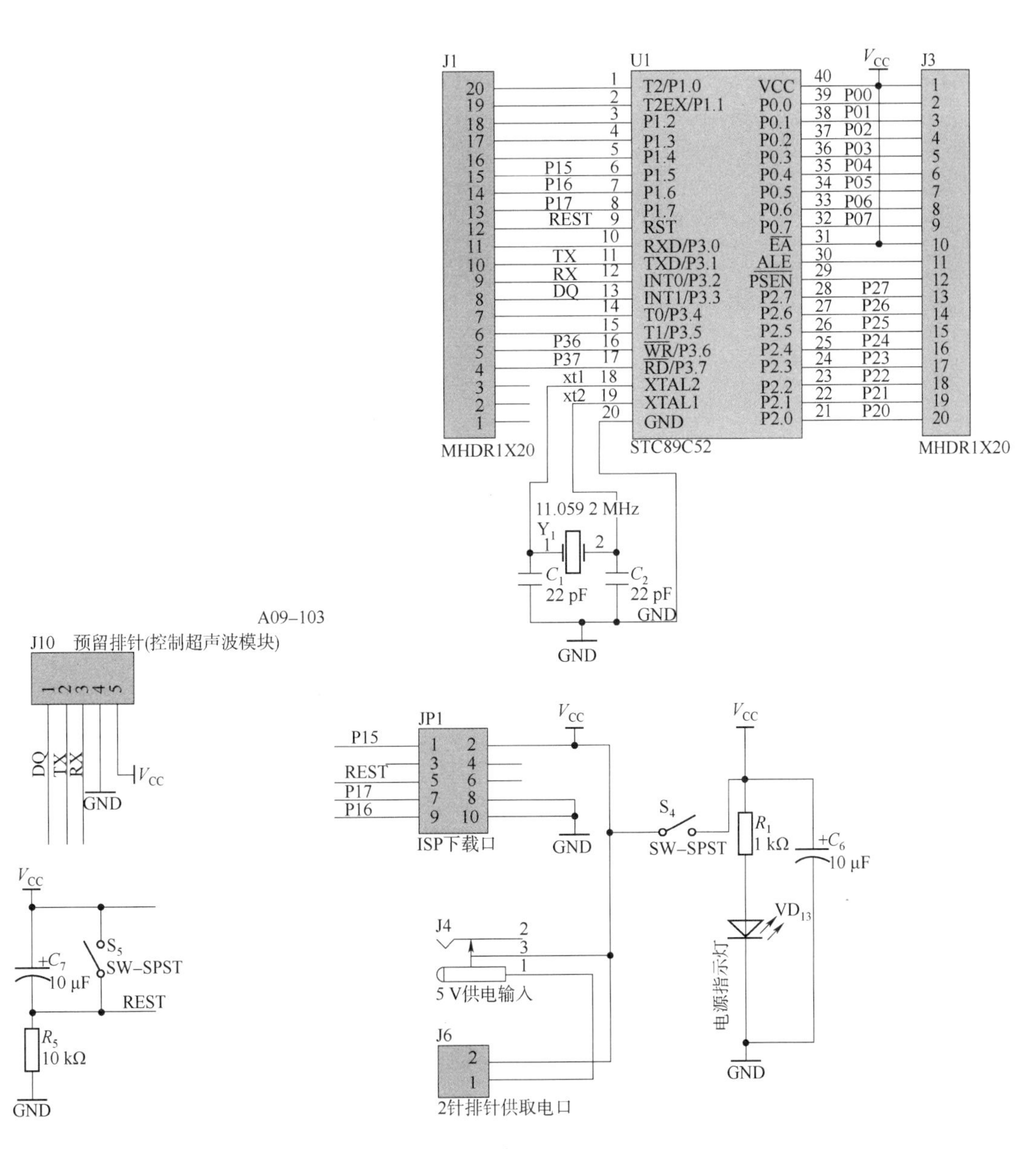

图 4.1 电子秤电路原理图

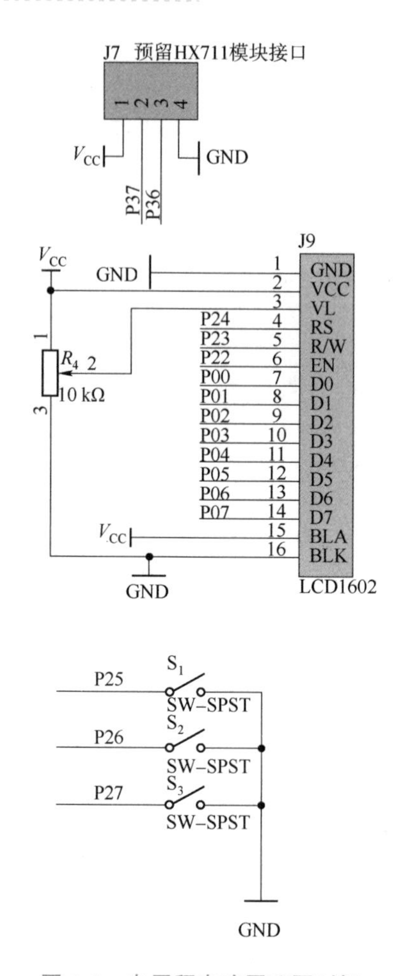

图 4.1 电子秤电路原理图(续)

任务分组

针对本任务对学生进行分组,并将分组情况填入表 4.2 中。

表 4.2 学生任务分配表

<table>
<tr><td>班级</td><td></td><td>组号</td><td></td><td>指导老师</td><td></td></tr>
<tr><td>组长</td><td></td><td>学号</td><td colspan="3"></td></tr>
<tr><td>组员</td><td colspan="5"><table><tr><td>姓名</td><td>学号</td></tr><tr><td></td><td></td></tr><tr><td></td><td></td></tr><tr><td></td><td></td></tr></table><table><tr><td>姓名</td><td>学号</td></tr><tr><td></td><td></td></tr><tr><td></td><td></td></tr><tr><td></td><td></td></tr></table></td></tr>
<tr><td>任务分工</td><td colspan="5"></td></tr>
</table>

获取信息

引导问题1：了解称重传感器的外观结构以及内部结构电路，说明其工作原理。

①图4.2所示传感器的具体名称是什么？它具体应用在什么场景？它的特点是什么？

____

____

____

____

____

____

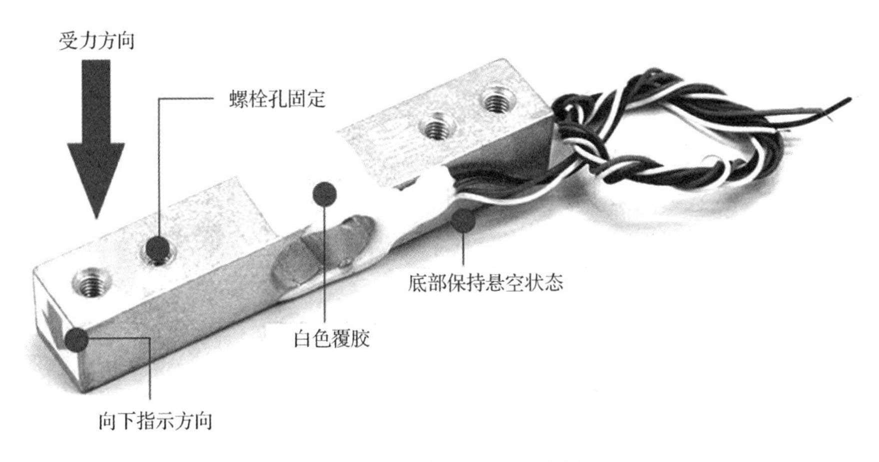

图4.2 HL－8型称重传感器实物

小提示：双孔悬臂平行梁应变式称重传感器，一般应用在实验电子秤、邮政电子秤、厨房电子秤等场景。它的特点是精度高、易加工、结构简单紧凑、抗偏载能力强、固有频率高。其内部电路如图4.3所示。

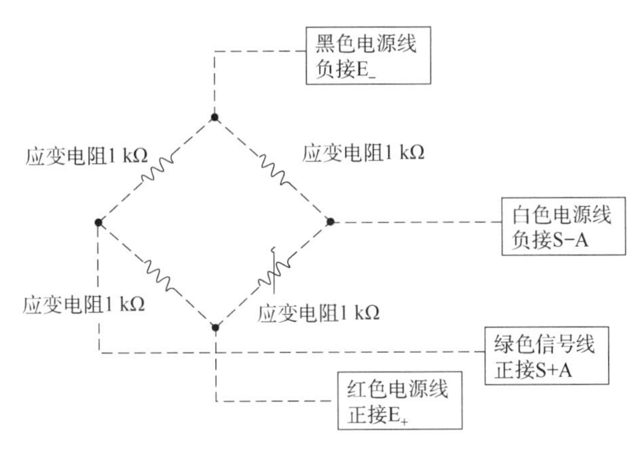

图4.3 称重传感器内部电路图

②称重传感器能将什么物理信号转换成电信号？称重传感器的引线的作用分别是什么？其对应的颜色是什么？称重传感器内部使用的电阻称为什么？它的作用是什么？

小提示：力引起的电阻变化将转化为测量电路的电压变化；传感器有 4 根线连接外电路；传感器内部使用的电阻式应变片，能够将受到的力转换成电阻的变化。

③请简述称重传感器的使用注意事项及安装注意事项。

小提示：双孔悬臂平行梁应变式称重传感器使用时要按悬臂梁方式安装，传感器的变形量是微小的，在安装、使用过程中要特别注意不要超载。如果在外力撤除后不能恢复原形状，发生塑性变形，则传感器就损坏了。

④称重传感器与 A/D 转换模块 HX711 之间怎样连线？

小提示：参见图 4.1。

引导问题 2：了解 PCB 的电源电压输入电路（见图 4.4）。

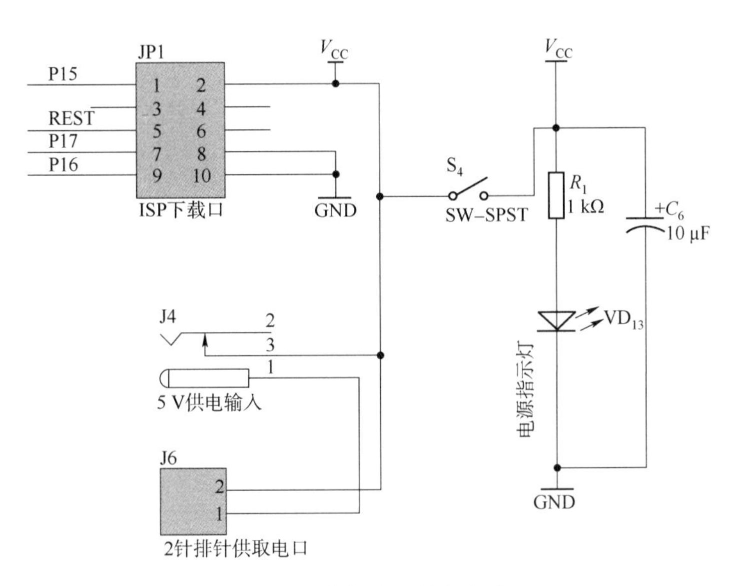

图 4.4 电源电压输入电路

①图 4.4 中 J4 与 J6 的作用分别是什么,两者在 PCB 上的封装有什么区别?

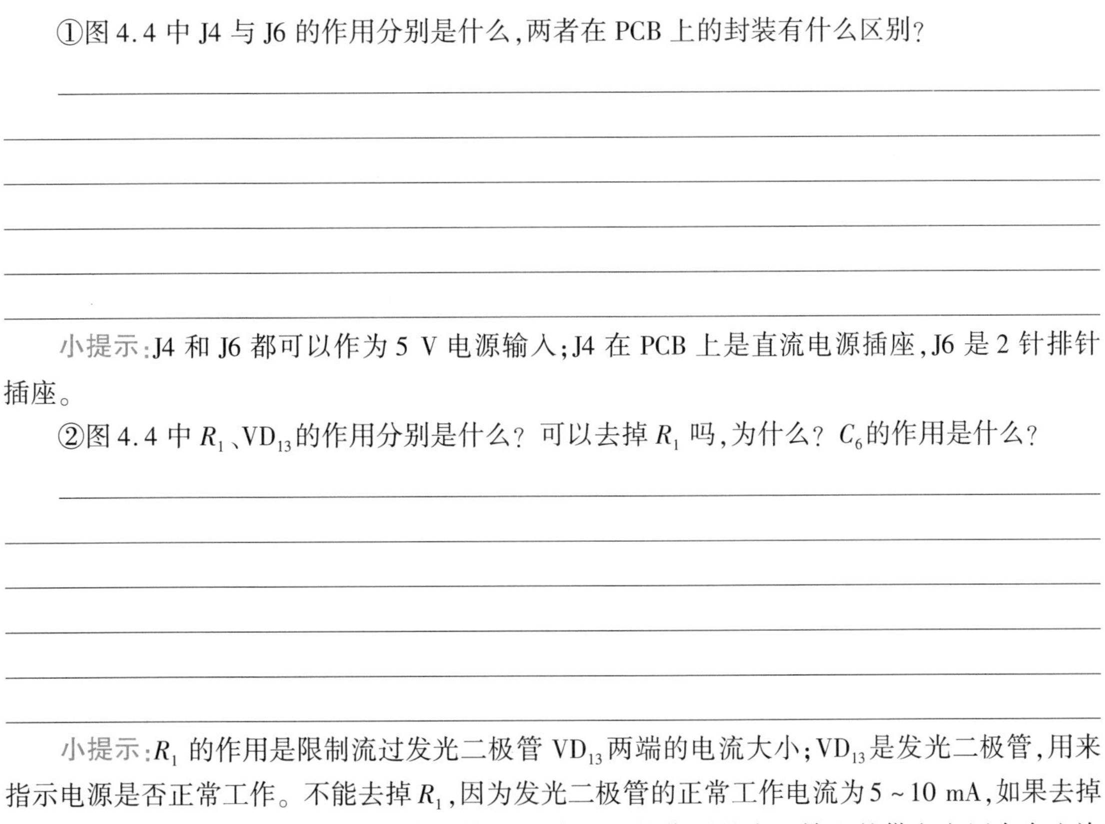

小提示:J4 和 J6 都可以作为 5 V 电源输入;J4 在 PCB 上是直流电源插座,J6 是 2 针排针插座。

②图 4.4 中 R_1、VD_{13}的作用分别是什么?可以去掉 R_1 吗,为什么?C_6的作用是什么?

小提示:R_1 的作用是限制流过发光二极管 VD_{13}两端的电流大小;VD_{13}是发光二极管,用来指示电源是否正常工作。不能去掉 R_1,因为发光二极管的正常工作电流为5 ~ 10 mA,如果去掉 R_1,则 VD_{13}将会被烧毁或者不能正常工作。C_6 在这里的作用是由于输入的供电电压会有少许纹波,故经过电容会使供电电压更加稳定。

③本项目中供电输入直接采用外部直流电压 5 V 输入,如果采用直流电压 9 V 输入,则需要将 9 V 电压经过降压,那么你知道如何降压吗?要用什么电路进行降压?

小提示：可以采用 7805 三端稳压芯片，将输入的 9 V 电压进行降压。采用 LM7805 典型的降压电路，即可实现将直流 9 V 电压降压得到 5 V 电压。

④220 V 交流电如何转换成直流电，需要经过哪些步骤？

小提示：单相交流电经过变压器降压到几十伏的交流电，紧接着送入整流电路，将交流电转换为脉动的直流电，然后再送入滤波电路，将脉动的直流电转变为低脉动的直流电，稳压电路对滤波后的直流电用稳压和负反馈技术，进一步稳定直流电压。

引导问题 3：了解电子秤专业 A/D 转换器芯片。

①描述 HX711 模块的作用。

小提示：HX711 是一款专为高精度称重传感器而设计的 24 位 A/D 转换器芯片。该芯片集成了包括稳压电源、片内时钟振荡器等其他同类型芯片所需要的外围电路，具有集成度高、响应速度快、抗干扰能力强等优点。其降低了电子秤的整机成本，提高了整机的性能和可靠性。

②HX711 芯片是 24 位 A/D 转换器芯片，什么是 A/D 转换？A/D 转换器由哪些部分组成？

小提示：A/D 转换是模/数转换，是把模拟信号转换为数字信号，A/D 转换器用来通过一定的电路将模拟量转换为数字量，模拟量可以是电压、电流等电信号，也可以是压力、温度、湿度、位移、声音等非电信号。A/D 转换是将模拟信号转换为数字信号的转换过程，通过采样、保持、量化、编码 4 个步骤完成。

③图 4.5 是 HX711 模块的内部电路图，根据电路图回答，HX711 模块对外有哪些引脚？哪些引脚与称重传感器连接？哪些引脚与单片机 STC89C52 连接？

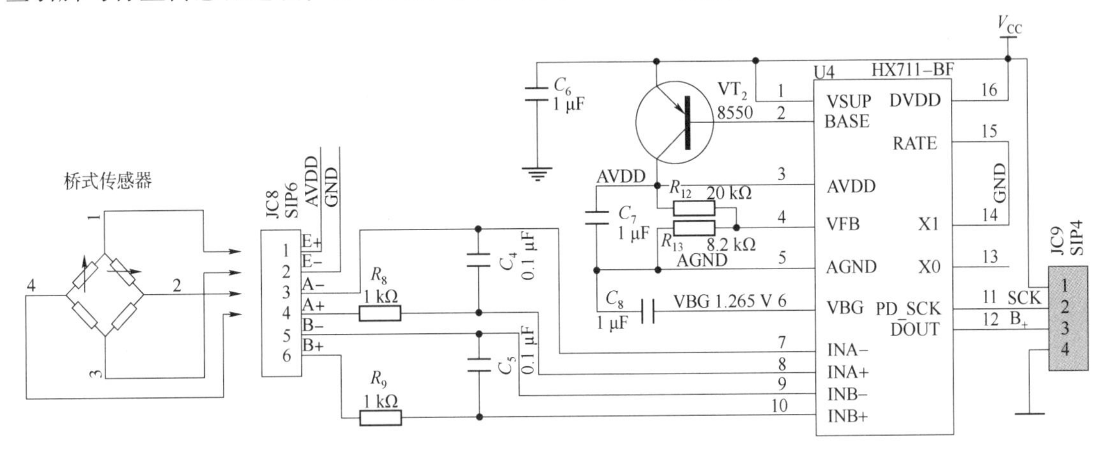

图 4.5　HX711 模块的内部电路

小提示：HX711 模块总共有 8 根线，其中 4 根线连接称重传感器，另外 4 根连接外部单片机控制端口。HX711 模块的 E_+ 连接称重传感器的红色电源线、E_- 连接称重传感器的黑色接地线、A_- 连接称重传感器的输出 1，B_- 连接称重传感器的输出 2；HX711 模块的 SCK 时钟线、数据线 DOUT 分别连接单片机的 I/O 口，V_{CC}、GND 连接 +5 V 电源与地。

④图 4.6 是 HX711 模块在电子秤电路原理图中的连接电路，请问 HX711 模块的哪两个引脚与单片机的 P3.7、P3.6 连接？

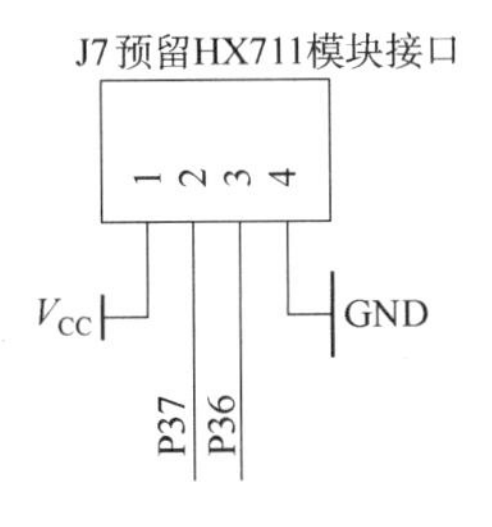

图 4.6　HX711 模块在电子秤原理图中的连接电路

小提示：HX711 模块的 SCK 时钟线、DOUT 数据线分别连接单片机的 P3.7、P3.6。

⑤A/D 转换器的主要性能参数有哪些？

小提示：

①分辨率：A/D 转换对模拟信号的分辨能力，由它确定能被 A/D 转换辨别的最小模拟量的变化。一般来说，A/D 转换器的位数越多，其分辨率越高。实际的 A/D 转换器，通常为 8、10、12、16 位等。

②量化误差：在 A/D 转换中由于量化产生的固有误差。量化误差在 $\pm\frac{1}{2}LSB$（最低有效位）之间。例如：一个 8 位的 A/D 转换器，它把输入电压信号分成 $2^8=256$ 等份，若它的最大量程为 5 V，那么量化单位 $=\frac{\text{电量的测量范围}}{2^n}=\frac{5\ \text{V}}{256}\approx 0.019\ 5\ \text{V}=19.5\ \text{mV}$。

q 正好是 A/D 转换输出的数字量中最低位 $LSB=1$ 时所对应的电压值。因而，这个量化误差的绝对值是转换器的分辨率和满量程范围的函数。

③转换时间：A/D 转换器完成一次转换所需要的时间。一般来说，转换速度越快越好，常见有高速（转换时间 <1 μs）、中速（1 μs < 转换时间 <1 ms）和低速（1 ms < 转换时间 <1 s）三种。

④转换精度：转换精度是 A/D 转换器的一种综合性误差，与 A/D 转换器的分辨率、量化误差等有关，主要影响因素是分辨率，因此位数越多，转换精度越高。

引导问题 4：了解 LCD1602 液晶显示屏。其实物如图 4.7 所示。

图 4.7　LCD1602 液晶显示屏实物

①描述 LCD1602 的作用。

小提示:LCD1602 液晶显示屏是一种专门用来显示字母、数字、符号等的点阵型液晶模块,它能够显示 2 行 16 个字符,每位之间有一个点距的间隔,每行之间也有间隔,起到字符间距和行间距的作用。

②根据图 4.8 中 LCD1602 的引脚排列,其引脚有哪些?可以分成哪几种类型的引脚?在实物上区分引脚种类并注意焊接时 LCD1602 的引脚排列顺序。

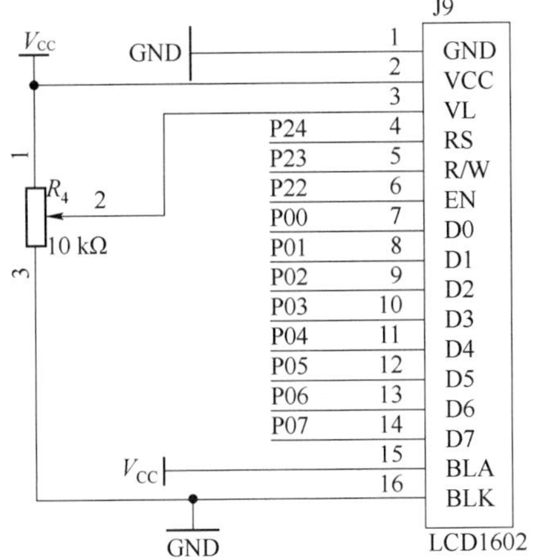

图 4.8 LCD1602 在电子秤电路原理图中的连接

小提示:LCD1602 有 2 个供电引脚(VCC、GND),8 个数据端口(D0 ~ D7),3 个控制引脚(RS、R/W、EN),2 个背光灯电源引脚(BLA、BLK),1 个对比度调整引脚(VL)。

③在本次任务中所采用的 LCD1602 是只能显示字母、数字、符号的 2 行 16 列的点阵式 LCD。请查阅相关资料，说出 LCD 与 LED 显示屏的区别。

小提示：LCD 与 LED 有显示技术、显示效果、厚度、功耗、屏幕寿命等方面的不同。更为详细的介绍，参看后文 LCD1602 的知识点。

引导问题 5：了解主控芯片——STC89C52 单片机，实物如图 4.9 所示。

图 4.9　STC89C52 单片机实物

①描述在本任务中 STC89C52 单片机的作用。

小提示：在本任务中，主控芯片的作用是处理传感器采集的重量信息，然后进行分析处理，处理完成之后在 LCD1602 液晶显示屏上显示重量信息。

②查看单片机 STC89C52 的引脚排列（见图 4.10），并说出其引脚种类有哪些？

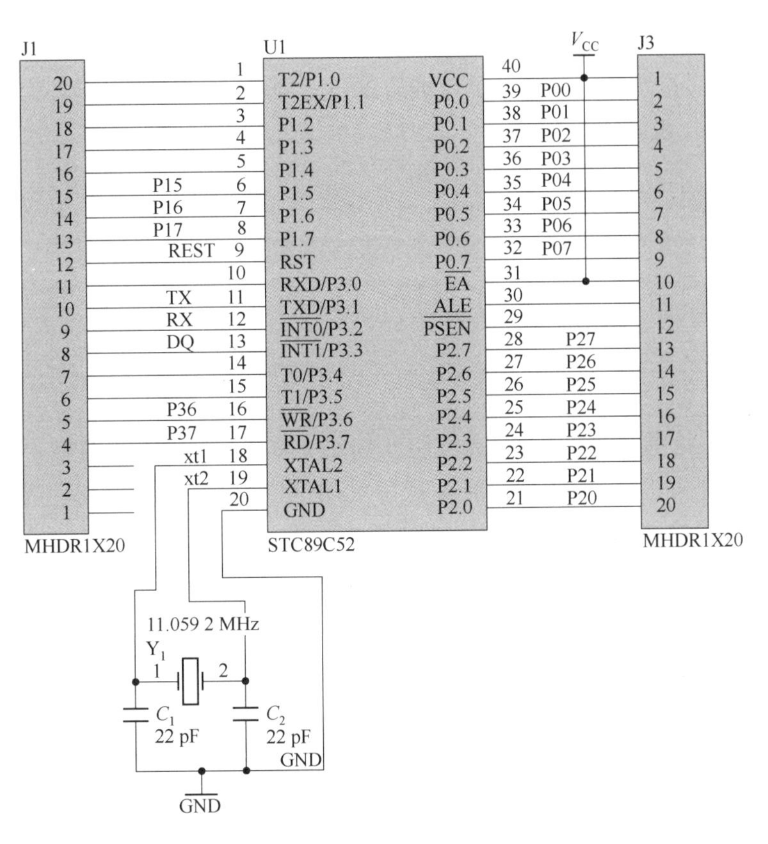

图 4.10　STC89C52 引脚排列

小提示：直插型的 STC89C52 单片机总共有 40 个引脚，它有 32 个 I/O 端口（4 组 P0、P1、P2、P3，每组有 8 个端口），2 个电源引脚（VCC、GND），2 个晶振引脚（XTAL1、XTAL2），3 个控制引脚（$\overline{EA}$、ALE、$\overline{PSEN}$），1 个复位引脚（RST）。

③对照 STC89C52 实物与引脚排列，说出引脚编号排列顺序的规律是什么？说出实物上电源引脚所在的位置。

小提示:单片机的 I/O 端口按照分组的形式来排列,P0、P1、P2、P3 四组排列中,每组有 8 个 I/O 端口,端口的编号按照顺序递增。单片机的 20 号引脚为 GND,40 号引脚为 VCC。

④STC89C52 单片机的特点是什么?

____

____

____

____

____

____

小提示:STC89C52 是一种低损耗、高性能、CMOS 八位微处理器,片内有 4 KB 的在线可重复编程、快速擦除/写入程序的存储器,能重复写入/擦除 1 000 次,数据保存时间为 10 年。不仅可完全代替 MCS-51 系列单片机,而且能使系统具有许多 MCS-51 系列产品没有的功能。STC89C52 可构成真正的单片机最小应用系统,缩小系统体积,增加系统的可靠性,降低系统的成本。其工作电压范围宽(2.7~6 V),全静态工作,工作频率宽,STC89C52 能提供方便灵活且可靠的硬加密手段,能完全保证程序或系统不被仿制。

工作计划

①制订工作方案,并填入表 4.3 中。

表 4.3 工作方案

步骤	工作内容	负责人
1		
2		
3		
4		
5		
6		
7		
8		

②写出电子秤的工作原理。

____

____

____

____

____

____

③列出电路所需仪表、工具、耗材和器材清单,并填入表4.4中。

表4.4 器具清单

序号	名称	数量	负责人

工作实施

(1)按照本组任务制订的计划实施

①领取元器件及材料。

②检查元器件。

③按照焊接工艺要求进行焊接。

④焊接完成之后,检测印制电路板无短路、无虚焊后,即可上电测试。

(2)焊接调试的一般步骤

①识读原理图,明确所用元器件及其作用,熟悉电路工作原理。

②按照PCB上元器件位号进行元器件焊接,焊接顺序:先焊接贴片元器件,后焊接直插元器件,先焊接矮的元器件,后焊接高的元器件。

③连接HX711模块,插装LCD1602模块。

④印制电路板焊接完成之后,用肉眼及万用表检测印制电路板有无虚焊及短路,无短路、无虚焊之后,即可上电测试。

⑤上电测试正常之后,再根据外壳安装图纸,将印制电路板用亚克力板组装起来。

⑥整机安装完成之后,进行重量校准。

⑦安装完成。

(3)完成下列称重传感器安装工艺要求填空题

①称重传感器使用时要按________方式安装,具体安装方式如图4.11所示。

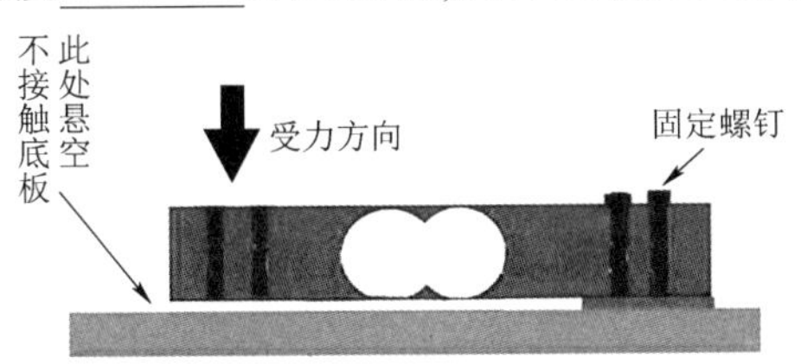

图4.11 称重传感器安装方式

②称重传感器的变形量是________的,在安装、使用过程中要特别注意不要________。

③称重传感器如果在外力撤除后不能恢复原形状,发生塑性变形,则传感器就________了。

④称重传感器有________根线连接外电路,________线为电源正极输入,________线为电

源负极输入,________线为信号输出1,________线为信号输出2。为保证其精度,一般不要随意调整线长。

小提示:可以参考后文称重传感器的知识点。

评价反馈

各组代表展示作品,介绍任务的完成过程。作品展示前应该准备阐述材料,并完成评价表4.5~表4.8的记录填写。

表4.5 学生自评表

班级:____________		姓名:____________	学号:____________	
任务:电子秤的制作与调试				
序号	评价项目	评价标准	分值	得分
1	完成时间	是否在规定时间内完成任务	10分	
2	相关理论填写	正确率100%为20分	20分	
3	技能训练	操作规范、焊接过程中无异常	10分	
4	完成质量	整机能够实现电子秤的功能	20分	
5	调试优化	是否完成了电子秤的校准,称重误差小	10分	
6	工作态度	态度端正,无迟到、旷课现象	10分	
7	职业素养	安全生产、保护环境、爱护设施	20分	
合计				

表4.6 学生互评表

任务:电子秤的制作与调试							
序号	评价项目	分值	等级				评价对象____组
1	计划合理	10分	优10分	良8分	中6分	差4分	
2	方案正确	10分	优10分	良8分	中6分	差4分	
3	团队合作	10分	优10分	良8分	中6分	差4分	
4	组织有序	10分	优10分	良8分	中6分	差4分	
5	工作质量	10分	优10分	良8分	中6分	差4分	
6	工作效率	10分	优10分	良8分	中6分	差4分	
7	工作完整	10分	优10分	良8分	中6分	差4分	
8	工作规范	10分	优10分	良8分	中6分	差4分	
9	效果展示	20分	优20分	良16分	中12分	差8分	
合计							

表 4.7 教师评价表

班级:________ 姓名:________ 学号:________				
任务:电子秤的制作与调试				
序号	评价项目	评价标准	分值	综合
1	考勤	无迟到、旷课、早退现象	10 分	
2	完成时间	是否按时完成	10 分	
3	引导问题填写	正确率 100% 为 20 分	20 分	
4	规范操作	操作规范、焊接过程中无异常	10 分	
5	完成质量	整机能够实现电子秤的功能	20 分	
6	参与讨论主动性	主动参与小组成员之间的协作	10 分	
7	职业素养	安全生产、保护环境、爱护设施	10 分	
8	成果展示	能准确汇报工作成果	10 分	
合计				

表 4.8 综合评价表

项目			
自评(20%)	小组互评(30%)	教师评价(50%)	综合得分

学习情境的相关知识点

知识点 1:直流稳压电源

在电子电路及设备中,一般都需要稳定的直流电源供电。本任务中所使用的直流电源为单相小功率电源,它将频率为 50 Hz、有效值为 220 V 的单相交流电转换为幅值稳定、输出电流在几安以下的直流电。

单相交流电经过电源变压器、整流电路、滤波电路和稳压电路转换成稳定的直流电,其方框图及各电路的输出电压波形如图 4.12 所示,下面就各部分的作用加以介绍。

其中电源变压器是把有效值为 220 V 的交流电转换为幅值为几伏到几十伏的交流电;整流电路是将交流电转换为极性不随时间变化的脉动直流电;滤波电路是将脉动直流中的高频交流成分滤除,降低脉动幅度;稳压电路对滤波后的脉动直流电采用稳压和负反馈技术进一步稳压直流电。

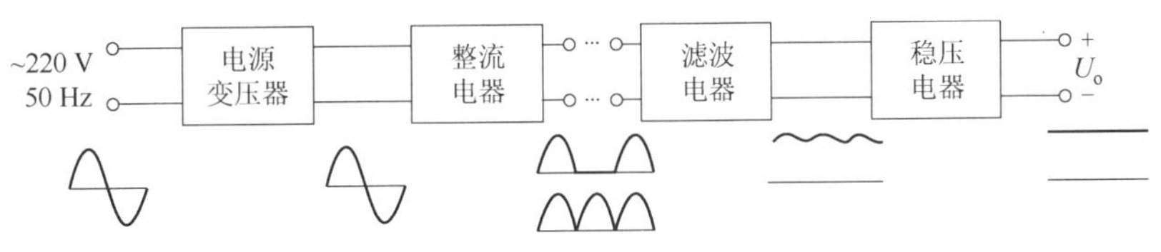

图 4.12 直流稳压电源的方框图

1.1 整流电路

能将大小和方向都随时间变化的市电交流电转变为单向脉动直流电的过程称为整流。利用二极管的单向导电性就能组成整流电路。常用的整流器件是二极管,常用的整流电路有半波、全波和桥式整流电路 3 种。下面主要介绍半波整流电路和桥式整流电路。

1. 半波整流电路

(1)电路构成及工作原理

单向半波整流电路如图 4.13(a)所示,电路由单向电源变压器 T、整流二极管 VD 和负载电阻 R_L 组成。由于该电路只在 u_2 的正半周有输出,所以称为半波整流电路。电路中单向电源变压器 T 用来将 220 V 交流电(u_1)变换为整流电路所要求的低电压 u_2 的交流电,同时将直流电源与市电电源进行良好隔离。u_2、u_o、u_D 波形如图 4.13(b)所示。

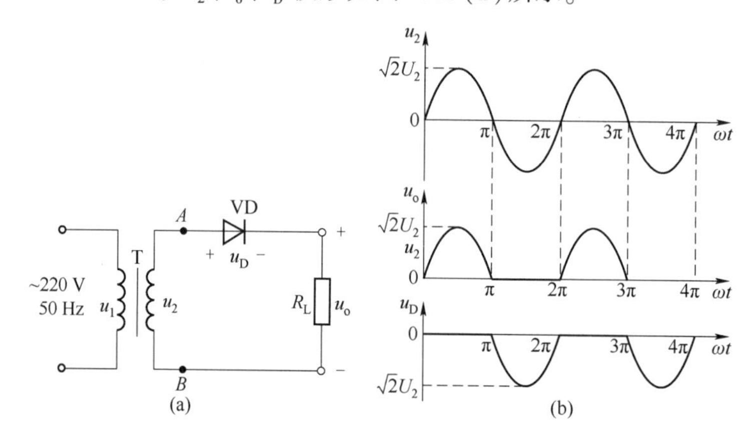

图 4.13 单向半波整流电路及其波形

(a)电路;(b)波形

(2)主要参数

半波整流电路输出电压平均值 $U_{o(AV)}$ 为

$$U_{o(AV)} \approx 0.45\ U_2$$

流经负载和二极管的电流平均值为

$$I_{o(AV)} = I_D = \frac{U_{o(AV)}}{R_L} = 0.45\frac{U_2}{R_L}$$

二极管所承受的反向峰值电压为

$$U_{RM} = \sqrt{2}U_2$$

单向半波整流电路虽然简单,但是该电路只利用了电源电压 u_2 的半个周期,故称半波整流电路。半波整流电路存在整流效率低、脉动成分大的缺点,而桥式整流电路可以克服上述缺点。

2. 桥式整流电路

桥式整流电路如图 4.14 所示。

(1)电路构成及工作原理

设变压器二次电压为 u_2,正半周时其瞬时极性上端 A 为正,下端 B 为负。二极管 VD_1、VD_3 正向导通,VD_2、VD_4 反偏截止。电流路径为 $A \to VD_1 \to R_L \to VD_3 \to B$,负载上电压极性为上正下负。负半周时，$u_2$ 瞬时极性 A 端为负，B 端为正，二极管 VD_1、VD_3 反向偏置，VD_2、VD_4 正向导通。电流路径为 $B \to VD_2 \to R_L \to VD_4 \to A$，负载上电压极性同样为上正下负。$u_2$、$i_D$、$u_o$ 及 u_D 波形如图 4.15 所示。

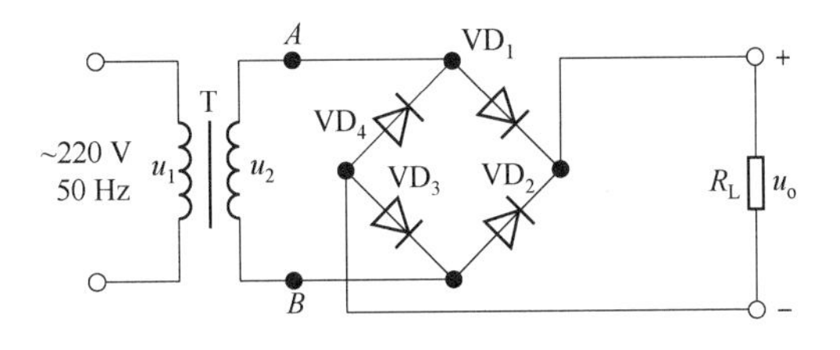

单向桥式整流电路

图 4.14　桥式整流电路

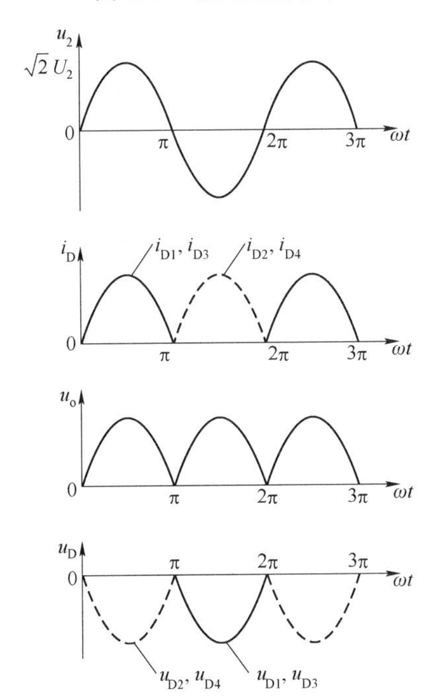

直流稳压电源

图 4.15　桥式整流电路及其波形

(2) 主要参数

桥式整流电路输出电压是单向脉动直流电压，其平均值是半波整流输出平均值的两倍，为 $U_{o(AV)} \approx 0.9U_2$。

输出电流在一个周期内的平均值为

$$I_{o(AV)} = \frac{U_{o(AV)}}{R_L} \approx \frac{0.9U_2}{R_L}$$

每只二极管承受的反向峰值电压为

$$U_{RM} = \sqrt{2}U_2$$

桥式整流电路应用非常广泛，通常 4 只二极管封装在一起，称为整流桥。

1.2　滤波电路

整流电路输出的单向脉动直流电压中含有很大比例的交流成分，这种脉动直流一般不能直接用来给电子设备供电。为了获得平直的直流电，要在整流电路之后接滤波电路，以滤去交流成分。常见的滤波电路有电容滤波电路、电感滤波电路。

1. 电容滤波电路

(1)电路构成及工作原理

图 4. 16 为最简单的电容滤波电路，电容 C 接在整流器后面，与负载电阻 R_L 并联。

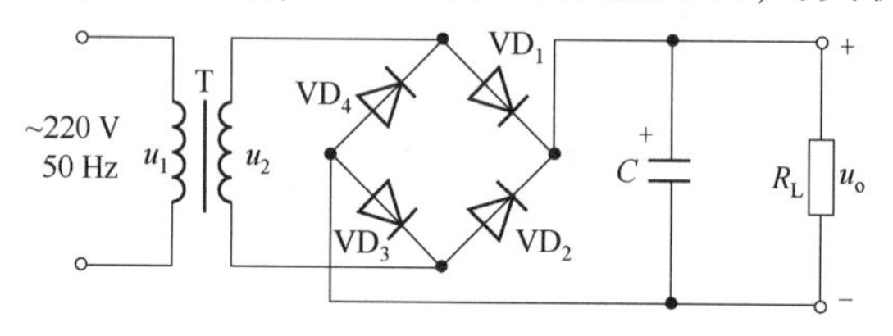

电容滤波电路

图 4. 16　电容滤波电路

当 u_2 为正半周并且数值大于电容两端电压 u_C 时，二极管 VD_1 和 VD_3 导通，VD_2 和 VD4 截止，电流一路流经负载电阻 R_L，另一路对电容 C 充电。当 $u_C \geqslant u_2$ 时，导致 VD_1 和 VD_3 反向偏置而截止，电容通过负载电阻 R_L 放电，u_C 按指数规律缓慢下降。

当 u_2 为负半周且幅值变化到恰好大于电容两端电压 u_C 时，VD_2 和 VD_4 因加正向电压变为导通状态，u_2 再次对 C 充电，u_C 上升到 u_2 的峰值后又开始下降；当下降到一定数值时 VD_2 和 VD_4 截止，电容 C 对负载电阻 R_L 放电，u_C 按指数规律缓慢下降；当放电到一定数值时 VD_1 和 VD_3 变为导通，重复上述过程，如图 4. 17 所示。

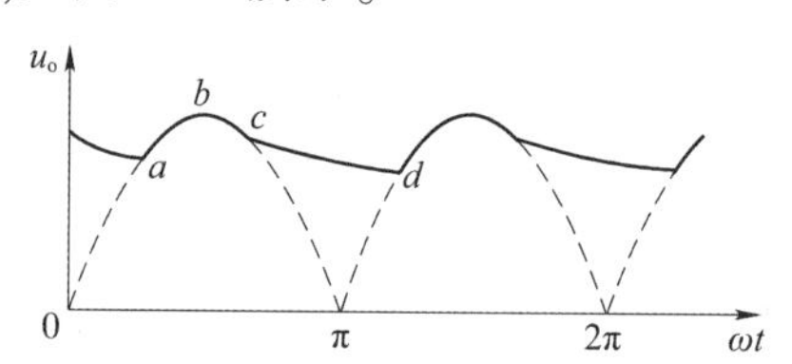

图 4. 17　负载电阻两端 u_o 的波形

(2) R_L、C 对充放电的影响

电容充电时间常数为 $r_d C$，因为二极管的导通电阻 r_d 很小，所以充电时间常数小，充电速度快；$R_L C$ 为放电时间常数，因为 R_L 较大，所以放电时间常数远大于充电时间常数，因此，滤波效果取决于放电时间常数。电容 C 越大，负载电阻 R_L 越大，滤波后输出电压越平滑，并且其平均值越大，如图 4. 8 所示。

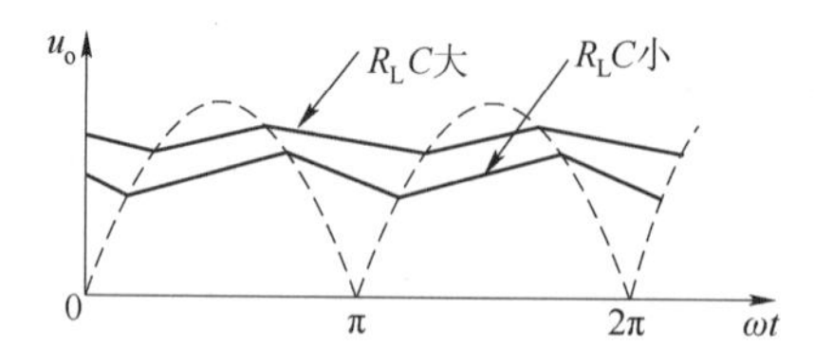

图 4.18　$R_L C$ 不同时 u_o 的波形

2. 电感滤波电路

电感滤波电路如图 4. 19 所示，电感 L 具有通过直流电、阻止交流电的作用。整流电路输出的电流中包含直流成分和交流成分，直流成分由于电感近似短路而全部加载到负载 R_L 上，使

$u_o \approx 0.9u_2$。由于电感 L 的感抗远大于负载电阻 R_L，故交流成分大部分加在电感 L 上，负载电阻 R_L 上只有很小的交流电压，从而实现滤波的作用。电感滤波电路一般用在低电压、大电流的场合。

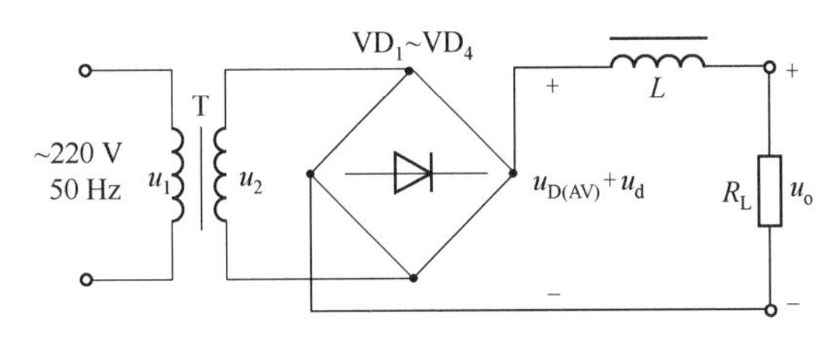

图 4.19 电感滤波电路

1.3 三端集成稳压电路

用分立元器件组成的稳压电源，调试、维修比较麻烦且体积大。随着功率集成技术的提高和电子电路集成化的发展，出现了集成稳压电路。所谓集成稳压电路是指将功率调整管、取样电路及基准稳压、误差放大、启动和保护电路等全部集成在一个芯片上而形成的一种集成电路。电路中的集成芯片 7805 就是集成稳压电路。集成稳压电路具有体积小、可靠性高、使用灵活、价格低廉等优点。集成稳压电路有多种类型，按照稳压原理的不同，可以分为串联调整型、并联调整型和开关调整型；按照封装形式不同，可以分为金属封装式和塑料封装式。

三端集成稳压电路如图 4.20 所示。从外观上看，其有 3 个引脚，分别为输入端、输出端和公共端（或调整端），因而称为三端稳压电路。按功能可分为固定式稳压电路和可调式稳压电路，前者的输出电压不能进行调节，为固定值；或者可通过外接元件使输出电压得到很宽的调节范围。

目前国产三端集成稳压电路有固定输出的 CW78 × ×系列和 CW79 × ×系列，其输出电压有 5 V、6 V、9 V、12 V、15 V、18 V、24 V，最大输出电流有 0.1 A、0.5 A、1 A、1.5 A、2.0 A 等。

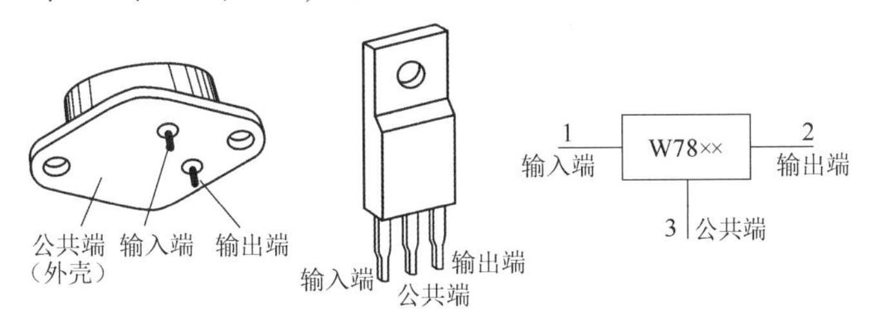

图 4.20 三端集成稳压电路

1. 三端稳压芯片的识别

(1)外形识别

7805 是常用的三端稳压电路，一般使用的是 TO－220 封装，能提供直流 5 V 电压输出，应用范围非常广，带散热片时能持续提供 1 A 的电流。顾名思义，7805 中的 05 就是输出电压为 5 V，其输出纹波很小，实物如图 4.21 所示。

(2)7805 引脚识别

将 7805 正面朝向自己，从左往右依次为 1 脚输入，2 脚 GND，3 脚输出，如图 4.22 所示。了解 7805 芯片的引脚顺序之后，才能按照正确的方式焊接。

图 4.21　7805 芯片实物

图 4.22　7805 引脚

2. 固定应用电路

如图 4.23 所示，将输入端接整流滤波电路的输出端，电路输出端接负载电阻，构成串联型稳压电路。固定输出三端集成稳压电路要求输入电压比输出电压至少大 2 V。图 4.23 中，输入电压为 12 V，输出电压为 5 V，最大输出电流为 1.5 A。输入端电容 C_i，一般为 0.1～1 μF，用以抵消较长的输入端接线引起的电感效应，还可抑制电源的高频脉冲干扰。输出端电容 C_o 用于改善负载的瞬态响应，消除电路的高频噪声，同时也具有消振作用。VD 是保护二极管，用来防止在输入端短路时输出电容 C_o 所存储电荷通过稳压电路放电而损坏器件。

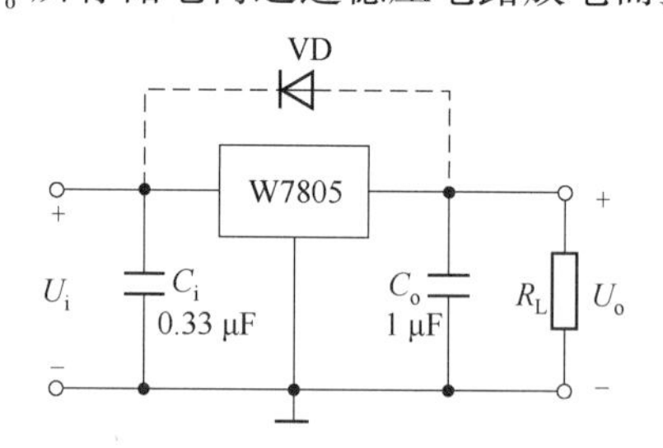

图 4.23　三端集成稳压电路的典型应用电路

输出 5V 电压

知识点 2：STC89C52 单片机

在本任务中最重要的芯片就是单片机，单片机也被称作“单片微型计算机”“微控制器”“嵌入式微控制器”，单片机一词最初源于“Single Chip Microcomputer”，简称 SCM。单片机的使用领域已十分广泛，如智能仪表、实时工控、通信设备、导航系统、家用电器等。

从 20 世纪 90 年代开始，单片机技术就已经发展起来，随着时代的进步与科技的发展，目前该技术的实践应用日渐成熟，单片机被广泛应用于各个领域。现如今，人们越来越重视单片机在智能电子技术方面的开发和应用，其发展进入新的时期，无论是工业自动测量还是消费电子领域，都能看到单片机技术的身影。

在本任务中，主控芯片的作用是处理传感器采集的重量信息，然后进行分析处理，处理完成之后在 LCD1602 液晶显示屏上显示重量信息。

STC89C52 是 STC 公司生产的一种低功耗、高性能 CMOS 8 位微控制器，具有 8 KB 系统可编程 Flash 存储器。STC89C52 使用经典的 MCS－51 内核，但是做了很多的改进使芯片具有传统的 51 单片机不具备的功能。在单芯片上，拥有灵巧的 8 位 CPU 和系统可编程 Flash，使 STC89C52 为众多嵌入式控制应用系统提供高灵活、超有效的解决方案。STC89C52 单片机引脚排列如图 4.24 所示。其具有以下标准功能：8 KB Flash，512 B RAM，32 位 I/O 端口线，看门狗定时器，内置 4 KB EEPROM，MAX810 专用复位电路；工作电压为 3.3 ~5.5 V，通用 I/O 口 32 个，3 个 16 位定时器/计数器，4 个外部中断，一个 7 向量 4 级中断结构（兼容传统 51 单片机的 5 向量 2 级中断结构），全双工串行口。空闲模式下，CPU 停止工作，允许 RAM、定时器/计数器、串口、中断继续工作；掉电保护方式下，RAM 内容被保存，振荡器被冻结，单片机一切工作停止，直到下一个中断或硬件复位为止。最高运作频率 35 MHz，6T/12T 可选。STC89C52 实物及引脚编号如图 4.25 所示。

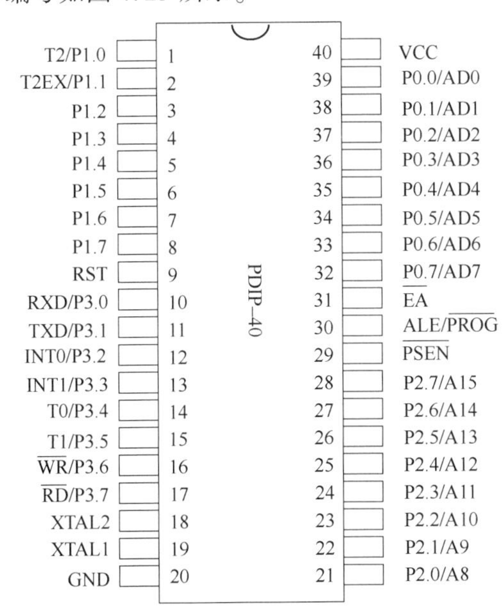

图 4.24 STC89C52 单片机引脚排列

STC89C52 单片机
+LCD1602

图 4.25 STC89C52 实物及引脚编号

知识点 3：LCD1602 液晶显示屏

LCD1602 液晶显示屏是广泛使用的一种字符型液晶显示模块，它是一种专门用于显示字母、数字和符号等的点阵式 LCD，常用 16 ×1、16 ×2、20 ×2 和 40 ×2 等模块。一般的 LCD1602 字符型液晶显示屏的内部控制器大部分为 HD44780，能够显示英文字母、阿拉伯数字、日文片假名和一般性符号。LCD1602 液晶显示屏能够显示 2 行 16 个字符，其实物可参考图 4.7。

LCD 与 LED 显示屏的区别如下。

①两者显示技术不同：LCD 是由液体晶体组成的显示屏，而 LED 是由发光二极管组成的显示屏。

②显示效果不同：LCD 由于有背光层，通过折射光线来发光，色彩饱和度不高，显示效果比较自然，且长时间观看不易疲劳；LED 能够自发光，每个像素点都能折射红、绿、蓝三原色的光，所以显示效果更加鲜艳饱满。

③厚度不同:LCD 更厚,由于有背光层和液晶层的存在,厚度会比 LED 厚;LED 更薄,LED 非常容易把手机做薄,也出现在可弯曲屏、折叠屏上。

④功耗不同:LCD 打开就是整个背光层全部打开,只能全开或者全关,它的功耗自然比 LED 高;LED 的每个像素点独立工作,可以单独点亮某些像素点,所以 LED 的功耗会更低。

⑤屏幕寿命不同:LCD 采用的是无机材料,它的老化速度慢,寿命长;LED 采用有机材料,其屏幕不如 LCD。

知识点 4:称重传感器

(1)称重传感器的外形

实验电子秤、邮政电子秤、厨房电子秤等一般选用双孔悬臂平行梁应变式称重传感器。它的特点是精度高、易加工、结构简单紧凑、抗偏载能力强、固有频率高,其典型结构如图 4.26 所示。

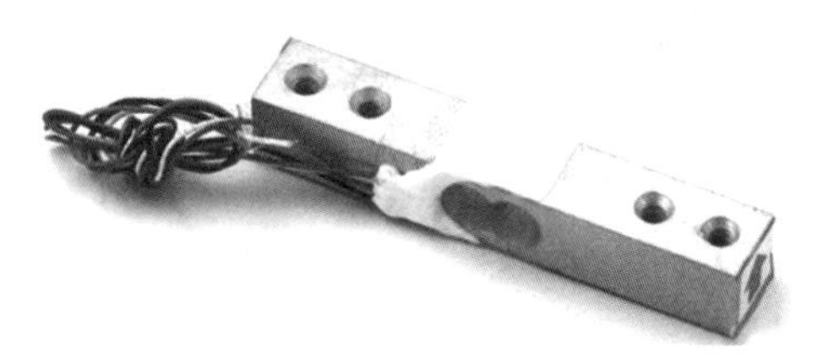

称重传感器

图 4.26　双孔悬臂平行梁应变式称重传感器

(2)称重传感器的工作原理

应变式称重传感器的受力工作原理如图 4.27 所示,将应变片粘贴到受力的力敏型弹性元件上,当弹性元件受力产生变形时,应变片产生相应的应变,转化成电阻变化。将应变片接成如图 4.28 所示的电桥,力引起的电阻变化将转换为测量电路的电压变化,通过测量输出电压的数值,再通过换算即可得到所测量物体的重量。

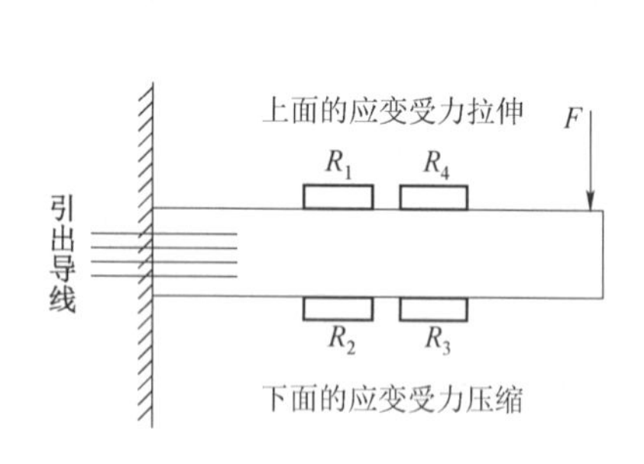

图 4.27　应变式称重传感器的受力工作原理

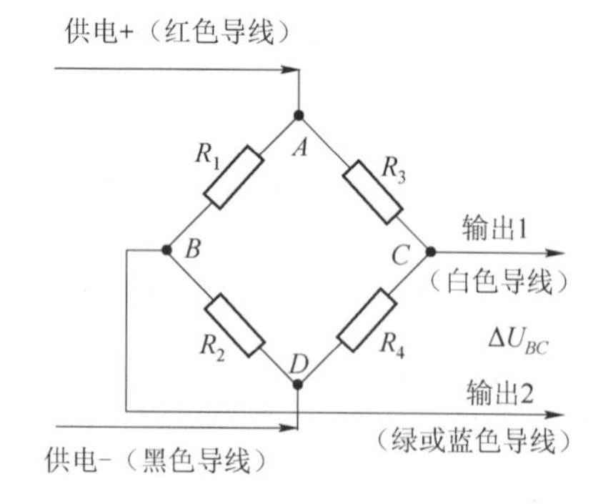

图 4.28　应变式称重传感器的电路工作原理

电桥的 4 个臂上接工作应变片,都参与机械变形,同处一个温度场,温度影响相互抵消,且电压输出灵敏度高。

(3)称重传感器的使用

双孔悬臂平行梁应变式称重传感器使用时要按悬臂梁方式安装,具体安装方式如图 4.29

所示。传感器的变形量是很微小的,在安装、使用过程中要特别注意,不要超载。如果在外力撤除后不能恢复原形状,发生塑性变形,则传感器就损坏了。传感器有 4 根线连接外电路,红线为电源正极输入,黑线为电源负极输入,白线为信号输出 1,蓝(或绿)线为信号输出 2。为保证其精度,一般不要随意调整线长。

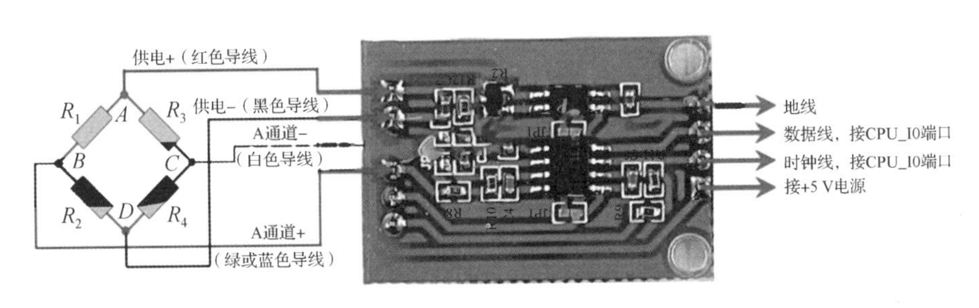

图 4.29　称重传感器与 HX711 模/数转换模块的接线

知识点 5:电子秤电路调试

电子秤原理:主控芯片处理 HX711 模/数转换模块接收到的称重传感器采集的重量信息,然后进行分析处理,处理完成之后在 LCD1602 液晶显示屏上显示重量信息。

电子电路设计安装完成之后,我们就要对该电子电路进行调试,这也是保证该电子电路能够正常地运行,以及能否达到设计要求最基本的步骤。电子电路设计调试技术包括调整和测试两部分。调整主要是对电路参数的调整,如对电阻、电容和电感,以及机械部分进行调整,使电路达到预定的功能和性能要求;测试主要是对电路的各项技术指标和功能进行测量与试验,并与设计的性能指标进行比较,以确定电路是否合格。

1. 通电前检查

电子电路设计安装完毕后,首先直观检查电路各部分接线是否正确,元器件是否接错,有无短路或断路现象等。确信无误后,方可通电。

2. 通电检查

在电路与电源连线检查无误后,方可接通电源。电源接通后,不要急于测量数据和观察结果,而要先检查有无异常,包括有无打火冒烟,是否闻到异常气味,用手触摸元器件是否发烫,电源是否有短路现象等。若发现异常,则应立即关断电源,等排除故障后方可重新通电。然后测量电路总电源电压及各元器件引脚的电压,以保证各元器件正常工作。

3. 分块调试

分块调试是把电路按功能不同分成不同部分,把每个部分看作一个模块进行调试;在分块调试过程中逐渐扩大范围,最后实现整机调试。在分块调试时应明确本部分的调试要求,依据调试要求测试性能指标和观察波形。分块调试顺序一般按信号流向进行,这样可把前面调试过的输出信号作为后一级的输入信号,为最后联调创造有利条件。

分块调试包括静态调试和动态调试。静态调试是指在无外加信号的条件下测试电路各点的电位并加以调整,以达到设计值,如模拟电路的静态工作点,数字电路的各输入端和输出端的高、低电平值和逻辑关系等。通过静态测试可及时发现已损坏和处于临界状态的元器件。

静态调试的目的是保证电路在动态情况下正常工作,并达到设计指标。动态调试可以利用自身的信号,检查功能块的各种动态指标是否满足设计要求,包括信号幅值、波形形状、相位关系、频率、放大倍数等。

调试完毕后,要把静态和动态调试结果与设计指标加以比较,经细致分析后对电路参数进行调整,使之达标。

4. 整机联调

在分块调试的过程中,因是逐步扩大调试范围的,所以实际上已完成某些局部电路间的联调工作。在联调前,先要做好各功能模块之间接口电路的调试工作,再把全部电路连通,然后进行整机联调。

整机联调就是检测整机动态指标,把各种测量仪器及系统本身显示部分提供的信息与设计指标逐一对比,找出问题,然后进一步修改、调整电路的参数,直至完全符合设计要求为止。在有微机系统的电路中,先进行硬件和软件调试,最后通过软件、硬件联调实现目的。

以上的内容就是电子电路设计调试基本流程,电子设备在使用中,电路的调试占有重要地位。电子电路安装完成后,必须通过调试,使电路能够满足规定的各项技术指标要求。电子电路设计调试既是电路调整的依据,又是检验结论的判断依据。实际上,电子产品的调整和测试是同时进行的,只有经过反复的调整和测试,产品的性能才能达到预期的目标。

拓展训练

训练 1:用 AD 16.1.12 软件绘制出电子秤的电路原理图,要求电子秤电路原理图中没有的元件要自己绘制。

训练 2:用 Proteus 仿真软件绘制出 LM7805 的典型稳压电路,并仿真测量输出电压是否正常。

项目5 超声波测距电路的制作与调试

超声波测距概述：中国古代常用的长度和距离单位有仞、跬、步、丈、尺、寸等。《愚公移山》中提到"太行、王屋二山，方七百里，高万仞"，仞作为长度单位，周制八尺，汉制七尺，引申义是测量深度。《荀子·劝学》中有"故不积跬步，无以至千里"，古代称人行走，举足一次为"跬"，举足两次为"步"，一步为六尺，一跬为三尺。与现代换算关系如下：

3 丈 = 10 m，3 尺 = 1 m，3 寸 = 10 cm

学习情境描述

木材在加工现场搬运过程中，由于场内工具设备和材料较多，外加驾驶员存在盲区，所以搬运车很容易发生磕碰。为解决这一问题，需要在木材搬运车上安装超声波测距电路，当检测到设定距离内有障碍物时，及时提醒驾驶员规避或刹车。

学习目标

①能正确描述超声波测距电路各个模块的功能。

②能正确描述四位一体数码管、红外接收芯片、三态总线转换器、六反相器等元件的特点和功能，以及其使用特点。

③能正确识读电路原理图，描述超声波测距电路的工作原理。

④通过超声波电路的实践与学习，了解组合电路的概念和特点。

任务书

根据已提供的超声波测距电路的元件清单（见表5.1）正确检测并清点元器件数量，准备焊接工具电烙铁、焊锡丝、镊子、斜口钳、万用表等。结合给出的电路原理图（见图5.1），焊接完成超声波测距电路，实现超声波所测距离的实时显示。

表5.1 超声波测距电路元器件清单

序号	元器件名称	参数	位号	封装	数量
1	电阻	1 kΩ	R_1、R_2、R_3、R_4、R_{17}	直插	5
2	电阻	4.7 kΩ	R_{13}	直插	1

续表

序号	元器件名称	参数	位号	封装	数量
3	电阻	200 kΩ	R_{14}	直插	1
4	电阻	22 kΩ	R_{15}	直插	1
5	电阻	4.7 kΩ	R_{18}	直插	1
6	按键	SW－SPST	RST、S_1、S_2、S_3、S_4	SW_6－6－6	1
7	蜂鸣器	DC 5 V	SP1	BEEP5x9x5.5	1
8	超声波接收器		R	PIN2A	1
9	超声波发生器		T	PIN2A	1
10	晶振	11.059 2 MHz	Y_1	CRY	1
11	DC 电源插座		P1	接插件_D	1
12	二极管	1N4007	VD_1、VD_2、VD_3、VD_4	DO－41	1
13	0.36 数码管		DS1	7SEG－MPX4	1
14	电阻	330 Ω	R_5、R_6、R_7、R_8、R_9、R_{10}、R_{11}、R_{12}	直插	8
15	排阻	10 kΩ	PR1	直插	1
16	晶体管	8550	VT_1、VT_2、VT_3、VT_4、VT_5	TO－92	5
17	下载接口	MHDR2X5	JTAG1	直插	1
18	直插电阻	1 kΩ	R_{16}	PIN2	1
19	电解电容	470 μF	C_1	RB7.6－25	1
20	电解电容	100 μF	C_2	RB7.6－15	1
21	电容	104	C_3、C_4	PIN2	2
22	电容	224	C_5、C_{10}	PIN2	2
23	电容	223	C_6	PIN2	1
24	电容	330 pF	C_7	PIN2	1
25	电解电容	3.3 μF	C_8	PIN2	1
26	电解电容	1 μF	C_9	PIN2	1
27	电解电容	47 μF	C_{11}	RB7.6－15	1
28	电解电容	10 μF	C_{12}	RB7.6－15	1
29	电容	30 pF	C_{Y1}、C_{Y2}	PIN2	2
30	芯片	LM7805	U1	TO－220	1
31	芯片	74HC245	U2	DIP20	1
32	芯片	89S52	U3	DIP40－600	1
33	芯片	CD4069	U4	DIP14	1
34	芯片	CX20106A	U5	PIN－8	1
35	PCB				1
36	铜脚柱				4

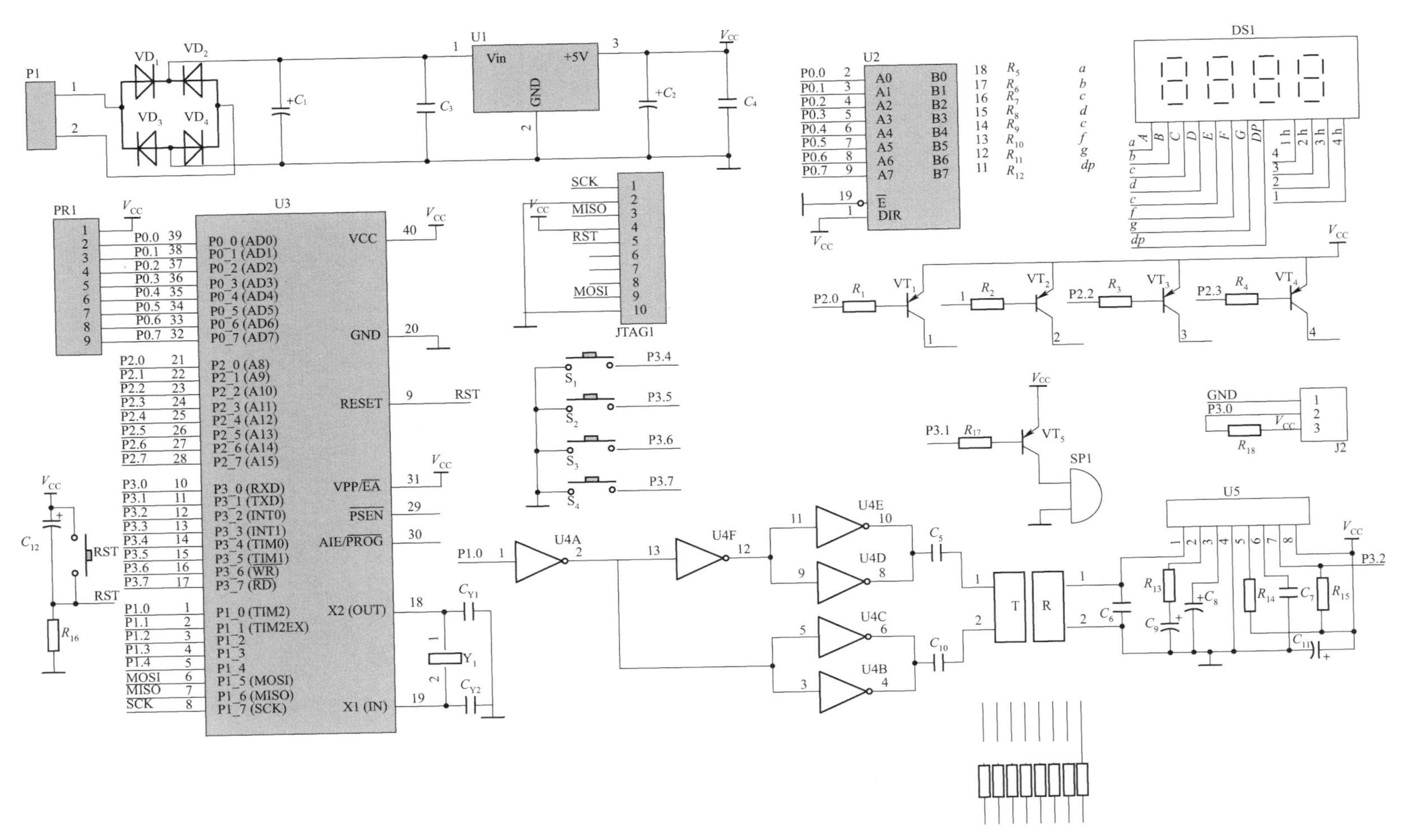

图5.1 超声波测距电路原理图

任务分组

针对本任务对学生进行分组，并将分组情况填入表 5.2 中。

表 5.2　学生任务分配表

<table>
<tr><td>班级</td><td></td><td>组号</td><td></td><td>指导老师</td><td></td></tr>
<tr><td>组长</td><td></td><td>学号</td><td colspan="3"></td></tr>
<tr><td>组员</td><td colspan="5">
<table><tr><td>姓名</td><td>学号</td></tr><tr><td></td><td></td></tr><tr><td></td><td></td></tr><tr><td></td><td></td></tr></table>
<table><tr><td>姓名</td><td>学号</td></tr><tr><td></td><td></td></tr><tr><td></td><td></td></tr><tr><td></td><td></td></tr></table>
</td></tr>
<tr><td>任务分工</td><td colspan="5"></td></tr>
</table>

获取信息

引导问题 1：熟悉超声波测距电路的成品外观（见图 5.2），了解其工作原理。

图 5.2　超声波测距电路的成品外观

超声波测距
学习情景概述

①结合图 5.1 中的元件标号,在图 5.2 中找到对应的实物元器件。

②超声波的概念是什么?它的频率范围是多少?

③结合图 5.3,简述超声波的测距过程,写出超声波测距的计算公式。

小提示:如图 5.3 所示,超声波发生器 T 发出一个超声波信号,当这个信号遇到被测物体后反射回来,被超声波接收器 R 所接收。这样只要算出从发出超声波信号到接收到返回的信号所用的时间,就可以计算出超声波发生器与反射物体之间的距离。

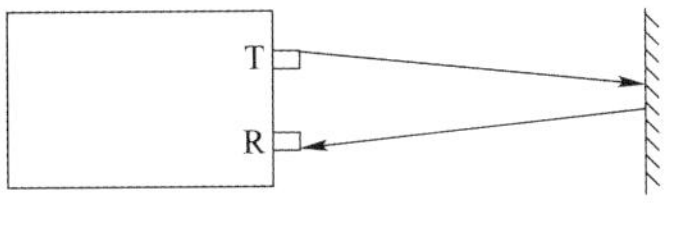

图 5.3 超声波发射与接收示意

我们用 d 表示被测物与测距器的距离,s 表示声波的来回路程,c 表示声波的传播速度,t 表示声波来回所用的时间。

超声波的声速 c 与温度有关,表 5.3 列出了几种不同温度下的超声波声速。在使用时,如果温度变化不大,则可认为声速是基本不变的;如果测距精度要求较高,则应通过温度补偿加以校正。声速校正后,只要测得超声波往返的时间,即可求得距离。

表 5.3　不同温度下超声波声速

温度/℃	-30	-20	-10	0	10	20	30	100
声速/($m \cdot s^{-1}$)	313	319	325	323	338	344	349	386

④根据表 5.1 中 U1 的型号,查询其芯片资料,简述其功能,并写出该芯片的输入电压和输出电压范围。

小提示:U1 所指芯片的最低输入电压要比输出电压高 2 V。

⑤了解超声波发射电路的工作原理,简述 C_5 和 C_{10} 在电路中的作用。

小提示:超声波发射电路原理图如图 5.4 所示。发射电路主要由反相器 CD4069 和超声波发生器 T 构成,单片机 P1.0 端口输出 40 kHz 方波信号,一路经一级反相器后送到超声波发生器的一个电极,另一路经两级反相器后送到超声波发生器的另一个电极。用这种推挽形式将方波信号加到超声波发生器两端,可以提高超声波的发射强度。输出端采用两个反相器并联,用以提高驱动能力。

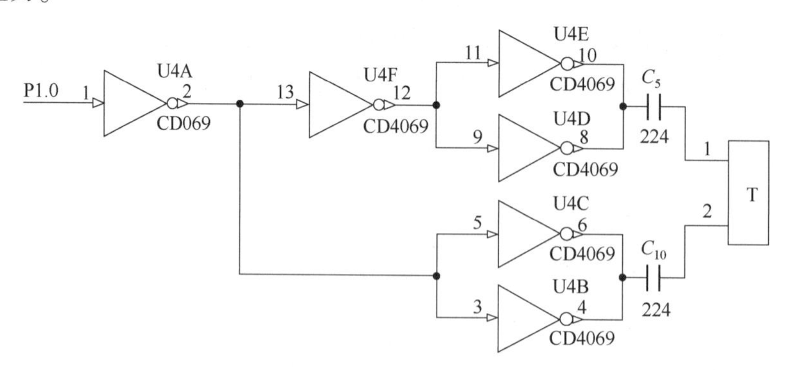

图 5.4　超声波发射电路原理图

⑥CD4069 是六反相器集成电路,什么是反相器?试写出 CD4069 芯片各引脚符号及其功能。

小提示：CD4069 是由 6 个 CMOS 反相器电路组成的。此器件主要用作通用反相器，即用于不需要中功率 TTL 驱动和逻辑电平转换的电路中。其原理和实物如图 5.5 和图 5.6 所示。

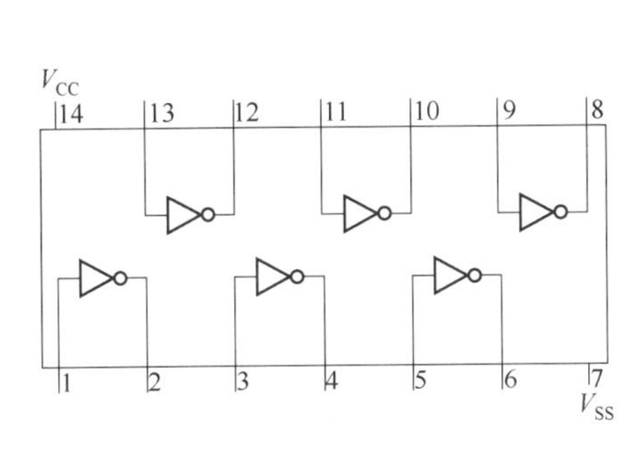

图 5.5　CD4069 原理图

图 5.6　CD4069 实物

⑦了解超声波接收电路的工作原理，简述 C_9 在电路中的作用。

小提示：集成电路 CX20106A 是一款红外线检波接收的专用芯片，采用单列 8 脚直插式，超小型封装，+5 V 供电，其常用于电视机红外遥控接收器。由于红外遥控常用的 38 kHz 载波频率与测距用 40 kHz 超声波频率较为接近，可将它用于超声波检测接收电路。在实际应用中经测试发现用 CX20106A 接收超声波，具有很高的灵敏度和较好的抗干扰能力。超声波接收电路原理图如图 5.7 所示，CX20016A 引脚及其功能如表 5.4 表示。

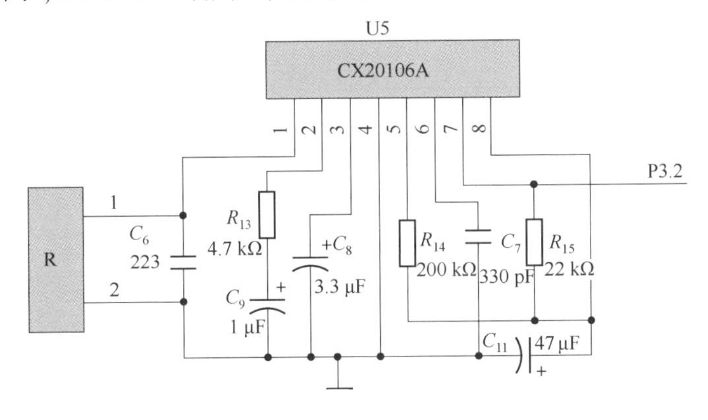

图 5.7　超声波接收电路原理

表 5.4　CX20106A 引脚及其功能

引脚	符号	功能
1	IN	红外信号输入端
2	C1	增益调节端
3	C2	检波端
4	GND	接地端
5	fo	带通滤波器调整端
6	C3	积分端
7	OUT	信号输出端
8	VCC	电源端

⑧在 U3 组成的单片机系统中,晶振的时钟频率是多少?

⑨单片机工作的基本条件有哪些?

⑩本项目中所用单片机的 P0.0 ~ P0.7 端口输出信号的作用是什么?

⑪当按下 RST 按键时,分析 U3 的 9 脚电平的变化过程。

小提示：单片机的复位电路通常采用上电复位和按钮复位两种方式。本任务复位电路设计既可以实现上电复位也可以选择按钮复位。

⑫本系统采用的是哪种型号的单片机来实现对超声波传感器的控制？了解其控制过程。

小提示：单片机通过 P1.0 端口经反相器来控制超声波的发送，然后单片机不停地检测 INT0 端口，当 INT0 端口的电平由高电平变为低电平时就认为超声波已经返回。计数器所计的数据就是超声波所经历的时间，通过换算就可以得到传感器与障碍物之间的距离。单片机采用高精度的晶振，已获得较稳定的时钟频率，减少测量误差。单片机用 P1.0 端口输出超声波换能器所需的 40 kHz 的方波信号，利用外中断 INT0 端口检测超声波接收电路输出的返回信号。

⑬在本系统中数码管工作的额定电流超过了单片机的 P0 总线的负载能力，所以接入了 74LS245 总线驱动器，它是 8 路同相三态双向总线收发器，请查询相关资料写出该芯片的 3 种状态的配置方式。

小提示：74LS245 经常被用来驱动 LED、数码管或其他设备，在电路中既可以作为输出，也可以用来输入数据。其芯片引脚如图 5.8 所示。

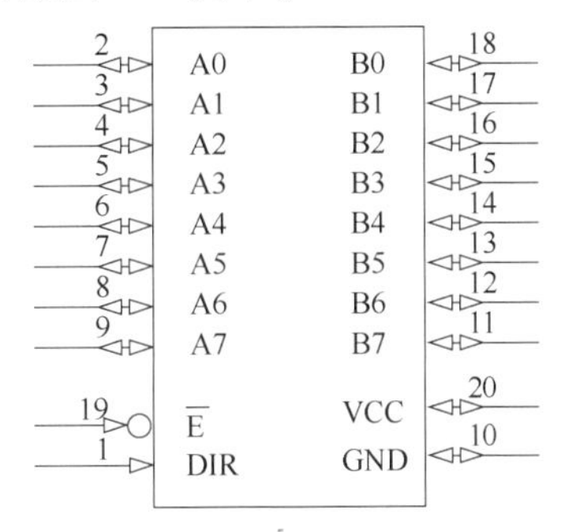

图 5.8 74LS245 芯片引脚

74LS245 各引脚符号及其功能如下。

VCC:电源输入引脚,+5 V电源供电。

GND:接地引脚。

A:A总线端。

B:B总线端。

DIR:方向控制端。

⑭判断电路中的4位一体数码管的类型(共阴或共阳),写出字符“2”对应的段码。

⑬试描述晶体管VT_1、VT_2、VT_3、VT_4在电路中的功能。

工作计划

①制订工作方案,并填入表5.5中。

表5.5 工作方案

步骤	工作内容	负责人
1		
2		
3		
4		
5		
6		
7		

②写出超声波测距的工作原理。

③列出电路所需仪表、工具、耗材和器材清单，并填入表5.6中。

表5.6　器具清单

序号	名称	数量	负责人

工作实施

1. 按照本组任务制订的计划实施

①领取元器件及材料。

②检查元器件，包括数量和参数。

③按照焊接工艺要求分模块进行焊接，每焊接完成一个模块，测试其功能。

④焊接完成之后，检测印制电路板无短路、无虚焊后，即可上电测试。

2. 焊接调试的步骤

①识读电路原理图，明确所用元器件及其作用，熟悉电路工作原理。

②按照PCB上元器件位号进行元器件焊接，焊接顺序：先焊接贴片元器件，后焊接直插元器件，先焊接矮的元器件，后焊接高的元器件。

③印制电路板焊接完成之后，先用万用表检测印制电路板有无短路，并观察有无虚焊。确认无短路、无虚焊之后，不要插接芯片，要先上电测试电路电压是否正常。

④测试电路电压正常后，断开电源，逐个插接芯片，并上电测试各模块功能，确保有问题能够提前发现，快速定位故障点。

⑤确保每个模块都能正常工作后，上电下载单片机程序，检查数码管的数字显示以及按键功能。

注意：为保证测量精度，超声波探头要保持在一个水平线上，不能歪斜。

3. 超声波测距仪功能说明

此超声波测距仪为超声波测量距离所用，测量范围为0.2～3 m，误差在1 cm范围内。

(1)4个功能按键

S_1：按下S_1不放，则数码管显示的数字被定住，表示此时确定了一个距离l_1；松开S_1，则继续测距。

S_2：按下 S_2 不放，则数码管显示的数字被定住，表示此时确定了一个距离 l_2；松开 S_2，则继续测距。

S_3：按下 S_3，则数码管显示距离 l_1 与距离 l_2 相乘的结果（由于数码管显示有限，只能显示4位，所以 l_1 和 l_2 为两位数时，相乘结果才正确）。

S_4：按下 S_4，10 s后蜂鸣器响，按复位键后恢复正常。

（2）测试数据

①接上电源，测量P2.0端口的波形并记录在表5.7中。

表5.7 P2.0端口波形记录

<table>
<tr><th>波形</th><th>周期</th><th>幅度</th></tr>
<tr><td rowspan="3"></td><td></td><td></td></tr>
<tr><td>量程范围</td><td>量程范围</td></tr>
<tr><td></td><td></td></tr>
</table>

②接上电源，测量P1.0端口的波形，并记录在表5.8中。

表5.8 P1.0端口波形记录

<table>
<tr><th>波形</th><th>周期</th><th>幅度</th></tr>
<tr><td rowspan="3"></td><td></td><td></td></tr>
<tr><td>量程范围</td><td>量程范围</td></tr>
<tr><td></td><td></td></tr>
</table>

③用障碍物放在超声波发生器T及超声波接收器R前方大于20 cm的位置，由远而近移动障碍物，用示波器测量U3的12脚出现__________的变化。

评价反馈

各组代表展示作品,介绍任务的完成过程。作品展示前应该准备阐述材料,并完成评价表5.9~表5.12的记录填写。

表5.9 学生自评表

班级:________	姓名:________	学号:________		
任务:超声波测距电路的制作与调试				
序号	评价项目	评价标准	分值	得分
1	完成时间	是否在规定时间内完成任务	10分	
2	相关理论填写	正确率100%为20分	20分	
3	技能训练	操作规范,焊接过程中无异常,工艺良好	10分	
4	完成质量	电路实现超声波测距的预定功能	20分	
5	调试优化	仪器仪表操作无误,数据清晰翔实	10分	
6	工作态度	态度端正,无迟到、旷课现象	10分	
7	职业素养	安全生产、保护环境、爱护设施	10分	
8	材料总结汇报质量	条理清晰,重点突出	10分	
合计				

表5.10 学生互评表

任务:超声波测距电路的制作与调试							
序号	评价项目	分值	等级				评价对象____组
1	计划合理	10分	优10分	良8分	中6分	差4分	
2	方案正确	10分	优10分	良8分	中6分	差4分	
3	团队合作	10分	优10分	良8分	中6分	差4分	
4	组织有序	10分	优10分	良8分	中6分	差4分	
5	工作质量	10分	优10分	良8分	中6分	差4分	
6	工作效率	10分	优10分	良8分	中6分	差4分	
7	工作完整	10分	优10分	良8分	中6分	差4分	
8	工作规范	10分	优10分	良8分	中6分	差4分	
9	效果展示	20分	优20分	良16分	中12分	差8分	
合计							

表 5.11　教师评价表

班级：________ 姓名：________ 学号：________				
任务：超声波测距电路的制作与调试				
序号	评价项目	评价标准	分值	综合
1	考勤	无迟到、旷课、早退现象	10 分	
2	完成时间	是否按时完成	10 分	
3	引导问题填写	正确率 100% 为 20 分	20 分	
4	规范操作	操作规范、焊接过程中无异常	10 分	
5	完成质量	实现超声波测距电路的预期功能	20 分	
6	参与讨论主动性	主动参与小组成员之间的协作	10 分	
7	职业素养	安全生产、保护环境、爱护设施	10 分	
8	成果展示	能准确汇报工作成果	10 分	
合计				

表 5.12　综合评价表

项目			
自评(20%)	小组互评(30%)	教师评价(50%)	综合得分

学习情境的相关知识点

知识点 1：数字电路基础知识

1.1　数制与码制

数制即计数体制，是指人们进行计数的方法和规则。在我们的日常生活和工作中，经常会用到一些不同的数制，如平常计数和计算所使用的十进制，时间上分、秒计数的六十进制，小时计数的十二进制或二十四进制，每星期天数计数的七进制等，其中使用得最普遍的是十进制。

数字电路中采用的是二进制，这是因为二进制只有“1”和“0”两个数码，可以方便地用电流的有无、电压的高低、电路的通断等两种状态来表示。电路中常见的数制有十进制、二进制、八进制、十六进制。

码制即编码体制，在数字电路中主要是指用二进制数来表示非二进制数字以及字符的编码方法和规则。

BCD 码(二－十进制编码)：用 4 位二进制代码来表示 1 位十进制数的编码方法。

常用的 BCD 码如表 5.13 所示。

表 5.13　常用的 BCD 码

十进制数	8421 码	5421 码	余 3 码
0	0000	0000	0011
1	0001	0001	0100
2	0010	0010	0101
3	0011	0011	0110
4	0100	0100	0111
5	0101	1000	1000
6	0110	1001	1001
7	0111	1010	1010
8	1000	1011	1011
9	1001	1100	1100

1.2　逻辑代数的基本运算

逻辑代数的基本运算有与运算、或运算和非运算。

1. 基本逻辑关系

我们可以通过逻辑代数基本运算的表达式、真值表、图形符号等来进行详细介绍。

(1) 与运算

当决定某一事件的全部条件都具备时，该事件才会发生，这样的因果关系称为与逻辑关系，简称与逻辑。其表达式为 $Y = AB$。与逻辑真值表如表 5.14 所示。

表 5.14　与逻辑真值表

A	B	Y
0	0	0
0	1	0
1	0	0
1	1	1

实现与逻辑的电路称作与门，其图形符号如图 5.9 所示。

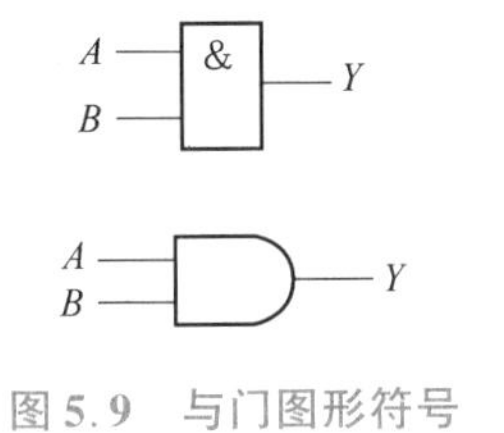

图 5.9　与门图形符号

数字电路的基础知识

(2) 或运算

决定事件发生的条件中，只要有一个或一个以上条件得到满足，结果就会发生，这样的逻辑关系称为或逻辑。其表达式为 $Y = A + B$。或逻辑真值表如表 5.15 所示。

表 5.15　或逻辑真值表

A	B	Y
0	0	0
0	1	1
1	0	1
1	1	1

实现或逻辑的电路称作或门，其图形符号如图 5.10 所示。

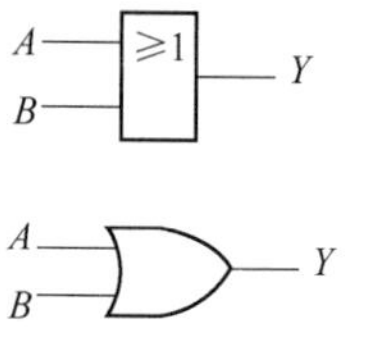

与或非的验证

图 5.10　或门图形符号

(3)非运算

在某一事件中，若结果总是和条件呈相反状态，则这种逻辑关系称为非逻辑。其表达式为 $Y=\overline{A}$。非逻辑真值表如表 5.16 所示。

表 5.16　非逻辑真值表

A	Y
0	1
1	0

实现非逻辑的电路称作非门，其图形符号如图 5.11 所示。

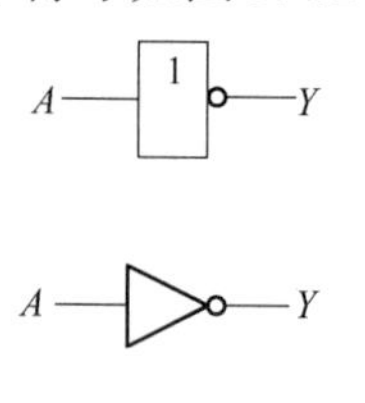

图 5.11　非门图形符号

2. 逻辑函数的表示方法和化简方法

逻辑函数的表示方法有逻辑函数表达式、真值表、逻辑图、波形图和卡诺图等。逻辑函数的化简方法有代数法和卡诺图法。

代数法就是运用逻辑代数的基本定律和规则化简逻辑函数。常用的方法有并项法、吸收法、消去法和配项法。

用卡诺图化简逻辑函数的步骤如下：

①用卡诺图表示逻辑函数；

②对可以合并的相邻最小项(相邻的“1”)画出包围圈(也称为卡诺圈)；

③消去互补因子，保留公共因子，写出每个包围圈所得的乘积项。

从卡诺图中读出最简与或表达式，最简式可能不是唯一的。

3. 逻辑运算的应用

二极管的稳态开关特性：电路处于相对稳定的状态下二极管所呈现的开关特性称为稳态开关特性。二极管作为开关使用，在理想情况下，当其外加正向电压时，处于导通状态，如同开关闭合，电路中有电流通过；当二极管外加反向电压时，处于截止状态，如同开关断开，电路中没有电流通过，如图 5.12 所示。

二极管与门电路及图形符号如图 5.13 所示。

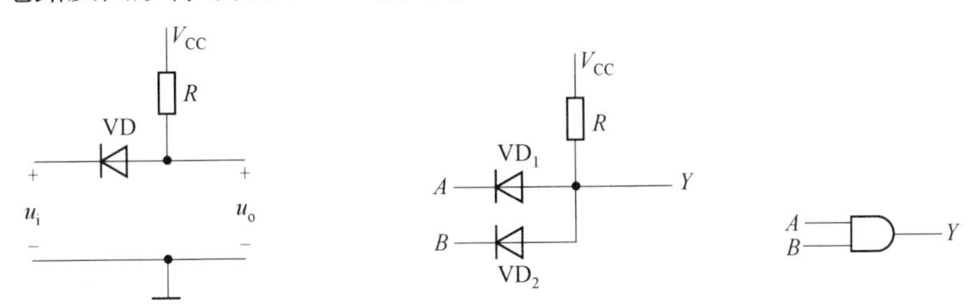

图 5.12　二极管的开关特性　　　图 5.13　二极管与门电路及图形符号

二极管或门电路及图形符号如图 5.14 所示。

晶体管的基本开关电路即非门电路及图形符号如图 5.15 所示。

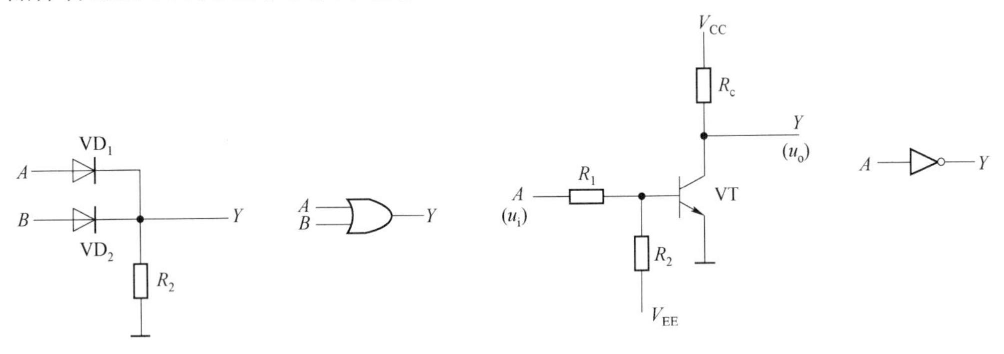

图 5.14　二极管或门电路及图形符号　　　图 5.15　晶体管非门电路及图形符号

1.3　高低电平

在数字电路中，用高、低电平分别表示 1 和 0 两种逻辑状态。获取高、低电平的基本电路如图 5.16 所示，当开关 S 断开时，输出信号 u_o 为高电平；当 S 闭合以后，输出信号为低电平。开关 S 用晶体管组成。只要能通过输入信号 u_i 控制晶体管工作在截止和导通两个状态，就可以获取稳定的高、低电平。

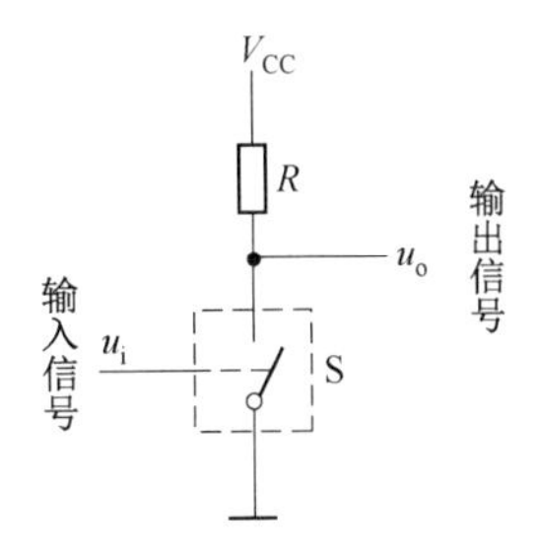

图 5.16　获取高、低电平的基本电路

以高、低电平表示两种不同逻辑状态时,有两种定义方法:若以高电平表示逻辑1,低电平表示逻辑0,则称这种表示方法为正逻辑;反之,若以高电平表示逻辑0,低电平表示逻辑1,则称这种表示方法为负逻辑,如图5.17所示。

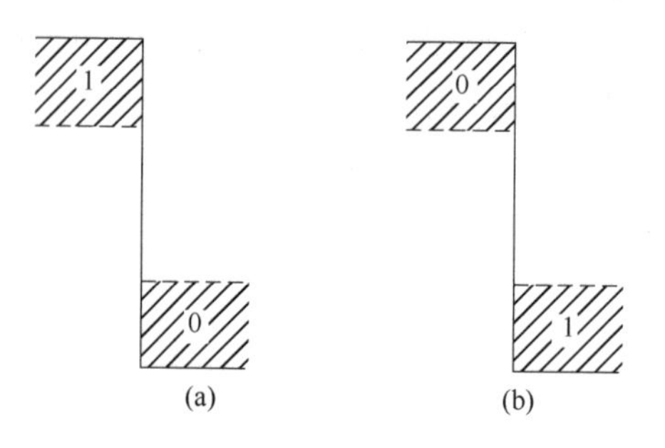

图5.17　正逻辑与负逻辑的表示方法

(a)正逻辑;(b)负逻辑

1.4　触发器

触发器是时序逻辑电路的基本单元,具有记忆功能,能够在无信号的情况下,保持上一次的信号。根据电路结构不同可分为基本触发器、同步触发器、边沿触发器。根据逻辑功能不同可分为 *RS* 触发器、*JK* 触发器、*D* 触发器、*T* 触发器。

知识点2:组合逻辑电路

2.1　组合逻辑电路的组成及特点

组合逻辑电路由门电路组合而成,电路中没有记忆单元,没有反馈通路。本任务中超声波信号从发出到接收,发射超声波的反相器和超声波发生器以及检波芯片均没有记忆单元和反馈通路,包括单片机处理数据的过程,均属于组合逻辑电路。

组合逻辑电路的特点:电路任一时刻的输出状态只取决于该时刻各输入状态的组合,与电路的原状态无关。

2.2　组合逻辑电路的分析步骤

①写出各输出端的逻辑函数表达式。

②化简和变换逻辑函数表达式。

③列出真值表。

④确定功能。

组合逻辑电路

2.3　组合逻辑电路的设计步骤

①根据设计列出真值表。

②写出逻辑函数表达式(或填写卡诺图)。

③逻辑化简和变换。

④画出逻辑图。

根据逻辑表达式分析

2.4　常用的组合逻辑器件

常用的组合逻辑器件有编码器、译码器、数据选择器、数值比较器、加法器等。

1. 编码器

编码器是指将输入的每个高/低电平信号变成一个对应的二进制代码的器件。它大致分为普通编码器和优先编码器两类。

(1)普通编码器

特点:任何时刻只允许输入一个编码信号。

例:3 位二进制编码器框图如图 5.18 所示,其真值表如表 5.17 所示。

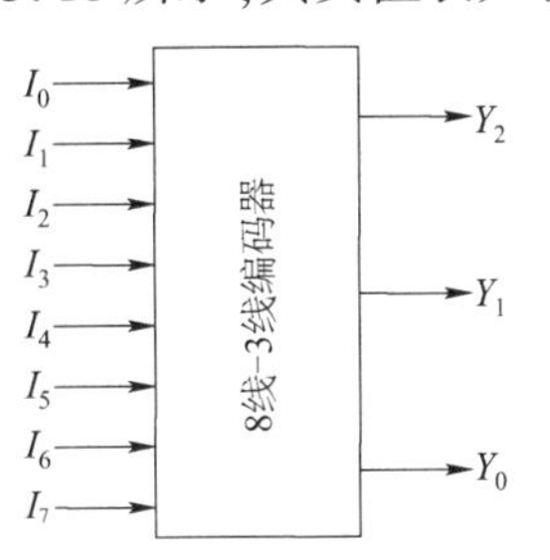

图 5.18　3 位二进制编码器框图

74LS148 实验

表 5.17　3 位二进制编码器真值表

输　入								输出		
I_0	I_1	I_2	I_3	I_4	I_5	I_6	I_7	Y_2	Y_1	Y_0
1	0	0	0	0	0	0	0	0	0	0
0	1	0	0	0	0	0	0	0	0	1
0	0	1	0	0	0	0	0	0	1	0
0	0	0	1	0	0	0	0	0	1	1
0	0	0	0	1	0	0	0	1	0	0
0	0	0	0	0	1	0	0	1	0	1
0	0	0	0	0	0	1	0	1	1	0
0	0	0	0	0	0	0	1	1	1	1

(2)优先编码器

特点:允许同时输入两个以上的编码信号,但只对其中优先权最高的一个信号进行编码。

例:8 线-3 线优先编码器 74HC148(设 I_7 优先权最高,I_0 优先权最低)真值表如表 5.18 所示。

表 5.18　8 线-3 线优先编码器 74HC148 真值表

输入									输出				
S	$\bar{I}_0$	$\bar{I}_1$	$\bar{I}_2$	$\bar{I}_3$	$\bar{I}_4$	$\bar{I}_5$	$\bar{I}_6$	$\bar{I}_7$	$\bar{Y}_2$	$\bar{Y}_1$	$\bar{Y}_0$	$\bar{Y}_S$	$\bar{Y}_{EX}$
1	×	×	×	×	×	×	×	×	1	1	1	1	0
0	1	1	1	1	1	1	1	1	1	1	1	0	1

续表

输入									输出				
S	$\bar{I}_0$	$\bar{I}_1$	$\bar{I}_2$	$\bar{I}_3$	$\bar{I}_4$	$\bar{I}_5$	$\bar{I}_6$	$\bar{I}_7$	$\bar{Y}_2$	$\bar{Y}_1$	$\bar{Y}_0$	$\bar{Y}_S$	$\bar{Y}_{EX}$
0	×	×	×	×	×	×	×	0	0	0	0	1	0
0	×	×	×	×	×	×	0	1	0	0	1	1	0
0	×	×	×	×	×	0	1	1	0	1	0	1	0
0	×	×	×	×	0	1	1	1	0	1	1	1	0
0	×	×	×	0	1	1	1	1	1	0	0	1	0
0	×	×	0	1	1	1	1	1	1	0	1	1	0
0	×	0	1	1	1	1	1	1	1	1	0	1	0
0	0	1	1	1	1	1	1	1	1	1	1	1	0

2. 译码器

译码:将输入的每个二进制代码译成对应的高、低电平输出信号。

常用的有二进制译码器、二-十进制译码器、显示译码器等。

(1)二进制译码器

例:74HC138 即为典型的3线-8线译码器,其框图如图5.19所示,真值表如表5.19所示。

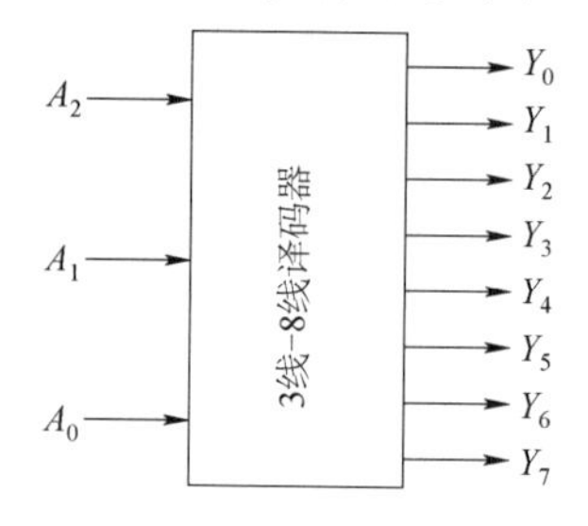

图5.19　3线-8线译码器框图

74LS138 实验

表5.19　3线-8线译码器真值表

输　入			输出							
A_2	A_1	A_0	Y_7	Y_6	Y_5	Y_4	Y_3	Y_2	Y_1	Y_0
0	0	0	0	0	0	0	0	0	0	1
0	0	1	0	0	0	0	0	0	1	0
0	1	0	0	0	0	0	0	1	0	0
0	1	1	0	0	0	0	1	0	0	0
1	0	0	0	0	0	1	0	0	0	0
1	0	1	0	0	1	0	0	0	0	0
1	1	0	0	1	0	0	0	0	0	0
1	1	1	1	0	0	0	0	0	0	0

(2)二-十进制译码器

二-十进制译码器是将输入的以 BCD 码编码的 10 个代码译成 10 个高、低电平的输出信号。BCD 码以外的伪码,输出均无低电平信号产生。

例:74HC42 为典型的二-十进制译码器,其框图如图 5.20 所示,真值表如表 5.20 所示。

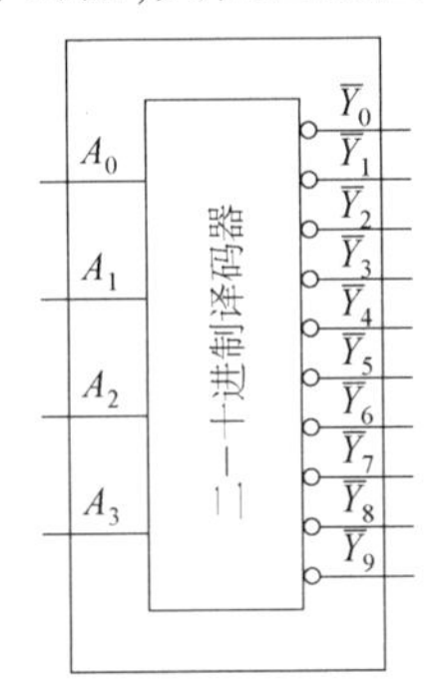

图 5.20　二-十进制译码器框图

表 5.20　二-十进制译码器真值表

输　入				输出									
A_3	A_2	A_1	A_0	$\overline{Y}_0$	$\overline{Y}_1$	$\overline{Y}_2$	$\overline{Y}_3$	$\overline{Y}_4$	$\overline{Y}_5$	$\overline{Y}_6$	$\overline{Y}_7$	$\overline{Y}_8$	$\overline{Y}_9$
0	0	0	0	0	1	1	1	1	1	1	1	1	1
0	0	0	1	1	0	1	1	1	1	1	1	1	1
0	0	1	0	1	1	0	1	1	1	1	1	1	1
0	0	1	1	1	1	1	0	1	1	1	1	1	1
0	1	0	0	1	1	1	1	0	1	1	1	1	1
0	1	0	1	1	1	1	1	0	1	1	1	1	1
0	1	1	0	1	1	1	1	1	1	0	1	1	1
0	1	1	1	1	1	1	1	1	1	1	0	1	1
1	0	0	0	1	1	1	1	1	1	1	1	0	1
1	0	0	1	1	1	1	1	1	1	1	1	1	0
1	0	1	0	1	1	1	1	1	1	1	1	1	1
1	0	1	1	1	1	1	1	1	1	1	1	1	1
1	1	0	0	1	1	1	1	1	1	1	1	1	1
1	1	0	1	1	1	1	1	1	1	1	1	1	1
1	1	1	0	1	1	1	1	1	1	1	1	1	1
1	1	1	1	1	1	1	1	1	1	1	1	1	1

(3)显示译码器

例如七段字符显示器,即数码管。半导体数码管 B5201A 的外形和等效电路如图 5.21 所示。显示译码器 7448 真值表如表 5.21 所示。

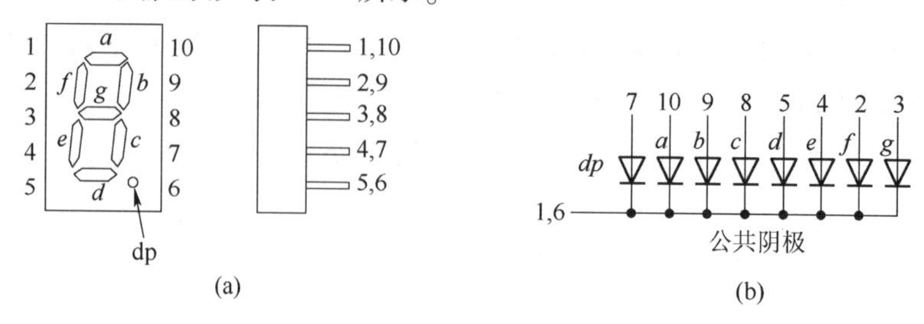

图 5.21　半导体数码管 B5201A 外形和等效电路

(a)外形;(b)等效电路

表 5.21　显示译码器 7448 真值表

十进制或功能	输入						BI/RBO	输出							字形
	LT	*RBI*	*D*	*C*	*B*	*A*		*a*	*b*	*c*	*d*	*e*	*f*	*g*	
0	1	1	0	0	0	0	1	1	1	1	1	1	1	0	0
1	1	×	0	0	0	1	1	0	1	1	0	0	0	0	1
2	1	×	0	0	1	0	1	1	1	0	1	1	0	1	2
3	1	×	0	0	1	1	1	1	1	1	1	0	0	1	3
4	1	×	0	1	0	0	1	0	1	1	0	0	1	1	4
5	1	×	0	1	0	1	1	1	0	1	1	0	1	1	5
6	1	×	0	1	1	0	1	0	0	1	1	1	1	1	6
7	1	×	0	1	1	1	1	1	1	1	0	0	0	0	7
8	1	×	1	0	0	0	1	1	1	1	1	1	1	1	8
9	1	×	1	0	0	1	1	1	1	1	1	0	1	1	9
10	1	×	1	0	1	0	1	0	0	0	1	1	0	1	c
11	1	×	1	0	1	1	1	0	0	1	1	0	0	1	ɔ
12	1	×	1	1	0	0	1	0	1	0	0	0	1	1	u
13	1	×	1	1	0	1	1	1	0	0	1	0	1	1	⊆
14	1	×	1	1	1	0	1	0	0	0	1	1	1	1	t
15	1	×	1	1	1	1	1	0	0	0	0	0	0	0	消隐

3. 数据选择器

在多路数据传送过程中,能够根据需要将其中任意一路选出来的电路,称为数据选择器。其包括 2 选 1、4 选 1、8 选 1 和 16 选 1 等类型,又被称为“多路开关”。

4. 数值比较器

(1)1 位数值比较器

1 位数值比较器逻辑电路如图 5.22 所示。

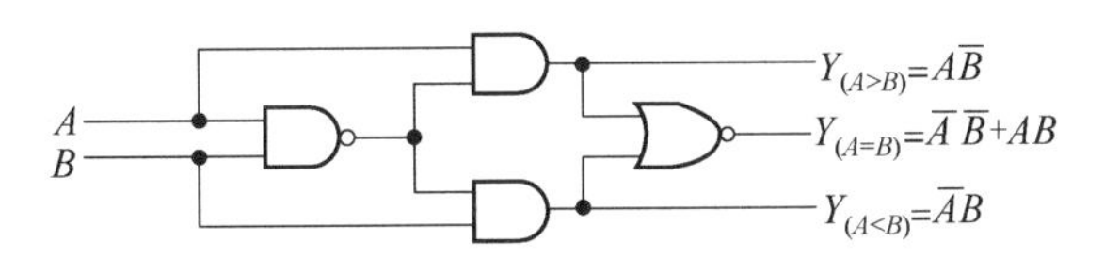

图 5.22 1 位数值比较器逻辑电路

(2)多位数值比较器

多位数值比较器逻辑电路如图 5.23 所示。

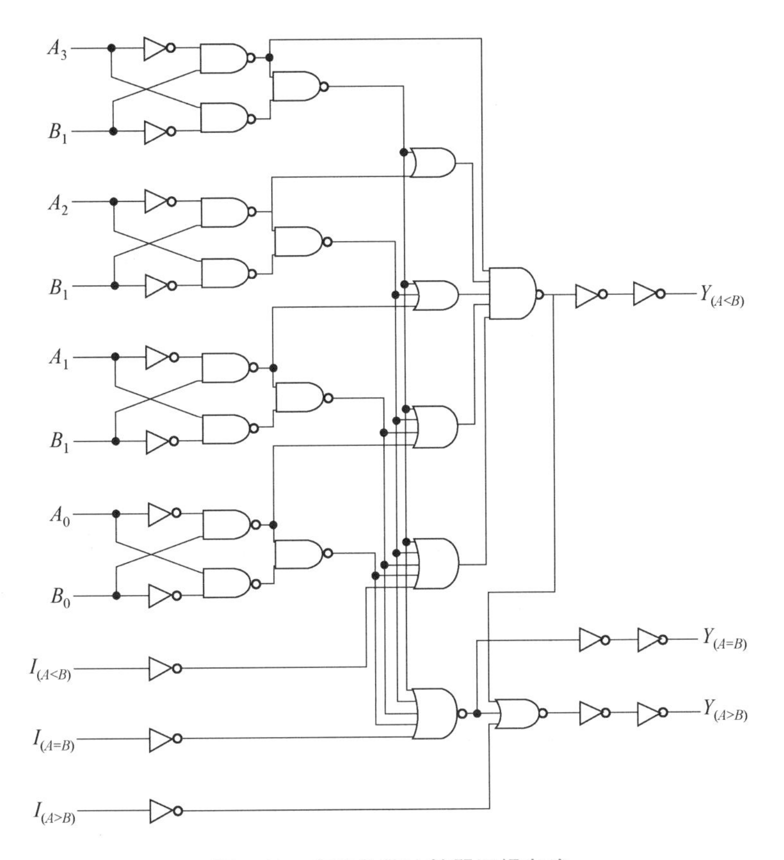

图 5.23 多位数值比较器逻辑电路

多位数值比较器的原理从高位开始比较,只有高位相等,才比较下一位。

5. 加法器

(1)1 位加法器

1 位加法器可分为半加器和全加器两种类型。

①半加器。

不考虑来自低位的进位,将两个 1 位的二进制数相加,称为半加。实现半加运算的电路称为半加器。其真值表如表 5.22 所示。

表 5.22　半加器真值表

输入		输出	
A	*B*	*S*	*CO*
0	0	0	0
0	1	1	0
1	0	1	0
1	1	0	1

半加器由一个异或门和一个与门组成，如图 5.24 所示。

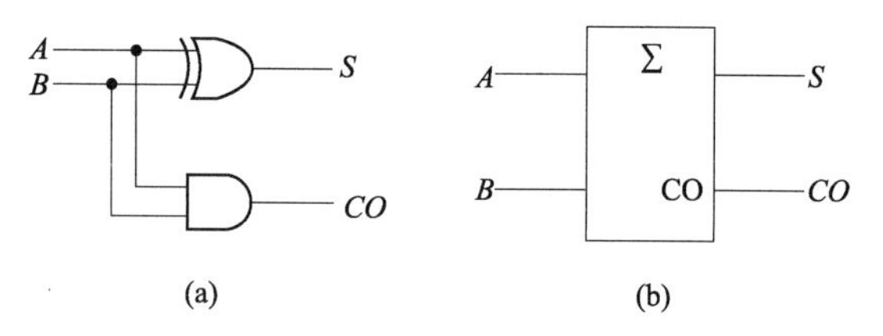

图 5.24　半加器的逻辑电路和图形符号

(a)逻辑电路；(b)图形符号

②全加器。

将两个多位二进制数相加，除了最低位以外，每一位都考虑来自低位的进位，即将两个对应位的加数和来自低位的进位 3 个数相加的运算，称为全加，实现全加运算的电路称为全加器。1 位全加器真值表如表 5.23 所示。

表 5.23　1 位全加器真值表

输入			输出	
A	*B*	*CI*	*S*	*CO*
0	0	0	0	0
0	0	1	1	0
0	1	0	1	0
0	1	1	0	1
1	0	0	1	0
1	0	1	0	1
1	1	0	0	1
1	1	1	1	1

全加器的电路结构有多种形式，如图 5.25 所示的逻辑电路就是其中一种。

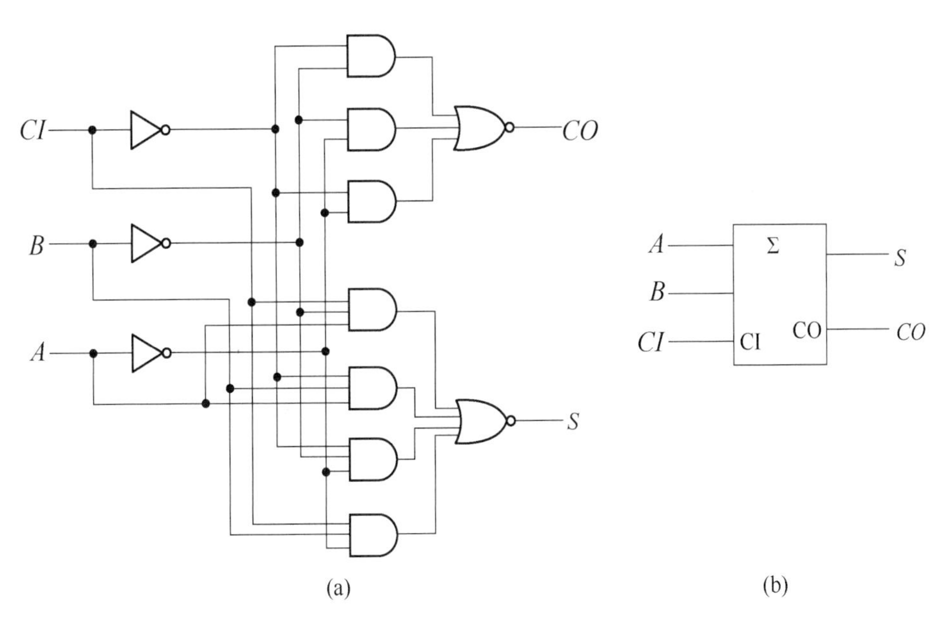

图 5.25　双全加器 74LS183 逻辑电路及图形符号

(a)逻辑电路;(b)图形符号

(2)多位加法器

多位加法器可分为串行进位加法器和超前进位加法器两种类型。

①串行进位加法器。

两个多位数相加时每一位都是带进位相加的,所以必须用到全加器。依次将低位全加器的进位输出端 CO 接到高位全加器的进位输入端 CI,就构成了多位加法器。这种电路每一位的相加结果都必须等到低一位的进位产生以后才能建立起来,因此将这种结构的电路称为串行进位加法器,如图 5.26 所示。

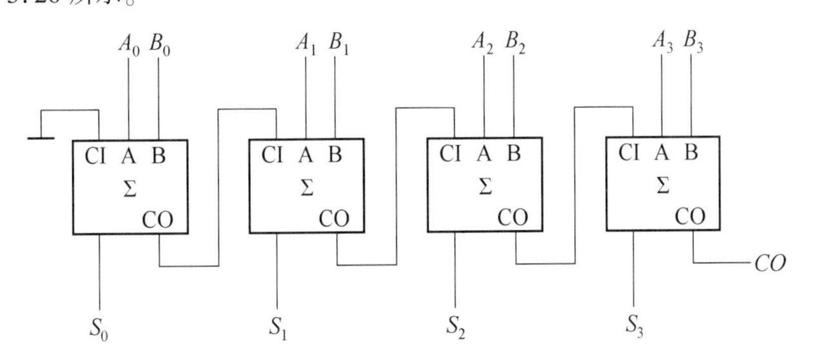

图 5.26　4 位串行进位加法器逻辑电路

②超前进位加法器。

加到第 i 位的进位输入信号是两个加数第 i 位以前各位($0 \sim i-1$)的函数,可在相加前由 A、B 两数确定,采用这种结构的加法器称为超前进位加法器,如图 5.27 所示。

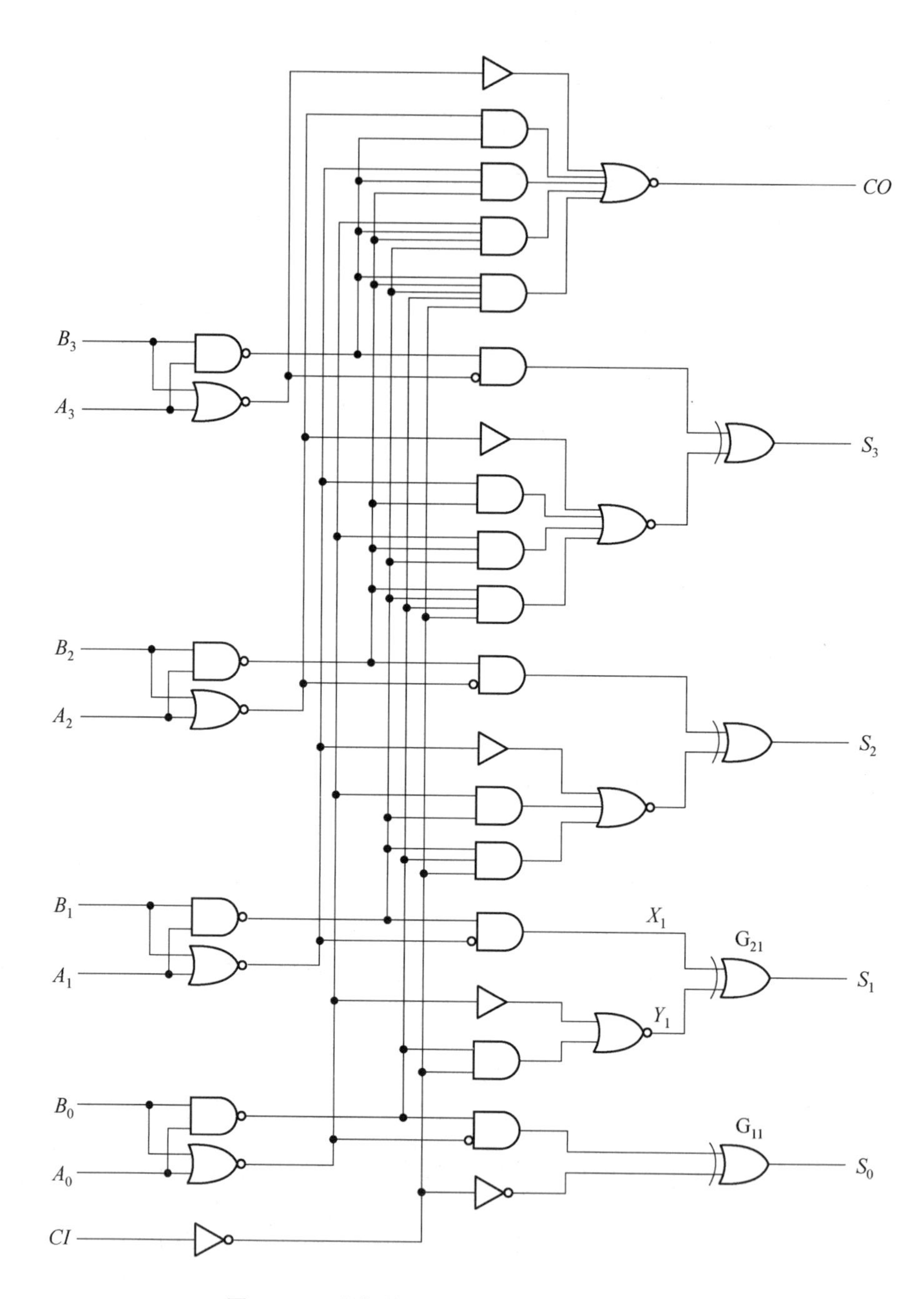

图 5.27　4 位超前进位加法器 74LS283 逻辑电路

2.5　组合逻辑电路中的竞争 – 冒险现象

两个输入“同时向相反的逻辑电平变化”，称其存在“竞争”，因“竞争”而可能在输出产生尖峰脉冲的现象，称为“竞争 – 冒险”现象，如图 5.28 所示。

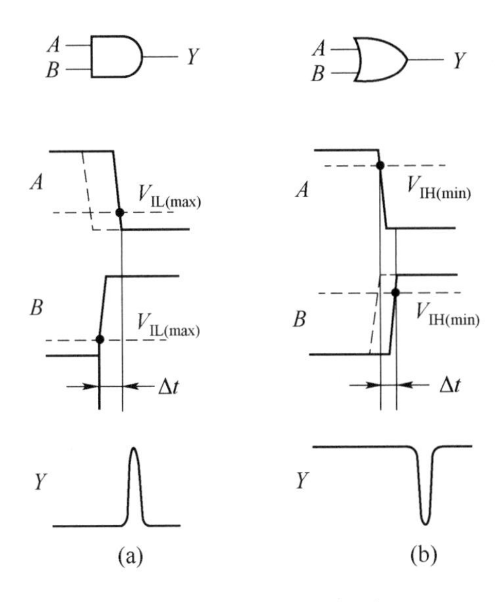

图 5.28 竞争－冒险现象

(a)2 输入与门竞争冒险;(b)2 输入或门竞争冒险

消除竞争－冒险现象的方法有以下 3 种。

(1)接入滤波电容

尖峰脉冲很窄,用很小的电容就可将尖峰削弱到 V_{IH}以下。

(2)引入选通脉冲

引入的选通脉冲,在每次电平变化时刻之后产生,并且在下次电平变化时刻之前结束,在选通脉冲持续区间输出信号。这样就避开了可能出现的冒险“毛刺”。

(3)修改逻辑设计

例:$Y=AB+\overline{A}C$ 在 $B=C=1$ 的条件下,$Y=A+\overline{A}$,由此得出稳态下 $Y=1$,当 A 状态改变时存在竞争－冒险,如图 5.29 所示,请对此电路的逻辑进行修改。

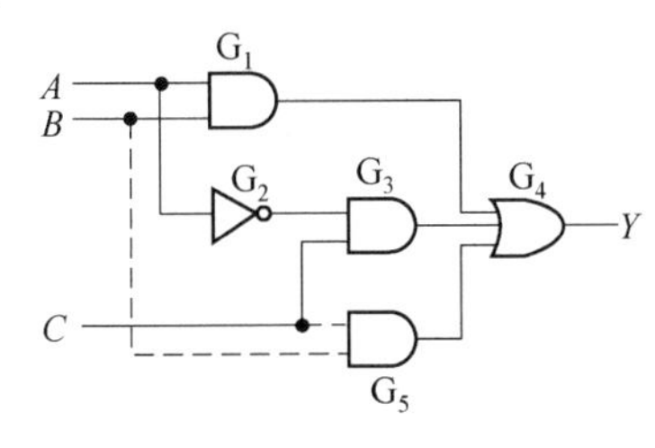

图 5.29 加入 G_5 前电路存在竞争－冒险

修改逻辑设计后 $Y=AB+\overline{A}C+BC$,即在图中加入 G_5。

拓展训练

训练 1:用 AD 16.1.12 软件绘制出超声波测距的电路原理图以及 PCB。

训练 2:在 Proteus 中仿真超声波测距电路,调试单片机程序并下载到单片机中。超声波测距仿真电路如图 5.30 所示。

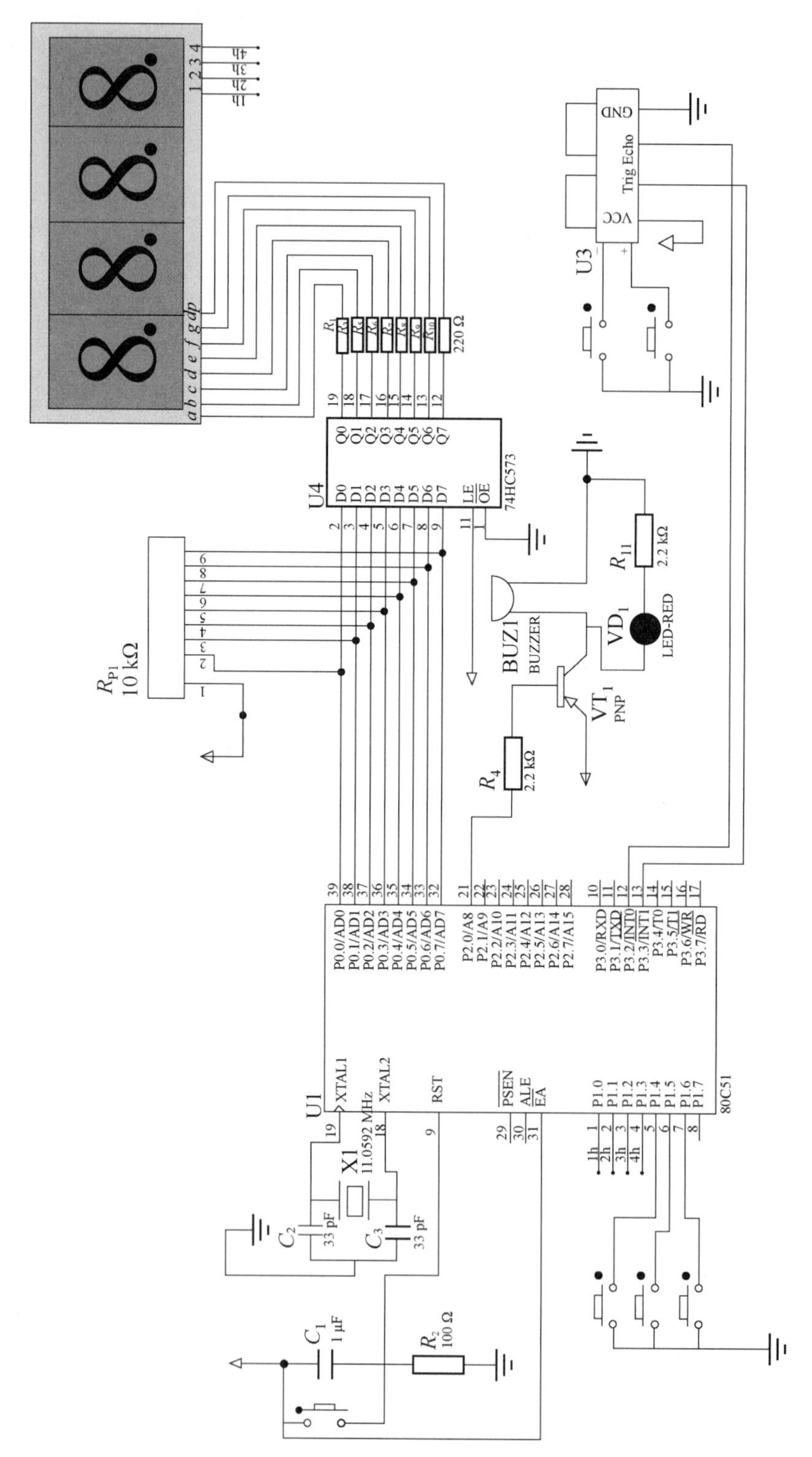

图 5.30 超声波测距仿真电路

项目6 物体流量计数器的制作与调试

物体流量计概述：计量是工业生产的眼睛。流量计量是计量科学技术的组成部分之一，它与国民经济、国防建设、科学研究有密切的关系。做好这一工作，对保证产品质量、提高生产效率、促进科学技术的发展都具有重要的作用，特别是在能源危机、工业生产自动化程度越来越高的当今时代，流量计在国民经济中的地位与作用更加明显。

学习情境描述

木工车间生产线每生产10件物料需要做一个整体打包，为实现自动化打包，避免多装或漏装情况的发生，生产方提出要配备物流计数器。计数器硬件电路安装和现场调试通过后，每完成10件物料，电路启动打包程序，并发出提示音。

学习目标

①能正确描述物体流量计数器电路各个模块的功能。

②能够根据电路原理图中的芯片型号，找出计数器芯片的基本数据。

③能够读懂计数器芯片资料中的时序图，并对芯片进行检测。

④能按照要求和相关工艺规范完成电路的装接，正确完成电路的通电测试，并实现其功能。

⑤通过计数器电路的实践与学习，了解时序电路的概念和特点。

任务书

根据已提供的物体流量计数器电路的元器件清单（见表6.1）正确检测并清点元器件数量，准备焊接工具电烙铁、焊锡丝、镊子、斜口钳、万用表等。结合给出的电路原理图（见图6.1），焊接完成物体流量计数器电路，实现计数达到指定值后启动执行单元并且蜂鸣器发出计满提示音的功能。

表6.1 物体流量计数器电路元器件清单

序号	器件名称	参数	位号	封装	数量
1	电阻	2.2 kΩ	R_1	0805R	1
2	电阻	10 kΩ	R_4、R_6、R_7、R_9、R_{11}、R_{12}	0805R	6

续表

序号	器件名称	参数	位号	封装	数量
3	电阻	1 kΩ	R_2、R_5、R_8、R_{10}	0805R	4
4	电阻	4.7 kΩ	R_3	0805R	1
5	电阻	1.5 kΩ	R_{20}	0805R	1
6	电阻	360 Ω	R_{13}、R_{14}、R_{15}、R_{16}、R_{17}、R_{18}、R_{19}	0805R	7
7	可调电阻	2 kΩ	R_{P1}	直插	1
8	可调电阻	10 kΩ	R_{P2}	直插	1
9	电解电容	10 μF/25 V	C_3	RB3.5-8	1
10	电容	0.1 μF	C_2、C_5、C_6、C_9、C_{10}	PIN2	5
11	电解电容	220 μF/25 V	C_1、C_4、C_7、C_8	RB7.6-15	4
12	二极管	1N4007	VD_1、VD_2、VD_3、VD_4、VD_5	DO-41	5
13	二极管	1N4148	VD_6、VD_7	DO-41	2
14	稳压二极管	2.2 V /0.5 W	VZ	DO-41	1
15	发光二极管	绿色	LED_2	LED_#5	1
16	发光二极管	红色	LED_1	LED_#5	1
17	红外发射管	白色	HF1	LED_#5	1
18	红外接收管	黑色	HF2	LED_#5	1
19	晶体管	C1815	VT_1、VT_2、VT_3、VT_4、VT_5	TO-226	5
20	数码管	共阳	DS1	Blue-CK	1
21	接线端子	CON2	P1	PIN-2	1
22	复位开关	SW6*6	S_1	SW_3-6-2.5	1
23	集成电路	NE555	U1	DIP8-300_MH	1
24	集成电路	CD4518	U2	DIP16-300_MH	1
25	集成电路	CD4511	U3	DIP16-300_MH	1
26	继电器	JQC-3F	K	HRS1H	1
27	蜂鸣器	DC 5 V	LS1	BEEP5×9×5.5	1

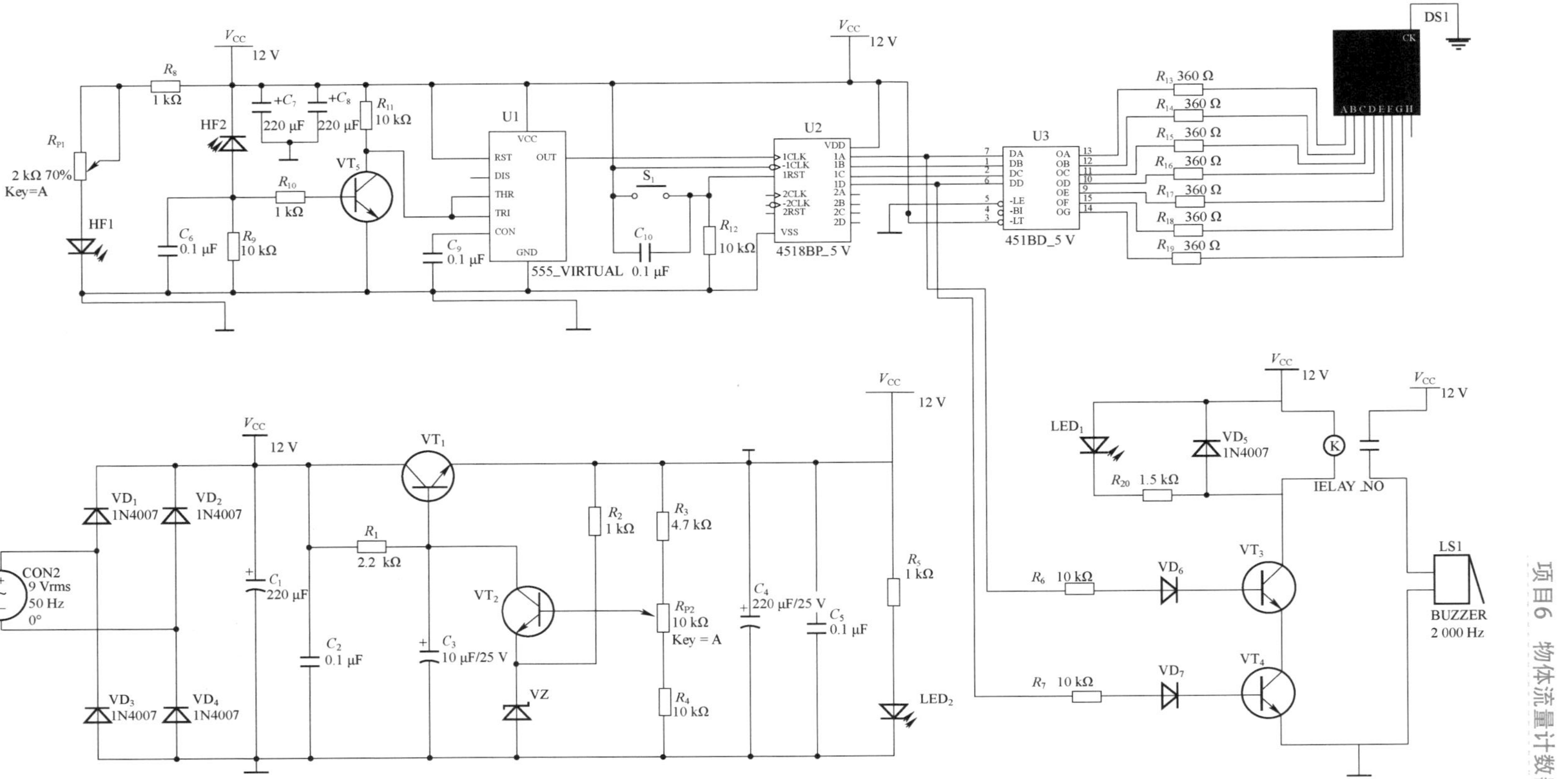

图6.1　物体流量计数器电路原理图

任务分组

针对本任务对学生进行分组，并将分组情况填入表6.2中。

表6.2　学生任务分配表

<table>
<tr><td>班级</td><td></td><td>组号</td><td></td><td>指导老师</td><td></td></tr>
<tr><td>组长</td><td></td><td>学号</td><td colspan="3"></td></tr>
<tr><td>组员</td><td colspan="5"><table><tr><td>姓名</td><td>学号</td></tr><tr><td></td><td></td></tr><tr><td></td><td></td></tr><tr><td></td><td></td></tr></table><table><tr><td>姓名</td><td>学号</td></tr><tr><td></td><td></td></tr><tr><td></td><td></td></tr><tr><td></td><td></td></tr></table></td></tr>
<tr><td>任务分工</td><td colspan="5"></td></tr>
</table>

获取信息

引导问题1：熟悉物体流量计数器电路的成品外观，了解其工作原理。物体流量计数器电路的超声波模块实物如图6.2所示。

图6.2　物体流量计数器电路的超声波模块实物

①电路是如何检测到物料的数量变化的?

____

____

____

____

____

____

小提示:如图 6.1 所示,电路通电以后红外发射管 HF1 发射出红外线;红外接收管 HJ1 接收到红外线时导通,未接收到红外线时截止。

红外发射管和接收管与我们常见的 ϕ5(即直径为 5 mm)的发光二极管外形相同,区别在于红外发射管为透明封装,如图 6.3(a)所示,红外接收管采用黑胶封装,如图 6.3(b)所示。

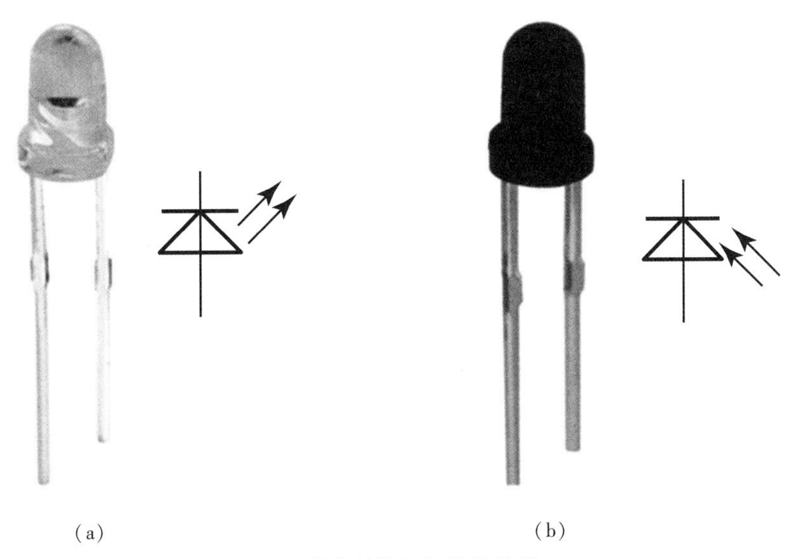

(a)　　　　(b)

图 6.3　红外发射管和红外接收管

(a)红外发射管及其图形符号;(b)红外接收管及其图形符号

②图 6.1 中 R_{P1} 的作用是什么? 能否去掉 R_8,为什么?

____

____

____

____

____

____

小提示:红外发射管在一定工作电流范围内正常工作,电流太低时发出的红外光非常微弱,电流太高则会烧坏发射管;在电压不变的串联支路中,电阻越大,支路中电流越小,电阻越小,支路中电流越大;在工作电流范围内,电流越大,发射管发出的红外线越强。

③图 6.1 中红外接收管收到红外线和未收到红外线时，晶体管 VT_5 的基极对地电压如何变化，集电极电压如何变化，变大还是变小？

____

____

____

____

____

____

小提示：回顾晶体管放大电路知识。

④图 6.1 中 U1 的作用是什么？

____

____

____

____

____

____

小提示：模拟信号在传输的过程中，很容易收到来自内部或外界的干扰，从而引起电路的误动作，为避免这一现象发生，我们可以利用由电子电路构成的门限电压（称为阈值）去衡量输入的信号。只有达到某一电压 a 以上，电路才有输出值；只有电压降到 b 以下，电路才停止输出，且 $a>b$。这样电路会生成整齐的脉冲，也就是数字信号。

NE555 时基电路是一种具有广泛用途的单片机集成电路，外接适当的元件可以轻松地组成多谐振荡器、单稳态触发器、施密特触发器等。

⑤查阅资料，写出 NE555 芯片各引脚的名称和作用，并对照芯片实物，指出芯片的第一引脚。

____

____

____

____

____

____

小提示：芯片或芯片座的一端有缺口。

⑥根据图 6.1 中给出的 U2，在网上查询其功能并下载其芯片资料，写出其在电路中的作用。

____

____

____

小提示：推荐查询“中国电子网”。

⑦根据下载的芯片资料，写出 U2 芯片的每个引脚名称和作用。

小提示：本电路中采用的是二－十进制（8421 编码）同步加法计数器，在一个封装中含有两个单元的加法计数器。它采用并行进位方式，每输入一个脉冲，计数输出端表示的二进制数就加 1。当输入 10 个脉冲时，计数单元恢复到初始状态。

⑧分别画出 CD4518 芯片在脉冲信号上升沿触发和下降沿触发的接线方式，并思考它们在电路实际运用中的区别。

小提示：CD4518 芯片每个单元有两个时钟输入端 *CLK* 和 －*CLK*。当选用 －*CLK* 信号下降沿触发时，触发信号从 －*CLK* 引脚输入，*CLK* 端置 0；如果采用信号上升沿触发，则触发信号从 *CLK* 引脚输入，－*CLK* 端置 1。*RST* 端是清零端，当 *RST* 端置 0 时，计数器开始计数，当 *RST* 端置 1 时，输出端 1*A*、1*B*、1*C*、1*D* 输出均为 0。其真值表如表 6.3 所示。

表 6.3　CD4518 芯片的真值表

CLK	－*CLK*	*RST*	作用
↑	1	0	增量计数器
0	↓	0	增量计数器
↓	X	0	不变
X	↑	0	不变
↑	0	0	不变
1	↓	0	不变
X	X	1	1*A*1*B*1*C*1*D*

注：X＝任意电平，1＝高电平，0＝低电平。

⑨当计数器选择在上升沿触发，画出输入端输入 10 个脉冲信号时，1A、1B、1C、1D 端在每个脉冲输入时的电平变化。

⑩本任务中使用了 CD4511 芯片，请查阅相关资料，写出它每个引脚的名称及作用。

小提示：CD4511 是一款用于驱动数码管的七段译码器，能提供较大的拉电流，具有 BCD 转换、消隐和锁存控制、七段译码及驱动功能。图 6.4 中引脚名称上有横线的表示低电平有效。

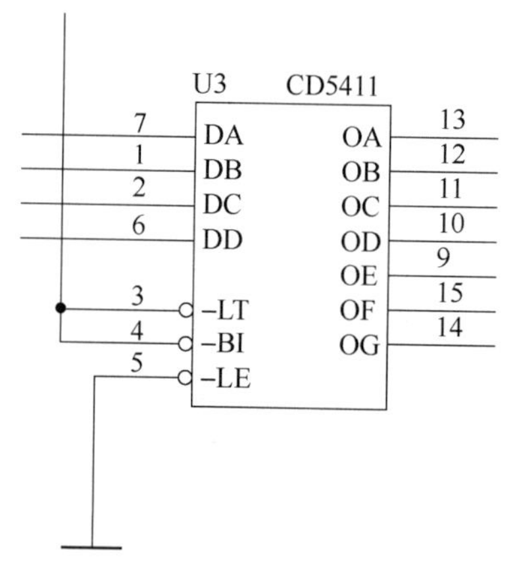

图 6.4　CD4511 组成框图

⑪CD4511 芯片的真值表如表 6.4 所示，写出当它驱动显示字符“9”时，各端口的电平情况。

表 6.4　CD4511 真值表

LE	*BI*	*LT*	*DD*	*DC*	*DB*	*DA*	*a*	*b*	*c*	*d*	*e*	*f*	*g*	显示
×	×	0	×	×	×	×	×	1	1	1	1	1	1	8
×	0	1	×	×	×	×	0	0	0	0	0	0	0	熄灭
0	1	1	0	0	0	0	1	1	1	1	1	1	0	0
0	1	1	0	0	0	1	0	1	1	0	0	0	0	1
0	1	1	0	0	1	0	1	1	0	1	1	0	1	2
0	1	1	0	0	1	1	1	1	1	1	0	0	1	3
0	1	1	0	1	0	0	0	1	1	0	0	1	1	4
0	1	1	0	1	0	1	1	0	1	1	0	1	1	5
0	1	1	0	1	1	0	0	0	1	1	1	1	1	6
0	1	1	0	1	1	1	1	1	1	0	0	0	0	7

⑫本任务中采用的数码管(见图 6.5)是共阴还是共阳的?

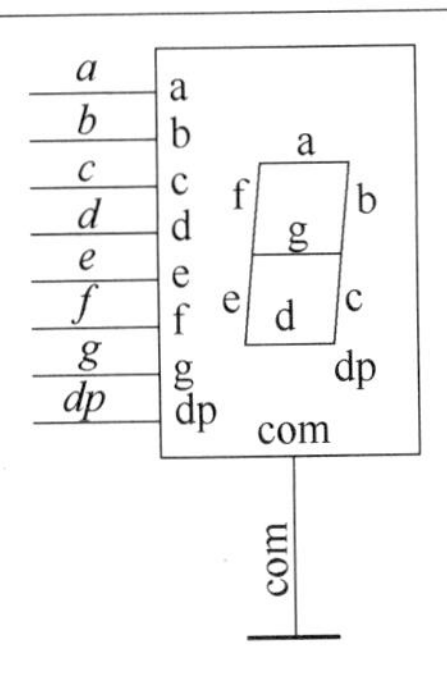

图 6.5　数码管原理图

⑫晶体管 VT_3、VT_4在什么情况下导通？它们的输出逻辑关系为哪一种？

小提示:逻辑关系有与、或、非、异或。

⑭写出电解电容 C_8 的作用。

⑮写出二极管 VD_5 的作用。

小提示:继电器的控制线圈有电感,当线圈突然断开时,会产生反电动势。

⑯电路正常工作时,若稳压二极管 VZ 被击穿,则其 C_4 两端电压如何变化?

⑰电路正常工作时,若 R_1 开路,C_4 两端电压如何变化?

⑱电路中 VT_5 的作用是什么?根据电路的实测参数,计算出晶体管 VT_5 的实际功率。

工作计划

①制订工作方案，并填入表6.5中。

表6.5　工作方案

步骤	工作内容	负责人
1		
2		
3		
4		
5		
6		
7		

②写出物体流量计数器的工作原理。

____

____

____

____

____

____

③列出电路所需仪表、工具、耗材和器材清单，并填入表6.6中。

表6.6　器具清单

序号	名称	数量	负责人

工作实施

1. 按照本组任务制订的计划实施

①领取元器件及材料。

②检查元器件,包括数量和参数。

③按照焊接工艺要求分模块进行焊接,每焊接完成一个模块,测试其功能。

④焊接完成之后,检测印制电路板无短路、无虚焊后,即可上电测试。

2. 焊接调试的步骤

①识读电路原理图,明确所用元器件及其作用,熟悉电路工作原理。

②按照 PCB 上元器件位号进行元器件焊接,焊接顺序:先焊接贴片元器件,后焊接直插元器件,先焊接矮的元器件,后焊接高的元器件。

③印制电路板焊接完成之后,先用万用表检测印制电路板有无短路,并观察有无虚焊。确认无短路、无虚焊之后,不要插接芯片,要先上电测试电路电压是否正常。

④测试电路电压正常后,断开电源,逐个插接芯片,并上电测试各模块功能,确保有问题能够提前发现,快速定位故障点。

⑤确保每个模块都能正常工作后,上电测试计数器电路,观察数码管的数字变化。

3. 测试电路参数

①使用毫伏表测量 VT_1 的基极电压为________V。

②用万用表测量 C_7 两端电压为________V。

③K 未闭合时测量整机工作电流为________mA。

④电路工作正常时 LED_2 两端电压是________,R_5 的作用是________,R_5 其实际功耗是________。

⑤当有物体经过时,VT_5 集电极电压为________;无物体经过时,VT_5 集电极电压为________。

⑥当 K 吸合时,测量 VT_1 和 VT_2 引脚的电压并填入表 6.7 中。

表 6.7　VT_1 和 VT_2 电压测量

晶体管	VT_1			VT_2		
引脚	c	b	e	c	b	e
电压						

⑦电路在正常工作时,测量测试点 U1 的 OUT 引脚的波形,并画在图 6.6 中。其周期 T = ________ms;幅度 U_{P-P} = ________V。

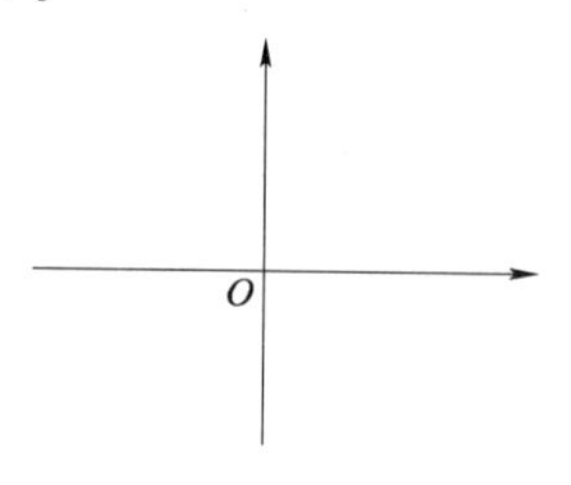

图 6　U1 的 OUT 引脚波形

评价反馈

各组代表展示作品,介绍任务的完成过程。作品展示前应该准备阐述材料,并完成评价表 6.8 ~ 表 6.11 的记录填写。

表 6.8　学生自评表

班级：________　姓名：：________　学号：________				
任务：物体流量计数器的制作与调试				
序号	评价项目	评价标准	分值	得分
1	完成时间	是否在规定时间内完成任务	10 分	
2	相关理论填写	正确率 100% 为 20 分	20 分	
3	技能训练	操作规范，焊接过程中无异常，工艺良好	10 分	
4	完成质量	电路实现计数器的预定功能	20 分	
5	调试优化	仪器仪表操作无误，数据清晰翔实	10 分	
6	工作态度	态度端正，无迟到、旷课现象	10 分	
7	职业素养	安全生产、保护环境、爱护设施	10 分	
8	材料总结汇报情况	条理清晰，重点突出	10 分	
合计				

表 6.9　学生互评表

任务：物体流量计数器的制作与调试							
序号	评价项目	分值	等级				评价对象____组
1	计划合理	10 分	优 10 分	良 8 分	中 6 分	差 4 分	
2	方案正确	10 分	优 10 分	良 8 分	中 6 分	差 4 分	
3	团队合作	10 分	优 10 分	良 8 分	中 6 分	差 4 分	
4	组织有序	10 分	优 10 分	良 8 分	中 6 分	差 4 分	
5	工作质量	10 分	优 10 分	良 8 分	中 6 分	差 4 分	
6	工作效率	10 分	优 10 分	良 8 分	中 6 分	差 4 分	
7	工作完整	10 分	优 10 分	良 8 分	中 6 分	差 4 分	
8	工作规范	10 分	优 10 分	良 8 分	中 6 分	差 4 分	
9	效果展示	20 分	优 20 分	良 16 分	中 12 分	差 8 分	
合计							

表 6.10　教师评价表

班级：________　姓名：________　学号：________				
任务：物体流量计数器的制作与调试				
序号	评价项目	评价标准	分值	综合
1	考勤	无迟到、旷课、早退现象	10 分	
2	完成时间	是否按时完成	10 分	

续表

班级:________	姓名:________	学号:________		
任务:物体流量计数器的制作与调试				
3	引导问题填写	正确率100%为20分	20分	
4	规范操作	操作规范、焊接过程中无异常	10分	
5	完成质量	实现计数器的预期功能	20分	
6	参与讨论主动性	主动参与小组成员之间的协作	10分	
7	职业素养	安全生产、保护环境、爱护设施	10分	
8	成果展示	能准确汇报工作成果	10分	
合计				

表6.11　综合评价表

项目			
自评(20%)	小组互评(30%)	教师评价(50%)	综合得分

学习情境的相关知识点

知识点1:时序逻辑电路

1.1　时序逻辑电路的特点

1. 功能

任一时刻的输出不仅取决于该时刻的输入,还与电路原来的状态有关。

2. 电路结构的特点

①包含存储电路和组合电路。

②存储器状态和输入变量共同决定输出。

本任务电路中的输出显示,就典型的时序逻辑电路,它记录的是电路过去一段时间通过的物料个数之和。

1.2　时序逻辑电路的一般结构形式

时序逻辑电路的一般结构形式如图6.7所示。

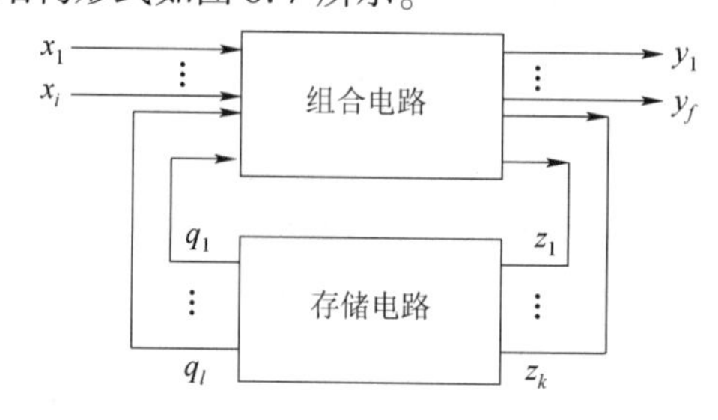

图6.7　时序逻辑电路的一般结构形式

时序电路结构与分类

1.3 时序逻辑电路的分类

按电路的工作方式分类可分为同步时序逻辑电路与异步时序逻辑电路。

同步:存储电路中所有触发器的时钟使用统一的 *CLK*,状态变化发生在同一时刻。

异步:存储电路中没有统一的 *CLK*,触发器状态的变化有先有后。

按电路输出对输入的依从关系可分为 Mealy 型和 Moore 型。

Mealy 型:$Y=F(X,Q)$与 X、Q 有关。

Moore 型:$Y=F(Q)$仅取决于电路状态。

时序逻辑电路的分析方法理论讲解

1.4 时序逻辑电路的分析方法

由逻辑图写出下列各逻辑函数。

①各触发器的时钟方程。

②时序逻辑电路的输出方程。

③各触发器的驱动方程。

时序逻辑电路分析举例

时序逻辑电路的分析步骤如下。

①将驱动方程代入相应触发器的特性方程,求得时序逻辑电路的状态方程。

②根据状态方程和输出方程,列出该时序逻辑电路的状态转换表,画出状态转换图或时序图。

时序逻辑电路分析验证实验

③根据电路的状态转换表或状态转换图说明给定时序逻辑电路的逻辑功能。

1.5 常用的时序逻辑电路

常用的时序逻辑电路有寄存器和移位寄存器两种。

(1)寄存器

①用于寄存一组二进制数,*N* 位寄存器由 *N* 个触发器组成,可存放一组 *N* 位二进制数。

②只要求其中每个触发器可置 1、置 0。

(2)移位寄存器

移位寄存器具有存储代码和移位功能。移位功能,是指寄存器里存储的代码能在移位脉冲的作用下依次右移或者左移。因此,移位寄存器除了可以用来寄存代码,还可以用来实现数据的串行—并行转换、数据处理以及数值的运算等。用 *D* 触发器构成的移位寄存器的逻辑电路如图 6.8 所示。

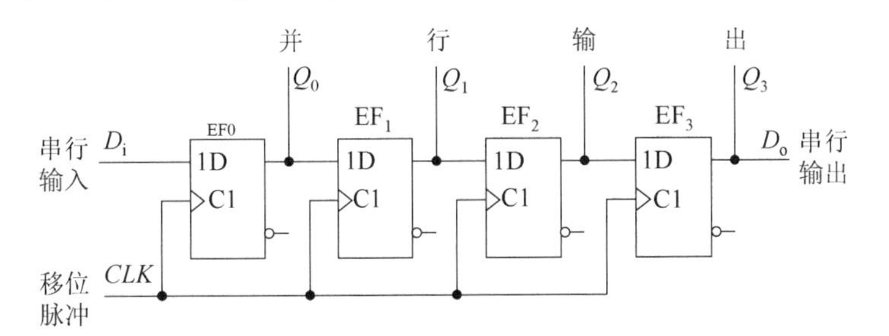

基本移位寄存器的原理

图 6.8 用 *D* 触发器构成的移位寄存器的逻辑电路

其时序图如图 6.9 所示。

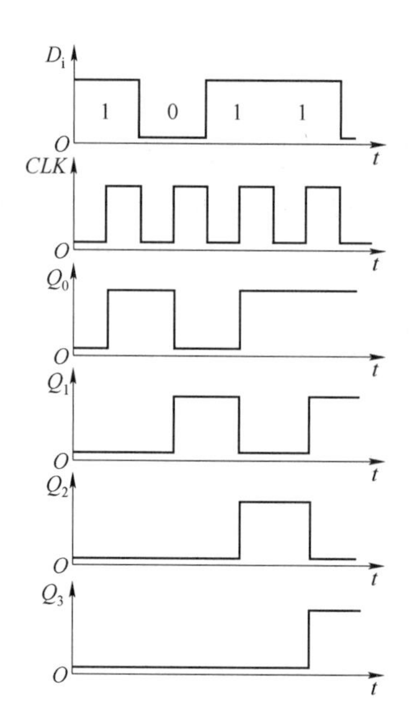

图 6.9　用 D 触发器构成的移位寄存器的时序图

基本移位寄存器的实验

双向移位寄存器的原理

四位双向移位寄存器构成四位流水灯

典型的移位寄存器芯片有 74LS194A,它是双向 4 位的。

1.6　时序逻辑电路的设计方法

时序逻辑电路设计的一般步骤如下。

1. 逻辑抽象,求出状态转换图或状态转换表

①确定输入/输出变量、电路状态数。

②定义输入/输出逻辑状态以及每个电路状态的含义,并对电路状态进行编号。

③按设计要求列出状态转换表,或画出状态转换图。

2. 状态化简

若两个状态在相同的输入下有相同的输出,并转换到同一个次态,则称为等价状态。等价状态可以合并。状态化简的步骤如下。

①状态分配(编码):确定触发器版图,给每个状态规定一个代码。

②选定触发器类型。

③求出状态方程、驱动方程、输出方程。

④画出逻辑图。

⑤检查能否自启动。

时序逻辑电路的设计流程如图 6.10 所示。

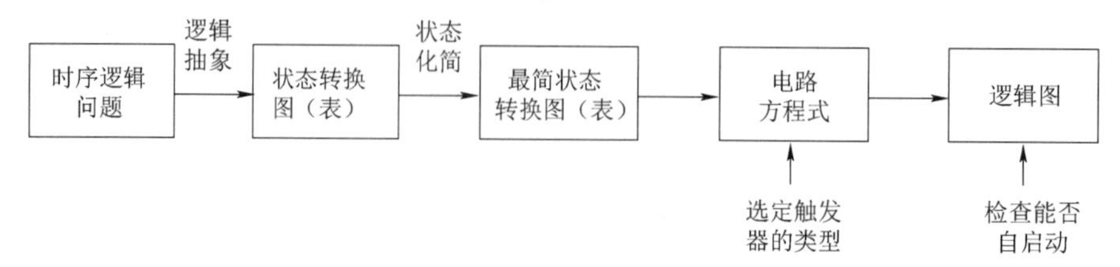

图 6.10　时序逻辑电路的设计流程

知识点 2:计数器

在数字电路中计数器主要用于计数、分频、定时、产生节拍脉冲等。计数器的分类如下。

①按计数进制可分为二进制计数器和非二进制计数器。非二进制计数器中最典型的是十进制计数器。

②按数字的增减趋势可分为加法计数器、减法计数器和可逆计数器(又称加减计数器)。

③按计数器中触发器的翻转是否与计数脉冲同步可分为同步计数器和异步计数器。

在本任务中我们采用的是二-十进制同步计数器。

2.1　同步计数器

同步计数器主要分为同步二进制计数器、同步十进制计数器两种。

1. 同步二进制计数器

同步二进制计数器分为同步二进制加法、减法、可逆计数器。

(1)同步二进制加法计数器

根据二进制加法运算规则:在多位二进制数末位加 1,若第 i 位以下皆为 1,则第 i 位应翻转。同步二进制加法计数器时序图如图 6.11 所示。

图 6.11　同步二进制加法计数器时序图

(2)同步二进制减法计数器

根据二进制减法运算规则:在多位二进制数末位减 1,若第 i 位以下皆为 0,则第 i 位应翻转。

(3)同步二进制可逆计数器

同步二进制可逆计数器按时钟分工的不同,可分为单时钟方式和双时钟方式。

①单时钟方式。

单时钟方式是指加/减脉冲用同一输入端，由加/减控制线的高低电平决定加/减。

②双时钟方式。

器件实例：74LS193（采用 T' 触发器，即 $T=1$）。

2. 同步十进制计数器

同步十进制计数器可分为同步十进制加法、减法、可逆计数器。

（1）同步十进制加法计数器

基本原理：在4位二进制计数器基础上修改，当计数到1001状态时，下一个 CLK 电路状态回到0000状态。

（2）同步十进制减法计数器

基本原理：对二进制减法计数器进行修改，在0000状态时减1后跳变为1001状态，然后按二进制减法计数即可。

（3）同步十进制可逆计数器

同步十进制可逆计数器的电路只用到0000～1001这10个状态。

任意计数器_置零法_74LS160_6进制计数器

2.2 异步计数器

异步计数器可分为异步二进制计数器和异步十进制计数器。

（1）异步二进制计数器

异步二进制计数器可分为异步二进制加法计数器和异步二进制减法计数器。

①异步二进制加法计数器。

基本原理：在末位加1时，以从低位到高位逐位进位的方式工作。其时序图如图6.12所示。

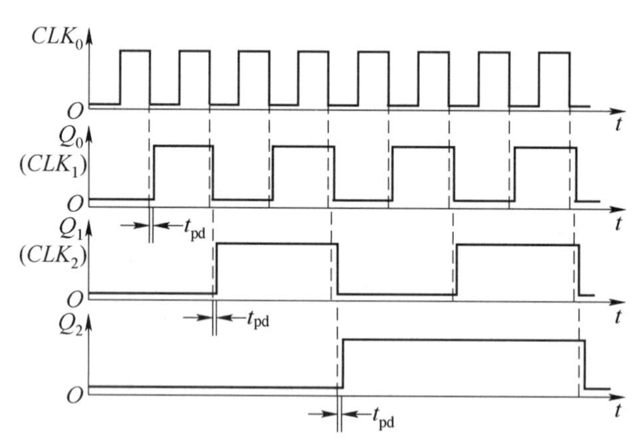

任意计数器_置数法_74LS160_6进制计数器

任意进制计数器_74LS160_100进制计数器

图6.12 异步二进制加法计数器的时序图

②异步二进制减法计数器。

基本原理：在末位减1时，以从低位到高位逐位借位的方式工作。其时序图如图6.13所示。

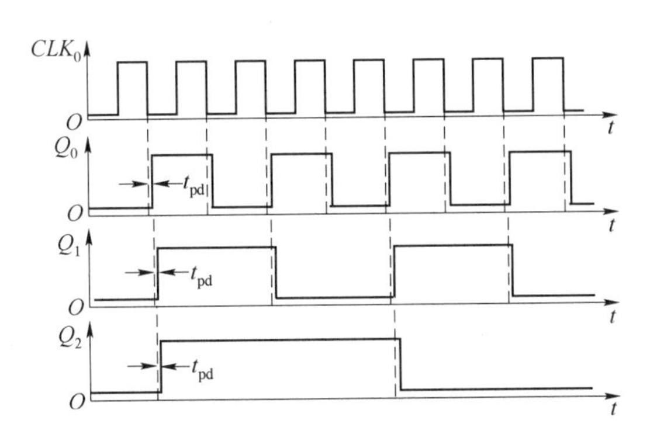

图 6.13　异步二进制减法计数器的时序图

(2)异步十进制计数器

异步十进制计数器主要介绍异步十进制加法计数器。典型的异步十进制加法计数器是二-五-十进制异步计数器 74LS290,其逻辑电路如图 6.14 所示。

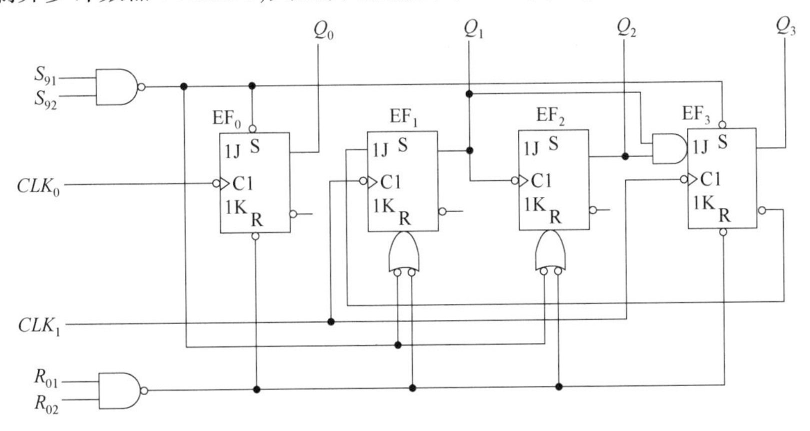

图 6.14　二-五-十进制异步计数器 74LS290 逻辑电路

异步十进制加法计数器是在 4 位异步二进制加法计数器上修改而成,修改时要跳过 1010～1111这 6 个状态。

知识点 3:物体流量计数器工作原理

物体流量计数器电路方框图如图 6.15 所示。主要由红外发射和接收、信号放大、信号整形、BCD 码计数、译码显示、启动信号和稳压电源组成。

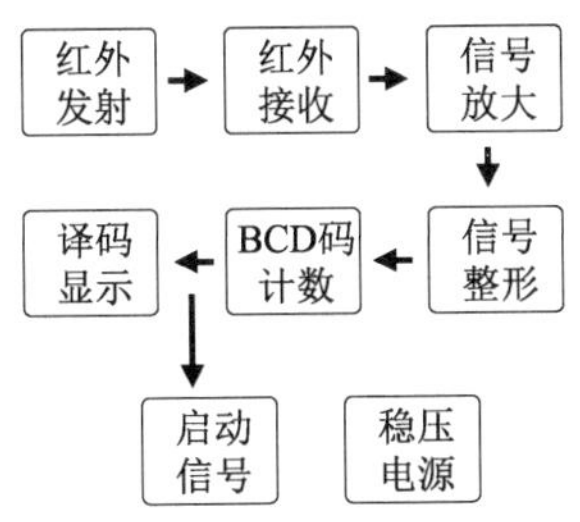

图 6.15　物体流量计数器电路方框图

电路通电后红外发射管发射的红外线直接射入红外接收管中,红外接收管导通。当物体经过时光线被遮挡,红外接收管截止,此信号通过由 VT_5 组成的放大电路,对信号进行放大处理,经过处理后的信号进入由 U1 组成的施密特触发电路,将模拟信号转换为脉冲信号,BCD 码加法计数器接收到此信号后,对脉冲上升沿进行加法计数处理,计数电路输出 $1A$、$1B$、$1C$、$1D$ 信号,分别送入译码显示电路和计满输出电路,译码显示电路由 U3 和七段数码管组成,U3 将接收的 BCD 码经过译码后驱动 LED 数码管,使其显示当前计数值,计满输出电路由 R_6、R_7、VT_3、VT_4 和 K 等元件组成,当 BCD 码输出为 1001 状态时继电器 K 吸合,蜂鸣器响,当计数达到 10 件物料时,信号输出启动自动封箱设备。

稳压电路主要由整流滤波电路和串联稳压电路组成。

拓展训练

训练 1:如果车间要求每生产 16 件物料打一个包,该如何调整电路,请给出你的调整方案及电路图,并用 AD 16.1.12 软件绘制出计数器的原理图(提示:CD4520 为二-十六进制计数器)。

____
____
____
____
____
____
____
____

训练 2:在 Multisim 中分别仿真该计数器电路的各功能模块,深入理解时序逻辑电路的概念及电路的设计与分析方法。

(1)十进制验证

CD4518 十进制验证仿真电路如图 6.16 所示。其输出信号波形如图 6.17 所示。

(2)信号整形电路验证

NE555 信号整形仿真电路如图 6.18 所示。其输入、输出信号波形如图 6.19 所示。

(3)电源电路仿真

电源电路仿真电路如图 6.20 所示。

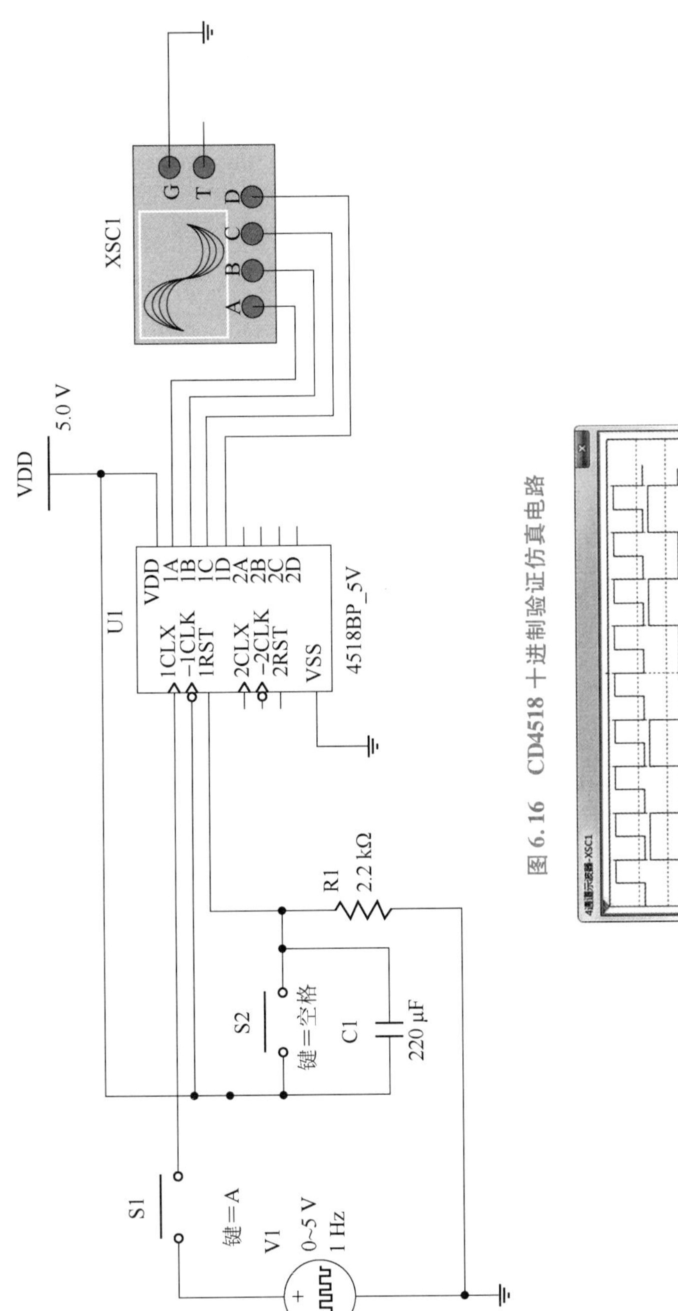

图 6.16 CD4518 十进制验证仿真电路

图 6.17 CD4518 十进制验证输出信号波形

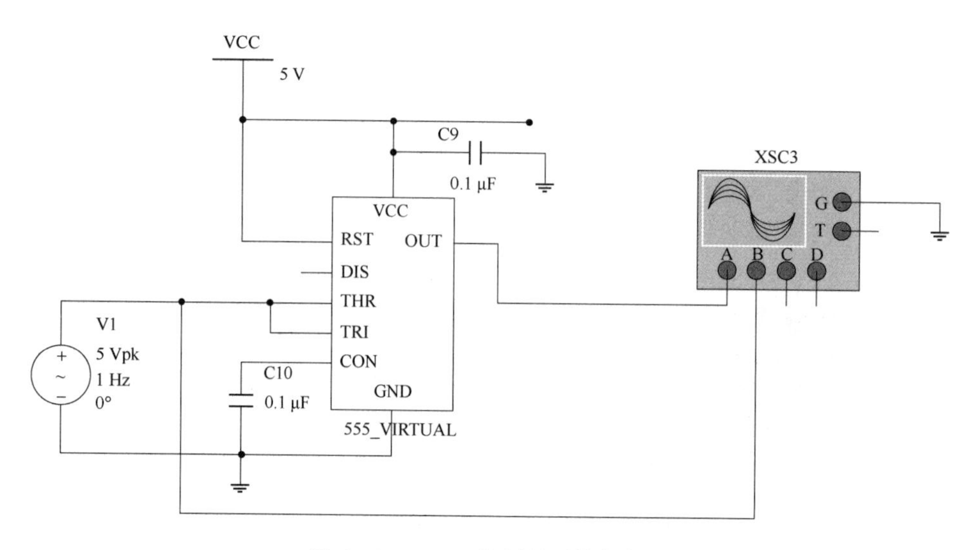

图 6.18　NE555 信号整形仿真电路

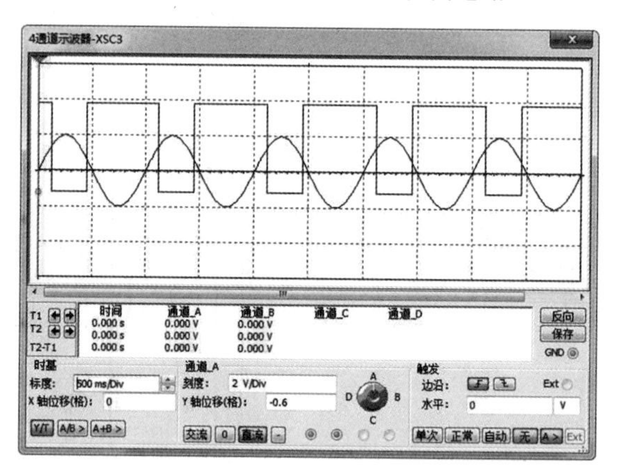

图 6.19　NE555 信号整形输入、输出信号波形

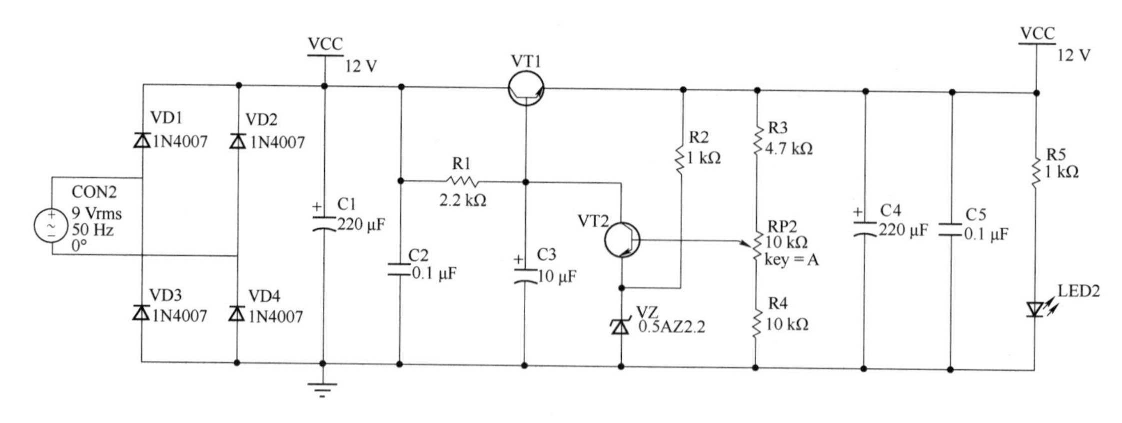

图 6.20　电源电路仿真电路

(4)计数器仿真

在仿真时可以采用正弦波信号模拟红外接收管两端的电压变化。计数器仿真电路如图 6.21 所示。

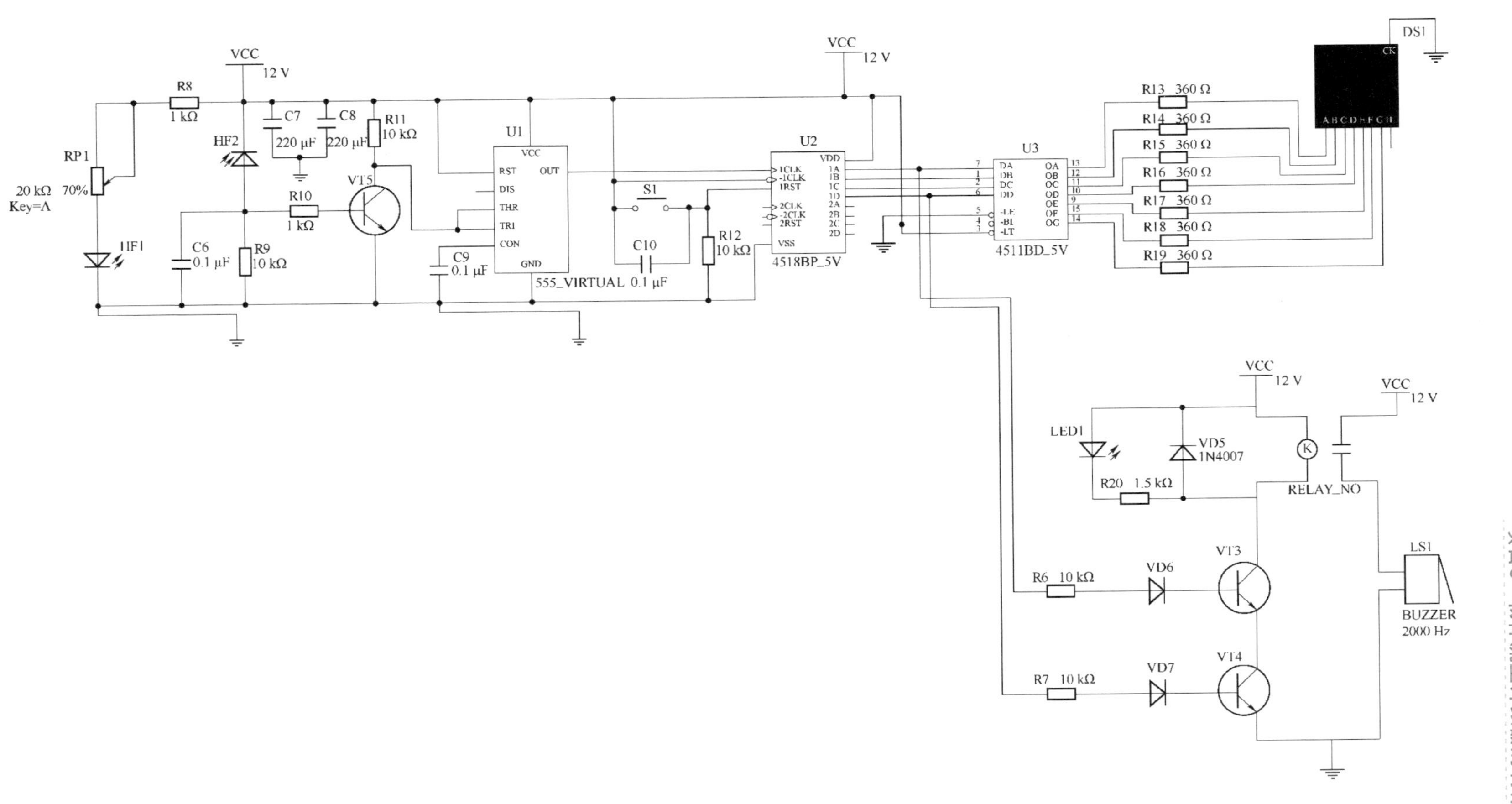

图 6.21　计数器仿真电路

项目7　自动温度报警器的制作与调试

自动温度报警器概述：温度是表征物体冷热程度的物理量，它可以通过物体随温度变化的某些特性（如电阻、电压变化等特性）来间接测量。通过研究发现，金属铂（Pt）的电阻值跟温度的变化成正比，并且具有很好的重现性和稳定性，利用铂的此种物理特性制成的传感器称为铂电阻温度传感器 RTD（Resistance Temperature Detector），通常使用的铂电阻温度传感器零度电阻值为 100 Ω，电阻值变化率为 0.385 1 Ω/℃。铂电阻温度传感器精度高，稳定性好，应用温度范围广，是中低温区（-200～650℃）最常用的一种温度检测器，不仅广泛应用于工业测温，而且被制成各种标准温度计（涵盖国家和世界基准温度）供计量和校准使用。

学习情境描述

木板加工环节中，需要将制作木板的原材料秸秆进行刨花干燥处理。在对秸秆干燥的过程中，还需要控制加热设备的温度，使干燥过程中的温度维持在一个恒定值。那么如何用电子电路实现环境温度的恒定控制呢？

学习目标

①根据自动温度报警器元器件清单正确识别元器件并清点元器件数量。

②能识读电路原理图中温度采集比较电路，并说出电路原理图中相关元器件的作用。

③能认读电路原理图中脉冲信号产生电路及数码显示电路，并说出电路原理图中相关元器件的作用。

④按照工艺要求正确地将元器件焊接到印制电路板上。

⑤完成全部电路的安装，并对印制电路板进行上电调试。

任务书

根据已提供的自动温度报警器的元器件清单（见表 7.1）正确识别并清点元器件数量，准备焊接工具电烙铁、焊锡丝、镊子、斜口钳、万用表等。焊接完成自动温度报警电路，如图 7.1 所示，能实现对环境温度的报警，即当温度超过上限值时，启动温度报警。

表 7.1 自动温度报警器元器件清单

序号	元器件名称	参数	位号	封装	数量
1	蜂鸣器	DC 5 V	B1	BEEP5X9X5.5	1
2	贴片电解电容	1 000 μF	C_1	CMA(3 * 5.4)	1
3	直插电容	470 μF	C_2	RB7.6 – 15	1
4	直插电容	220 μF	C_4	RB7.6 – 15	1
5	无极性贴片电容	103	C_3、C_5	C0805	2
6	整流二极管	1N4007	VD_1、VD_2、VD_3、VD_4、VD_6	DO – 41	4
7	5 mm 插件 LED		VD_5	LED5MM – B	1
8	高速开关二极管	1N4148	VD_7、VD_8、VD_9、VD_{10}、VD_{11}、VD_{12}、VD_{13}、VD_{14}	MINI_MELF (LL34)	8
9	5 V 单路双控继电器	HRS1H – S – DC 5 V	JK_1	HRS1H	1
10	2P 接插件	HDR – 1X2	P1、P2	HDR – 1X2	2
11	低噪放大 – NPN 型	9014	VT_1	TO92A	1
12	贴片电阻	2 kΩ	R_1、R_4、R_5	R0805	3
13	贴片电阻	5.1 kΩ	R_2、R_3	R0805	2
14	贴片电阻	100 kΩ	R_6	R0805	1
15	贴片电阻	20 kΩ	R_7	R0805	1
16	贴片电阻	510 Ω	R_8、R_9、R_{10}、R_{11}、R_{12}、R_{13}、R_{14}	R0805	7
17	插件单联电位器	10 kΩ	R_{P1}	CLK_VOLUME	1
18	插件单联电位器	5 kΩ	R_{P2}	CLK_VOLUME	1
19	钼电阻	1.5 kΩ	R_{T1}	HDR1X2	1
20	1 路波动开关	SS – 12F23	S_1	MSK – 12C01 – 07	1
21	测试环	TESTTP	T_1、T_2、T_3、T_4、T_5、T_6、T_7、T_8、T_9、T_{10}、T_{11}、T_{12}	TESTTP1.4_B	12
22	电源稳压芯片	7812	U1	D2PAK_N	1
23	双路运放	LM358	U2	SOP8_N	1
24	NE555		U3	DIP8 – 300_MH	1
25	CD4017		U4	DIP16 – 300_MH	1
26	七段译码器	CD4511	U5	DIP16 – 300	1
27	七段共阴数码管	DpyRed – CC	U6	DpyRed – CC	1

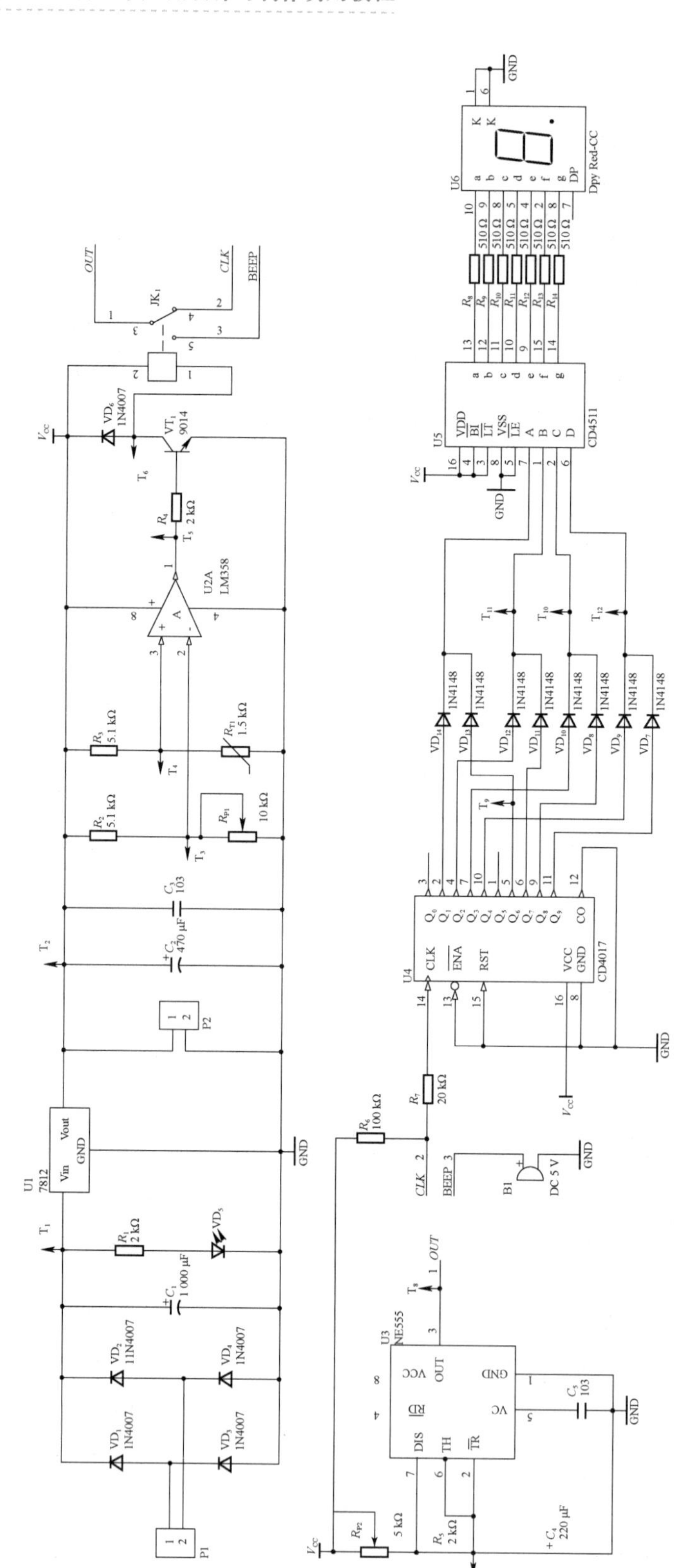

图7.1 自动温度报警电路原理

任务分组

针对本任务对学生进行分组,并将分组情况填入表7.2中。

表7.2　学生任务分配表

<table>
<tr><td>班级</td><td></td><td>组号</td><td></td><td>指导老师</td><td></td></tr>
<tr><td>组长</td><td></td><td>学号</td><td colspan="3"></td></tr>
<tr><td>组员</td><td colspan="5"><table><tr><td>姓名</td><td>学号</td></tr><tr><td></td><td></td></tr><tr><td></td><td></td></tr><tr><td></td><td></td></tr></table><table><tr><td>姓名</td><td>学号</td></tr><tr><td></td><td></td></tr><tr><td></td><td></td></tr><tr><td></td><td></td></tr></table></td></tr>
<tr><td>任务分工</td><td colspan="5"></td></tr>
</table>

获取信息

引导问题1:认识电源电路。

①图7.2中的VD_1、VD_2、VD_3、VD_4这4个元器件的名称是什么?在电路中主要起什么作用?

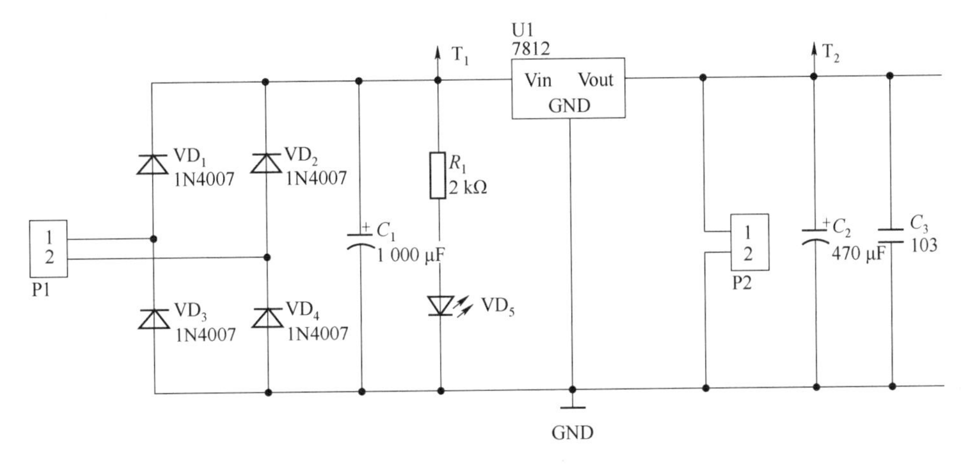

图7.2　电源电路

小提示：回顾半导体基础知识；在该电路中 VD_1、VD_2、VD_3、VD_4 4 个器件的作用都是相同的。

②在图 7.2 中稳压芯片 U1 的具体型号是什么？在电路中有什么作用？

小提示：集成稳压电路有 3 个引脚，分别为输入端、输出端和公共端，因而称为三端稳压电路；三端稳压电路的功能是使输出直流电压基本不受电网电压波动和负载电阻值变化的影响，从而获得足够高的稳定性。

③请使用万用表中的电压挡测量 P2 两端的电压。

小提示：万用表可以测量电压、电流和电阻值，万用表按照显示方式可以分为指针式万用表和数字式万用表，是一种多功能、多量程的测量仪表。万用表在测量直流电压时要选择合适的挡位。

引导问题 2：认识比较电路。

①在图 7.3 中，请说出 R_{T1} 是什么元器件？其在电路中的主要作用是什么？LM358 在电路中的作用是什么？

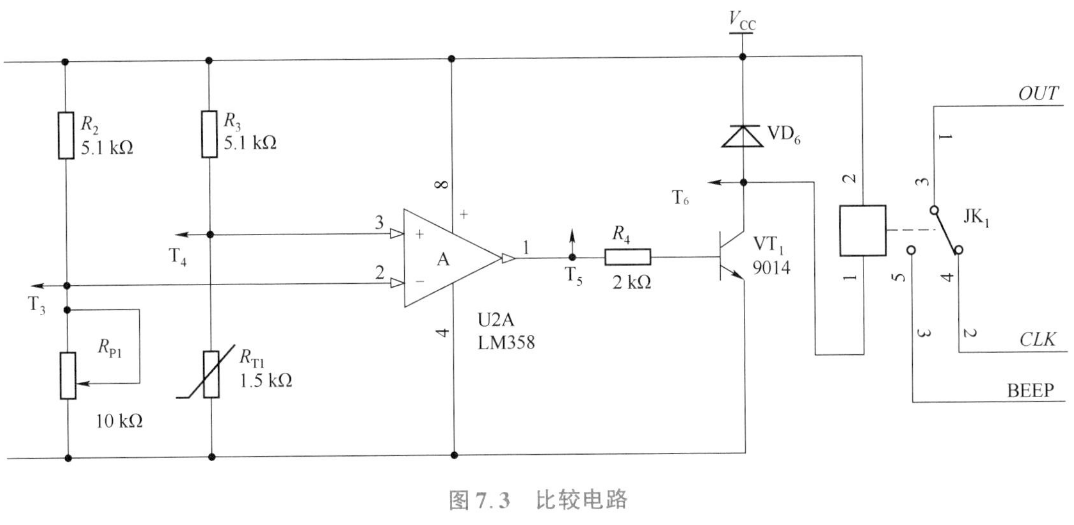

图 7.3 比较电路

小提示：热敏电阻是敏感元件的一类，按照温度系数不同可以分为正温度系数热敏电阻（PTC）和负温度系数热敏电阻（NTC）。热敏电阻的典型特点是对温度敏感，不同的温度下表现出不同的电阻值。正温度系数热敏电阻（PTC）在温度越高时电阻值越大，负温度系数电阻（NTC）在温度越高时电阻值越低，它们同属于半导体器件。注意图中热敏电阻 R_{T1} 的电阻值是在环境温度为 25 ℃时测得的。

②根据图 7.3 说出 R_{P1} 在电路中起什么作用？VD_6 在电路中起什么作用？

小提示：电位器是具有 3 个引出端、电阻值可按某种变化规律调节的电阻元件。电位器通常由电阻体和可移动的电刷组成。当电刷沿电阻体移动时，在输出端即可获得与位移量成一定关系的电阻值。电阻器的作用是调节电压和电流的大小。

③请查阅相关资料，写出本次任务中所用到的 LM358 芯片的每个引脚名称和作用。

小提示：LM358 是双运算放大器，里面有两个高增益、独立的、内部频率补偿的双运放，适用于电压范围很宽的单电源，而且也适用于双电源工作方式，它的应用范围包括传感放大器、直流增益模块和其他所有单电源供电的使用运放的地方。

LM358 内部具有双运放，3 脚为同相输入端，采集热敏电阻的电压，当温度改变时，也就改变了采集的热敏电阻两端的电压；2 脚为反相输入端，R_2 与 R_{P1} 构成分压电路，当 R_{P1} 的电阻值改变时，即改变了参考电压。

LM358 在本电路中作比较器，比较热敏电阻与参考电压，当温度超过上限值时，运放 1 脚输出高电平；当温度恢复正常时，运放 1 脚输出低电平。可调节参考电压改变温度上限值。

引导问题 3：认识多谐振荡电路。

①本次任务中所使用到的 NE555 芯片如图 7.4 所示，请查阅相关资料，写出它每个引脚的名称及作用。

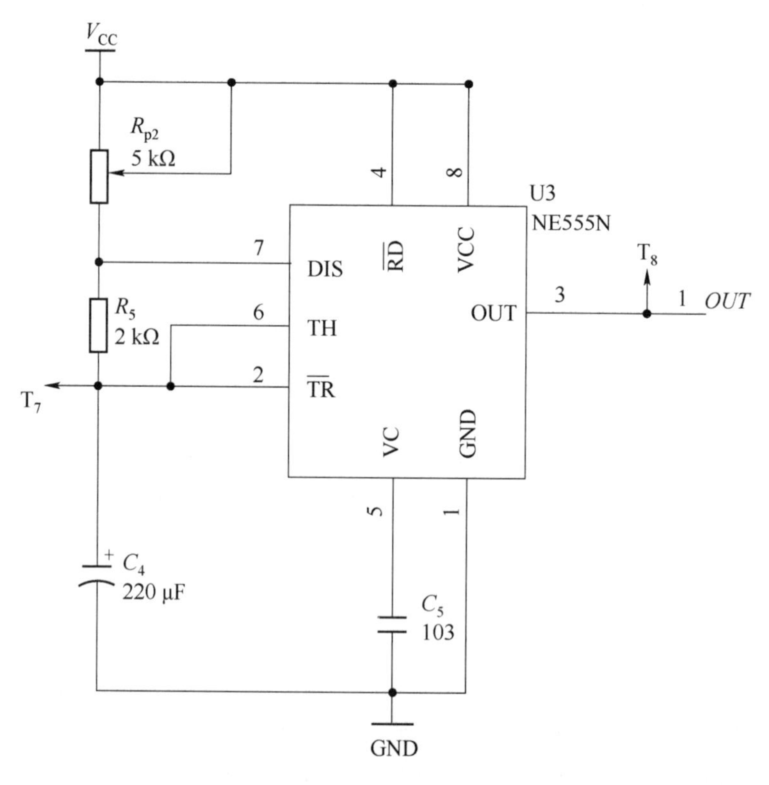

图 7.4　由 NE555 构成的多谐振荡电路

____

____

____

____

小提示：NE555 是属于 555 系列的计时 IC（集成电路）的其中一种型号，555 系列 IC 的引脚功能及运用都是相容的，只是型号、价格的不同导致其稳定度、省电、可产生的振荡频率也不相同；而 555 是一个用途很广且相当普遍的计时 IC，只需少数的电阻和电容，便可产生数位电路所需的各种不同频率的脉冲信号。

②根据图 7.4，请用示波器测量 T_8 测试点，并将产生的波形图绘制到图 7.5 中。

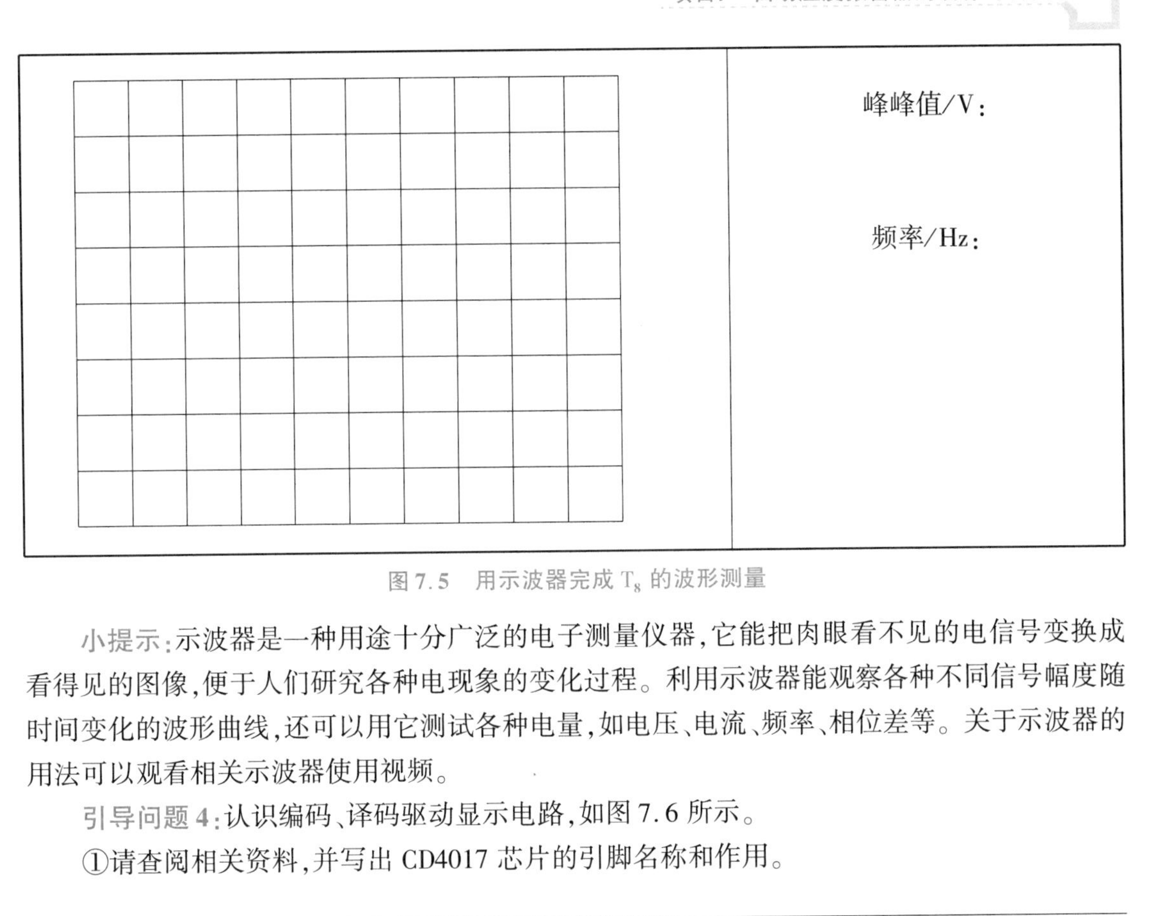

图 7.5　用示波器完成 T_8 的波形测量

小提示：示波器是一种用途十分广泛的电子测量仪器，它能把肉眼看不见的电信号变换成看得见的图像，便于人们研究各种电现象的变化过程。利用示波器能观察各种不同信号幅度随时间变化的波形曲线，还可以用它测试各种电量，如电压、电流、频率、相位差等。关于示波器的用法可以观看相关示波器使用视频。

引导问题 4：认识编码、译码驱动显示电路，如图 7.6 所示。

①请查阅相关资料，并写出 CD4017 芯片的引脚名称和作用。

______

______

______

______

______

______

小提示：CD4017 是一种十进制计数器/脉冲分配器，计数器在数字电路系统中主要是对脉冲信号进行计数，以实现测量、计数和控制的功能，同时具有分频(使输出信号频率为输入信号频率整数分之一)的功能。CD4017 能对输入的脉冲信号进行计数，并且能够将脉冲信号个数进行输出。

②请查阅相关资料，并写出 CD4511 译码驱动芯片的引脚名称和作用。

______

______

______

______

______

______

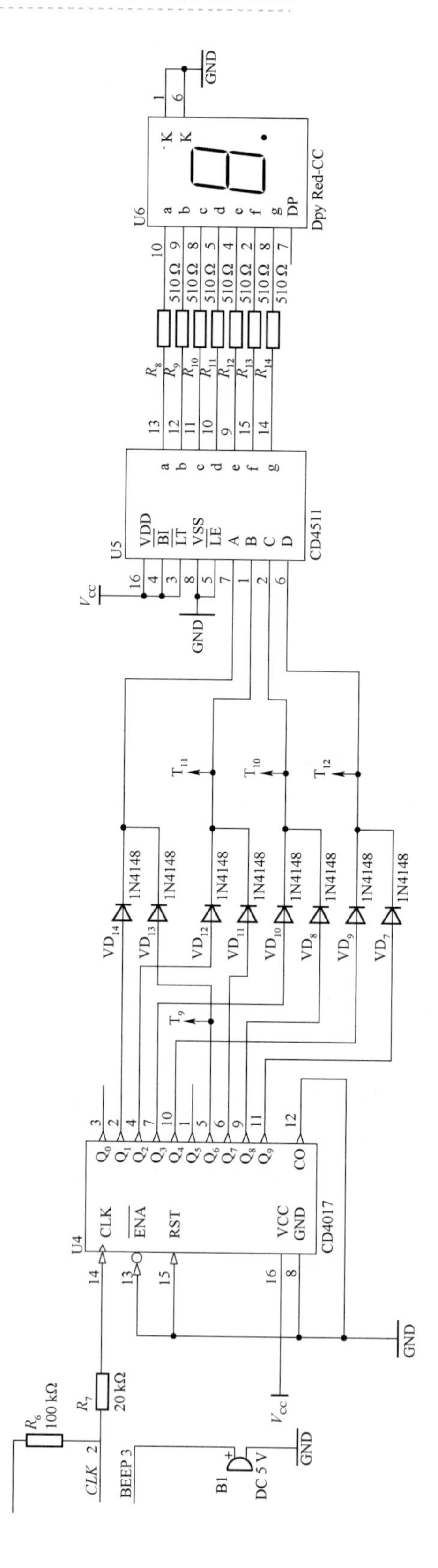

图7.6 编码、译码驱动显示电路

小提示：CD4511 是一块锁存/七段译码/驱动器，用于驱动共阴极数码管的 BCD 码七段译码器，具有 BCD 码转换、消隐和锁存控制和七段译码及驱动等功能。

③图 7.6 中的二极管实现了什么功能？

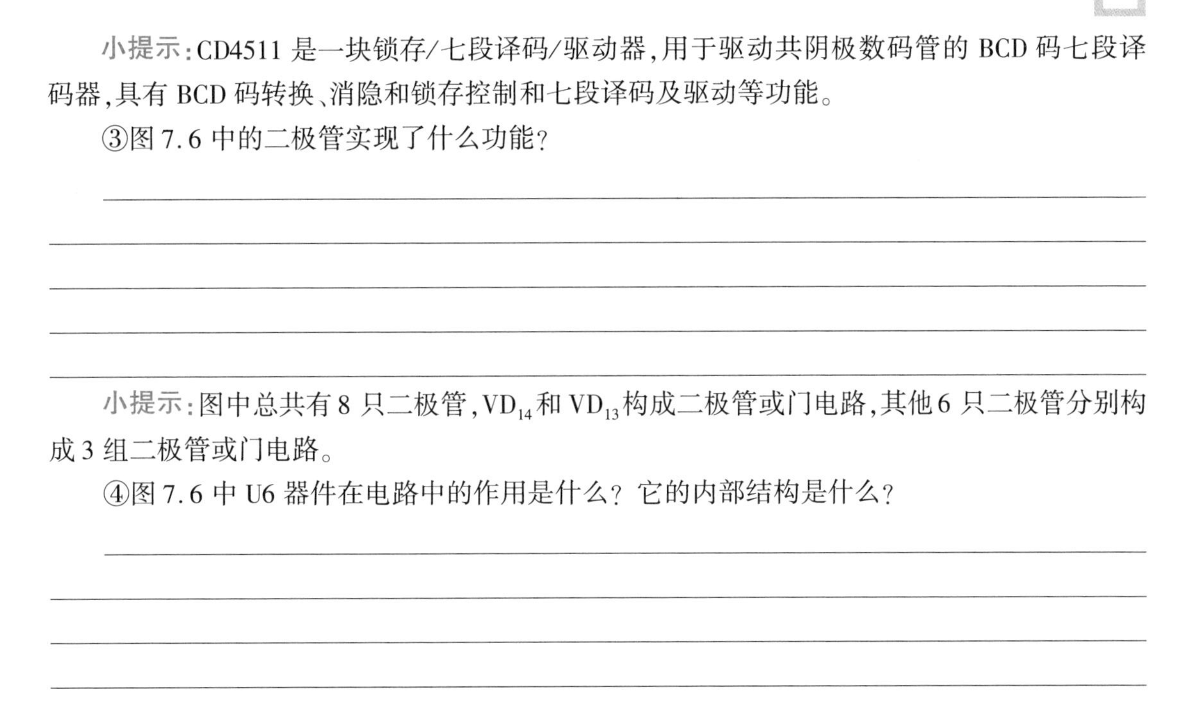

小提示：图中总共有 8 只二极管，VD_{14}和 VD_{13}构成二极管或门电路，其他 6 只二极管分别构成 3 组二极管或门电路。

④图 7.6 中 U6 器件在电路中的作用是什么？它的内部结构是什么？

小提示：为了能以十进制数码直观地显示数字系统的运行数据，目前广泛使用七段字符显示器，或称七段数码管。这种字符显示器由七段可发光的线段拼合而成，可发光的线段一般采用发光二极管（Light Emitting Diode，LED），因而也称它为 LED 数码管或 LED 七段显示器。数码管中一般都具有小数点，形成所谓的八段数码管，八段发光二极管的阴极全部连接在一起，属于共阴极类型，其外形和等级电路可参考“项目五”的图 5.21。为了增加使用的灵活性，同一规格的数码管一般都有共阴极和共阳极两种类型可供选择。

工作计划

①制订工作方案，并填入表 7.3 中。

表 7.3　工作方案

步骤	工作内容	负责人
1		
2		
3		
4		
5		
6		
7		

②写出自动温度报警器的工作原理。

______

______

______

______

______

______

③列出电路所需仪表、工具、耗材和器材清单，并填入表 7.4 中。

表 7.4　器具清单

序号	名称	数量	负责人

工作实施

1. 按照本组任务制订的计划实施

①领取元器件及材料。

②检查元器件。

③按照焊接工艺要求进行焊接。

④焊接完成之后，检测印制电路板无短路、无虚焊后，即可上电测试。

2. 焊接调试的步骤

①识读电路原理图，明确所用元器件及其作用，熟悉电路工作原理。

②按照 PCB 上元器件位号进行元器件焊接，焊接顺序：先焊接贴片元器件，后焊接直插元器件，先焊接矮的元器件，后焊接高的元器件。

③安装时要注意有极性元件，如集成芯片、电解电容、二极管的方向。

④印制电路板焊接完成之后，用肉眼及万用表检测印制电路板有无虚焊及短路等情况，无上述情况后即可上电测试。

⑤电源接 12 V，用电烙铁接近正温度系数热敏电阻 R_{T1}，报警电路发出声音报警；当电烙铁离开热敏电阻 R_{T1}，使热敏电阻 R_{T1} 感受到的温度在上限温度以下时，报警停止。

⑥焊接调试。

评价反馈

各组代表展示作品，介绍任务的完成过程。作品展示前应该准备阐述材料，并完成评价表 7.5 ~ 表 7.8 的记录填写。

表 7.5　学生自评表

班级:________		姓名:________	学号:________	
任务:自动温度报警器的制作与调试				
序号	评价项目	评价标准	分值	得分
1	完成时间	是否在规定时间内完成任务	10 分	
2	相关理论填写	正确率 100% 为 20 分	20 分	
3	技能训练	操作规范、焊接过程中无异常	10 分	
4	完成质量	整机能够实现温度报警的功能	20 分	
5	调试优化	改变电位器 R_{P1}、R_{P2} 使效果更好	10 分	
6	工作态度	态度端正,无迟到、旷课现象	10 分	
7	职业素养	安全生产、保护环境、爱护设施	20 分	
合计				

表 7.6　学生互评表

任务:自动温度报警器的制作与调试							
序号	评价项目	分值	等级				评价对象____组
1	计划合理	10 分	优 10 分	良 8 分	中 6 分	差 4 分	
2	方案正确	10 分	优 10 分	良 8 分	中 6 分	差 4 分	
3	团队合作	10 分	优 10 分	良 8 分	中 6 分	差 4 分	
4	组织有序	10 分	优 10 分	良 8 分	中 6 分	差 4 分	
5	工作质量	10 分	优 10 分	良 8 分	中 6 分	差 4 分	
6	工作效率	10 分	优 10 分	良 8 分	中 6 分	差 4 分	
7	工作完整	10 分	优 10 分	良 8 分	中 6 分	差 4 分	
8	工作规范	10 分	优 10 分	良 8 分	中 6 分	差 4 分	
9	效果展示	20 分	优 20 分	良 16 分	中 12 分	差 8 分	
合计							

表 7.7　教师评价表

班级:________		姓名:________	学号:________	
任务:自动温度报警器的制作与调试				
序号	评价项目	评价标准	分值	综合
1	考勤	无迟到、旷课、早退现象	10 分	
2	完成时间	是否按时完成	10 分	
3	引导问题填写	正确率 100% 为 20 分	20 分	

续表

班级：________ 姓名：________ 学号：________				
任务：自动温度报警器的制作与调试				
4	规范操作	操作规范、焊接过程中无异常	10 分	
5	完成质量	整机能够实现温度报警的功能	20 分	
6	参与讨论主动性	主动参与小组成员之间的协作	10 分	
7	职业素养	安全生产、保护环境、爱护设施	10 分	
8	成果展示	能准确汇报工作成果	10 分	
合计				

表 7.8 综合评价表

项目			
自评(20%)	小组互评(30%)	教师评价(50%)	综合得分

学习情境的相关知识点

知识点 1：直流稳压电源

在现阶段的电子设备中，不管是大功率的还是小功率的电子产品都需要一个稳定的直流电源供电，但是在人们的生活环境中除了电池就没有其他的直流电源了。因此，如何把 220 V 的交流电转换成我们需要的直流电呢？

那么，就需要直流稳压电源电路来提供所需要的直流电，其中直流稳压电源一共分为变压、整流、滤波、稳压 4 个部分，具体可参考图 4.12。

知识点 2：LM358 在温度报警器中的作用

LM358 是双运放，包括两个独立的、高增益、内部频率补偿的运放，适合于电源电压范围很宽的单电源使用，也适用于双电源工作模式，在推荐的工作条件下，电源电流与电源电压无关。它的使用范围包括传感放大器、直流增益模块和其他所有可用单电源供电的使用运放的场合。LM358 引脚如图 7.7 所示，其作比较器的电路如图 7.8 所示。

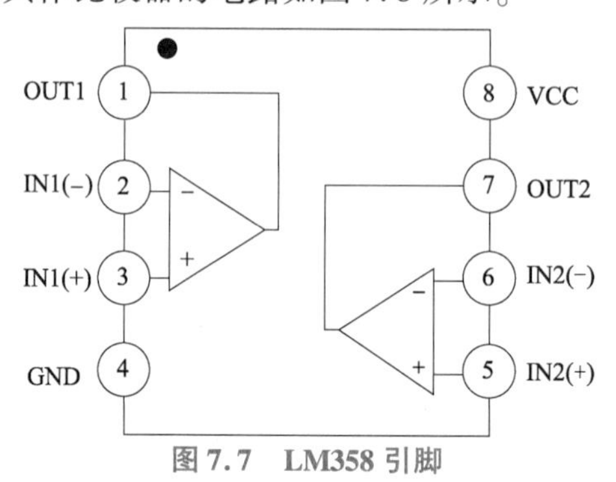

图 7.7 LM358 引脚

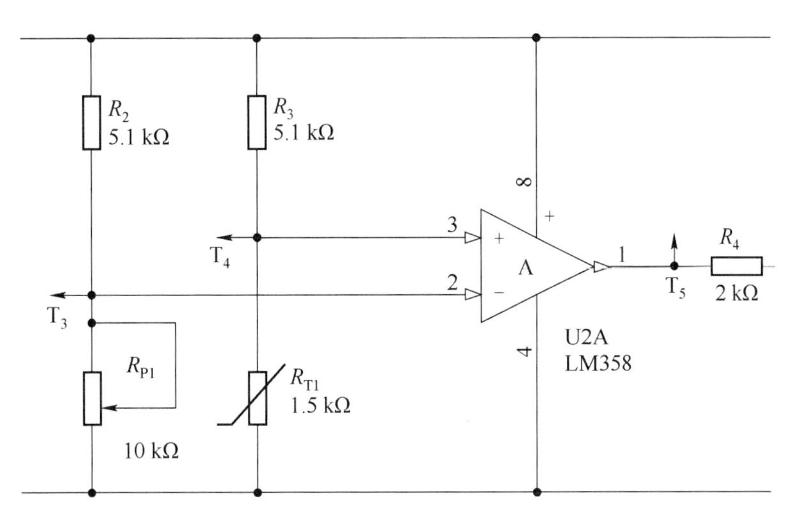

图 7.8　LM358 作比较器的电路

知识点 3：CD4017 在温度报警器中的作用

CD4017 是一种十进制计数器/脉冲分配器。CD4017 具有 10 个译码输出端，*CLK*、*RST*、$\overline{ENA}$输入端。时钟输入端的施密特触发器具有脉冲整形功能，对输入时钟脉冲上升和下降时间无限制。当$\overline{ENA}$为低电平时，CD4017 在 *CLK* 脉冲上升沿计数；当$\overline{ENA}$为高电平时，CD4017 计数功能无效。当 *RST* 为高电平时，CD4017 计数器清零。译码输出端一般为低电平，只有在对应时钟周期内保持高电平。在 *CLK* 时钟输入端，每输入 10 个时钟脉冲信号，*CO* 完成一次进位脉冲输出，并可用作多级计数器的下级脉冲时钟。其引脚如图 7.9 所示。

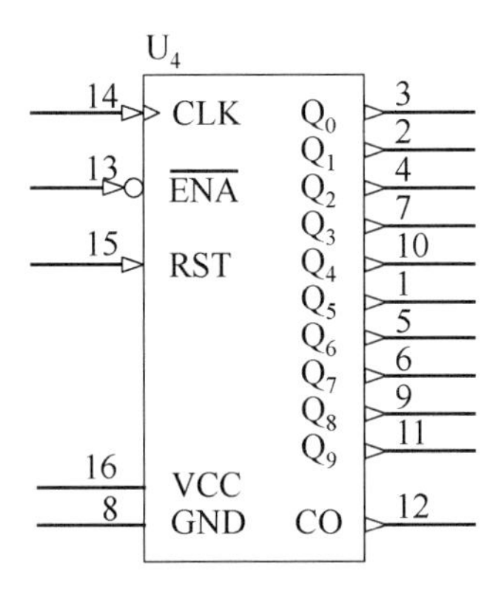

图 7.9　CD4017 引脚

如表 7.9 所示，在本任务中的温度报警器，CD4017 的 *CLK* 引脚输入由 NE555 构成的多谐振荡电路产生的矩形波脉冲信号，$\overline{ENA}$与 *RST* 引脚接地，使 CD4017 处于计数状态。也就是说，*CLK* 每接收一个脉冲，对应的脉冲输出端按照脉冲接收周期依次输出高电平。例如，*CLK* 接收到第 5 个脉冲上升沿时，$Q_4=1$，$Q_0\sim Q_3$、$Q_5\sim Q_9$全为低电平。

表 7.9　CD4017 真值表

输入			输出	
CLK	$\overline{ENA}$	RST	$Q_0 \sim Q_9$	CO
×	×	1	$Q_0=1$ 复位	计数脉冲为$Q_0 \sim Q_4$时，$CO=1$ 计数脉冲为$Q_5 \sim Q_9$时，$CO=5$
↑	0	0	计数	
↑	↓	0		
×	1	0	保持原来状态，禁止计数	
0	×	0	保持原来状态	
↓	×	0		
×	↑	0		

知识点 4：CD4511 在温度报警器中的作用

CD4511 是一块 BCD 锁存/七段译码/驱动器，用于驱动共阴极数码管显示器的 BCD 码七段译码器，具有 BCD 转换、消隐和锁存控制、七段译码及驱动功能的 CMOS 电路能提供较大的拉电流，可直接驱动共阴极数码管。CD4511 引脚如图 7.10 所示。其真值表如表 7.10 所示。

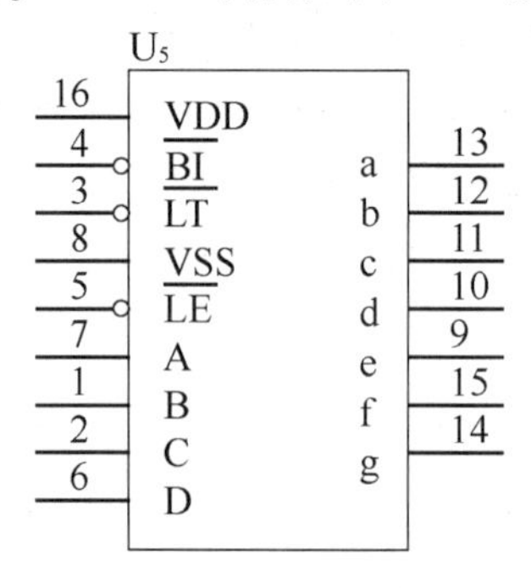

图 7.10　CD4511 引脚

表 7.10　CD4511 真值表

输入							输出							
$\overline{LE}$	$\overline{BI}$	$\overline{LT}$	D	C	B	A	a	b	c	d	e	f	g	显示
×	×	0	×	×	×	×	1	1	1	1	1	1	1	8
×	0	1	×	×	×	×	0	0	0	0	0	0	0	消隐
0	1	1	0	0	0	0	1	1	1	1	1	1	0	0
0	1	1	0	0	0	1	0	1	1	0	0	0	0	1
0	1	1	0	0	1	0	1	1	0	1	1	0	1	2
0	1	1	0	0	1	1	1	1	1	1	0	0	1	3

续表

输入							输出							
$\overline{LE}$	$\overline{BI}$	$\overline{LT}$	D	C	B	A	a	b	c	d	e	f	g	显示
0	1	1	0	1	0	0	0	1	1	0	0	1	1	4
0	1	1	0	1	0	1	1	0	1	1	0	1	1	5
0	1	1	0	1	1	0	0	0	1	1	1	1	1	6
0	1	1	0	1	1	1	1	1	1	0	0	0	0	7
0	1	1	1	0	0	0	1	1	1	1	1	1	1	8
0	1	1	1	0	0	1	1	1	1	0	0	1	1	9
0	1	1	1	0	1	0	0	0	0	0	0	0	0	消隐
0	1	1	1	0	1	1	0	0	0	0	0	0	0	消隐
0	1	1	1	1	0	0	0	0	0	0	0	0	0	消隐
0	1	1	1	1	0	1	0	0	0	0	0	0	0	消隐
0	1	1	1	1	1	0	0	0	0	0	0	0	0	消隐
0	1	1	1	1	1	1	0	0	0	0	0	0	0	消隐
1	1	1	×	×	×	×	锁存							锁存

在本电路中，CD4511将输入的二进制信号译码，然后直接驱动七段数码管显示对应的数字。

知识点5：二极管构成的或门

由二极管构成的或门电路如图7.11所示。该自动温度报警电路一上电，数码管就会循环显示数字0、1、2、4、8。那么CD4511的输入端A、B、C、D应该按照表7.11所示的规律变化，可以写出CD4511输入端与CD4017输出端之间的逻辑函数表达式：$A=Q_1+Q_6$，$B=Q_2+Q_7$，$C=Q_3+Q_8$，$D=Q_4+Q_9$。

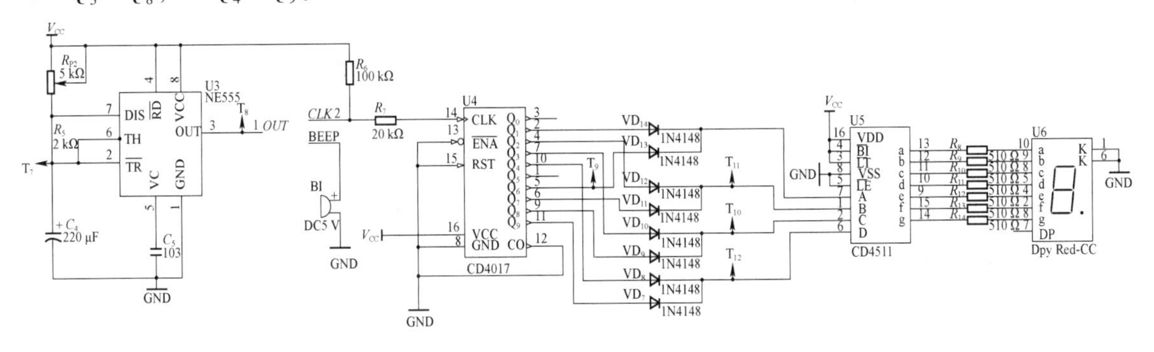

图7.11　由二极管构成的或门电路

已知逻辑函数表达式，需要绘制出逻辑图。根据上面的逻辑函数表达式，其中“+”表示或逻辑，因此我们可以采用或门实现。VD_{14}与VD_{13}的连接，其实就是用二极管构成的或门，实现

逻辑函数表达式 $A = Q_1 + Q_6$,其他二极管的连接方式同样实现了另外3个逻辑函数表达式。

表7.11　数码管真值表

CD4017输出端	CD4511输入端				数码管显示的数字
	D	C	B	A	
Q_0	0	0	0	0	0
Q_1	0	0	0	1	1
Q_2	0	0	1	0	2
Q_3	0	1	0	0	4
Q_4	1	0	0	0	8
Q_5	0	0	0	0	0
Q_6	0	0	0	1	1
Q_7	0	0	1	0	2
Q_8	0	1	0	0	4
Q_9	1	0	0	0	8

知识点6：脉冲信号的产生

6.1　信号的分类

首先,信号可大致分为模拟信号和数字信号两大类。其中,模拟信号是随时间连续变化的信号,如图7.12(a)所示。数字信号是时间和幅度都不连续变化的信号,如图7.12(b)所示。

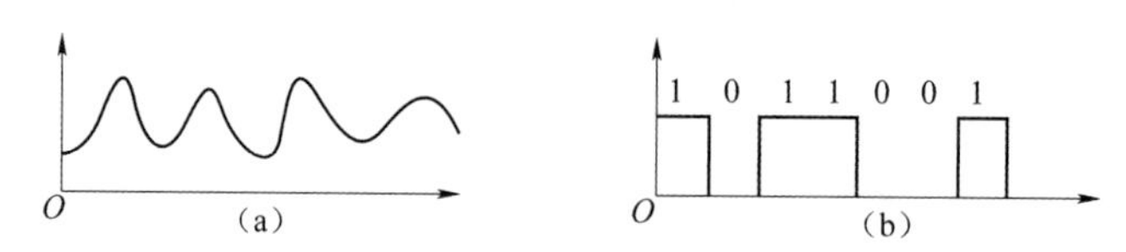

图7.12　模拟信号与数字信号

(a)模拟信号;(b)数字信号

脉冲信号也有各种各样的波形,如图7.13所示,而本任务中所用到的矩形波脉冲信号属于数字信号中的一种,其一般作为各种数字电路和高性能芯片的时钟信号,在数字电路中用途十分广泛。

为了定量描述矩形波的特性,通常给出图7.14中所标注的主要参数。

脉冲周期 T:周期性重复的脉冲序列中,两个相邻脉冲之间的时间间隔。有时也使用频率 $f = \frac{1}{T}$ 表示单位时间内脉冲重复的次数。

脉冲幅度 V_m:脉冲电压的最大变化幅度。

脉冲宽度 t_w:从脉冲前沿到脉冲下沿为止的一段时间。

占空比:脉冲宽度与脉冲周期的比值,即 $q = t_w/T$。

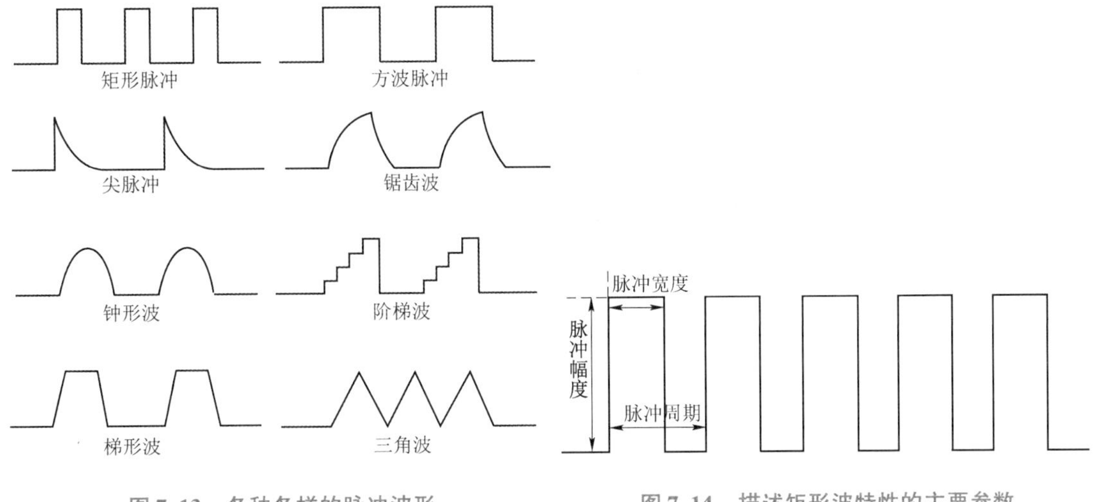

图 7.13 各种各样的脉冲波形

图 7.14 描述矩形波特性的主要参数

6.2 矩形波发生电路

由 NE555 构成的多谐振荡器,又称矩形波发生电路,可产生矩形波、方波、三角波、锯齿波等多种波形。

1. 555 定时器及其应用

555 定时器是一种多用途的模拟与数字混合型的集成电路,利用它能很方便地构成施密特触发器、单稳态触发器和多谐振荡器。因而在定时检测、控制及报警等方面都有广泛应用。由于内部使用了 3 个 5 kΩ 电阻,故取名“555”。其电路类型较多,常用的有双极型和 CMOS 型两种。它们的结构和工作原理类似,逻辑功能和引脚排列完全相同,易于互换。双极型的电源电压V_{CC} = +5 ~ +15 V,输出的最大电流可达 200 mA。由于使用灵活方便,所以 555 定时器在波形的产生与变换、测量与控制、家用电器、电子玩具等许多领域中都得到了应用。

555 定时器简化原理如图 7.15 所示,它由 3 个电阻值为 5 kΩ 的电阻组成的分压器、两个电压比较器 C_1 和 C_2、基本 RS 触发器、放电晶体管 VT 以及缓冲器 G 组成。u_{i1}是比较器C_1的输入端(也称阈值端),u_{i2}是比较器C_2的输入端(也称触发端)。$\overline{R}_D$ 为复位输入端,当 $\overline{R}_D$ 为低电平时,不管其他输入端的状态如何,输出 u_o 为低电平;当 5 脚悬空时,比较器 C_1 同相输入端的电压为$\frac{2}{3}V_{CC}$,比较器 C_2的电压为$\frac{1}{3}V_{CC}$。图中的(1) ~ (8)为器件引脚的编号。NE555 定时器功能表如表 7.12 所示。

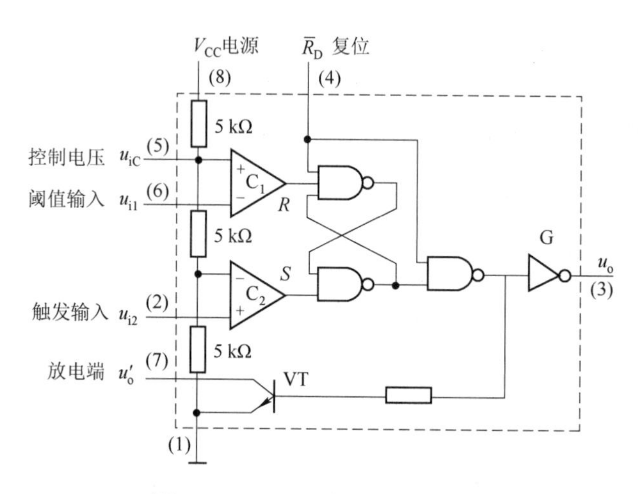

图 7.15 NE555 定时器简化原理

NE555 的
电路原理

表 7.12 NE555 定时器功能表

输入		输出		
u_{i1}	u_{i2}	$\overline{R}_D$	u_o	VT
×	×	0	0	导通
$<\frac{2}{3}V_{CC}$	$<\frac{1}{3}V_{CC}$	1	1	截止
$>\frac{2}{3}V_{CC}$	$>\frac{1}{3}V_{CC}$	1	0	导通
$<\frac{2}{3}V_{CC}$	$>\frac{1}{3}V_{CC}$	1	不变	不变

(1)施密特触发器

首先要弄清楚什么是触发器。触发器是只有当输入电压发生足够的变化时,输出才会变化的器件。

1)施密特触发器的特点。

①输入信号在上升和下降过程中,电路状态转换的输入电平不同。

②当电路状态转换时有正反馈过程,使输出波形边沿变陡。

施密特触发器的电压传输特性如图 7.16 所示。

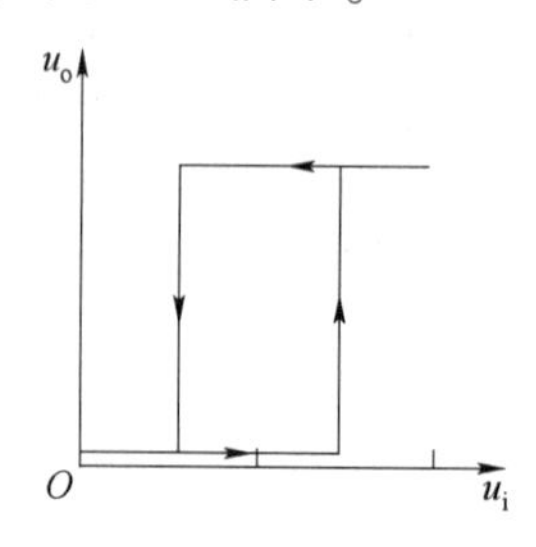

图 7.16 施密特触发器的电压传输特性

2)施密特触发器的作用。

①用于波形变换:可将三角波、正弦波等周期性波变成矩形波,如图 7.17(a)所示。

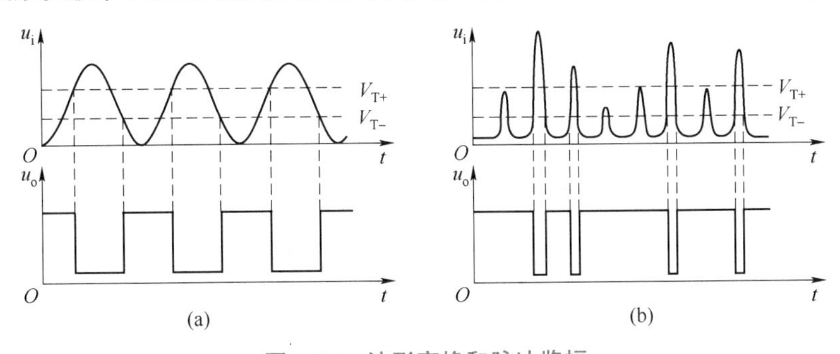

图 7.17　波形变换和脉冲鉴幅

(a)将正弦波变换成矩形波;(b)脉冲鉴幅

②用于脉冲鉴幅:当幅度不同且不规则的脉冲信号施加到施密特触发器的输入端时,能选择幅度大于预设值的脉冲信号进行输出,如图 7.17(b)所示。

③用于脉冲整形:数字电路中,矩形脉冲在传输中经常发生波形畸变,出现上升沿和下降沿不理想的情况,可用施密特触发器整形后,获得较理想的矩形脉冲,如图 7.18 所示。

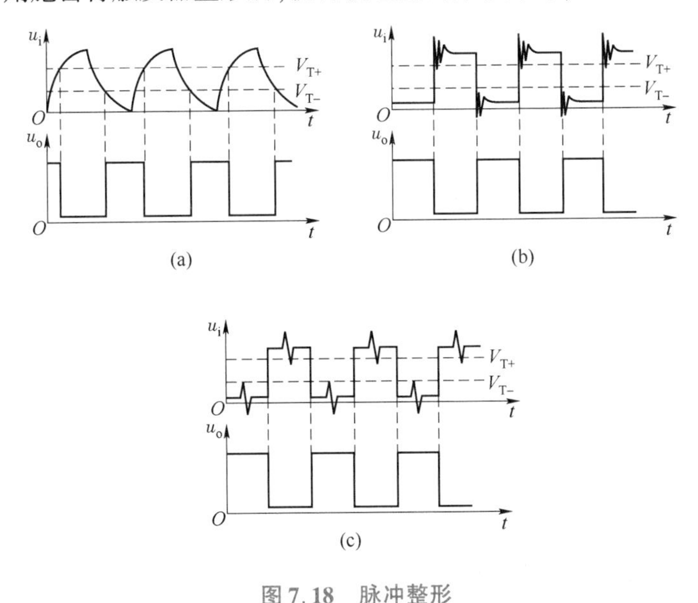

图 7.18　脉冲整形

(a)将锯齿波整形成方波;(b)滤除高频谐波;(c)滤除干扰波形

3)用 555 定时器接成的施密特触发器。

将 555 定时器的u_{i1}和u_{i2}两个输入端连在一起作为信号输入端,如图 7.19 所示,即可得到施密特触发器。

由于比较器C_1和C_2的参考电压不同,因此 RS 触发器的置 0($u_{C1}=0$)和置 1 信号($u_{C2}=0$)必然发生在输入信号的不同电平。因此,输出电压u_o由高电平变为低电平和由低电平变为高电平所对应的u_i值也不相同,这样就形成了施密特触发特性。

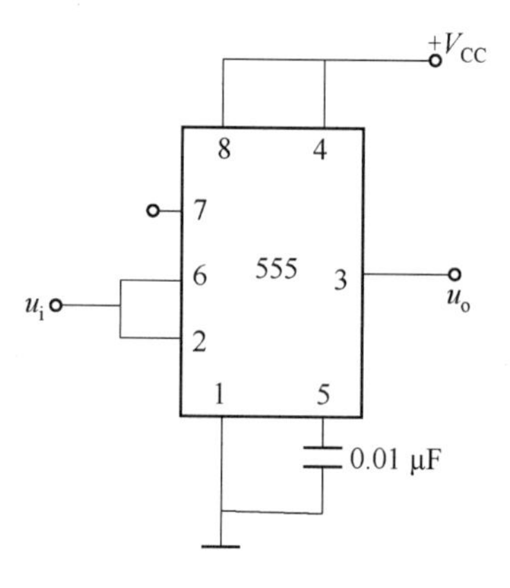

图 7.19　用 555 定时器接成的施密特触发器

只要将 555 定时器的 2 脚和 6 脚接在一起，就可以构成施密特触发器，如图 7.19 所示。我们简记为“二六一搭”。这个施密特触发器的电压传输特性是反相的，如图 7.20 所示。当其 5 脚悬空时，正向阈值电压和负向阈值电压分别为$\frac{2}{3}V_{CC}$和$\frac{1}{3}V_{CC}$。当 5 脚接控制电压U_{CO}时，正向阈值电压和负向阈值电压分别为U_{CO}和$\frac{1}{2}U_{CO}$。

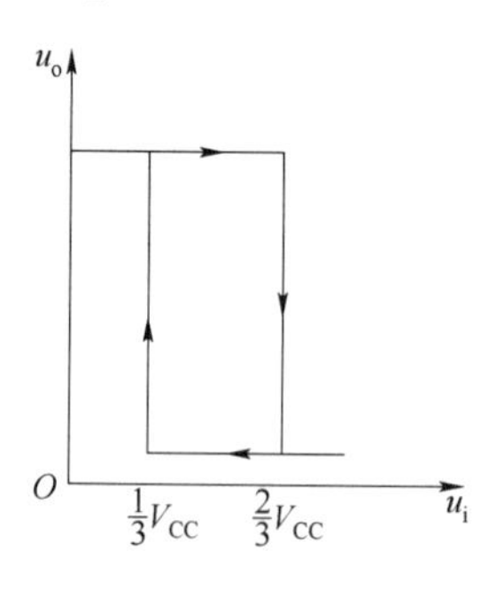

图 7.20　用 555 定时器接成的施密特触发器的电压传输特性

(2)单稳态触发器

1)单稳态触发器的特点。

①具有稳态和暂稳态两种工作状态。

②在外界触发脉冲作用下，能从稳态翻转到暂稳态，在暂稳态维持一段时间以后，再自动返回到稳态。

③暂稳态维持的时间长短取决于电路内部参数。

单稳态触发器根据自身特点主要应用在数字电路的信号延时、定时部分。

2)用 555 定时器构成单稳态触发器。

如果以 555 定时器的 2 脚u_{i2}作为触发信号的输入端，并将放电端 7 脚与 6 脚u_{i1}并联在一起，同时在 6 脚u_{i1}对地接入电容 C，就构成了如图 7.21 所示的单稳态触发器，我们简记为“七六一搭，下 C 上 R”。555 定时器构成的单稳态触发器是负脉冲触发的。稳态时，单稳态触发器输出低电平；暂稳态时，输出高电平。

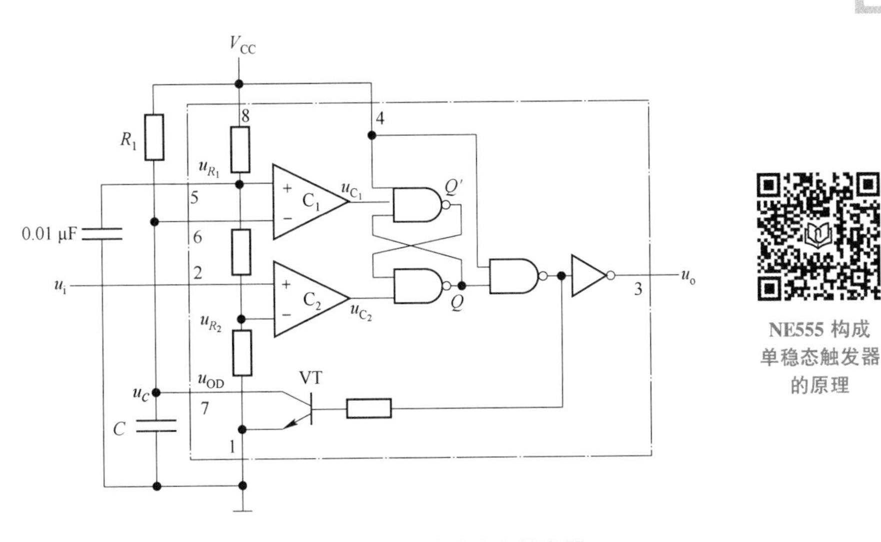

NE555 构成单稳态触发器的原理

图 7.21　由 555 定时器构成的单稳态触发器

稳态时，无触发信号：$u_i = 1\left(>\frac{1}{3}V_{CC}即可, u_{C_2} = 1\right)$。

假定通电后，$Q = 0$→晶体管 VT 导通→$u_C = 0$、$\begin{cases} u_{C_1} = 1 \\ u_{C_2} = 1 \end{cases}$→$Q = 0$，$RS$ 触发器工作在保持状态。

假定通电后，$Q = 1$→晶体管 VT 截止→V_{CC}经过R_1向电容 C 充电到$u_C = \frac{2}{3}V_{CC}$→$u_{C_1} = 0$→$Q = 0$→晶体管 VT 导通→$u_C = 0$、$\begin{cases} u_{C_1} = 1 \\ u_{C_2} = 1 \end{cases}$→$Q = 0$，$RS$ 触发器工作在保持状态。

因此，NE555 单稳态触发器在没有触发信号时，$u_i = 1$ 处于高电平，电路必定处于$u_{C_1} = u_{C_2} = 0$，$Q = 0$，电路的输出电压$u_o = 0$ 的状态，并且该状态将会稳定地维持不变。

在 2 脚输入负脉冲，内部 RS 触发器将发生翻转，电路进入暂稳态，u_o输出高电平，晶体管 VT 截止；此后电容 C 将会被充电至$\frac{2}{3}V_{CC}$，电路又会发生翻转，接着电路恢复到稳定状态，该单稳态触发器的电压波形如图 7.22 所示。

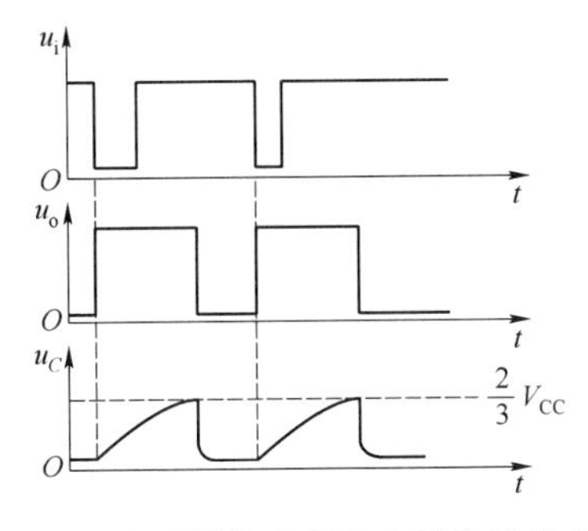

图 7.22　555 定时器构成单稳态触发器的电压波形

5 脚悬空时，图中输出脉冲宽度t_w等于暂稳态的持续时间，而暂稳态的持续时间取决于外接电阻 R 和电容 C 的大小。由图 7.21 可知，t_w等于电容电压在充电过程中从 0 上升到$\frac{2}{3}V_{CC}$所需要的时间，因此得到输出脉冲宽度$t_w = RC\ln 3 \approx 1.1RC$，也就是高电平持续时间$t_w = 1.1RC$。通常 R 的取值在几百欧姆到几兆欧姆之间，电容的取值在几百皮法到几百微法之间，t_w的范围为几微秒到几分钟。必须注意的是，随着t_w的增加，触发器精度和稳定性也将下降。

当 5 脚外接控制电压为U_{CO}时，输出脉冲宽度为 $RC\ln \dfrac{V_{CC}}{V_{CC} - U_{CO}}$。

3）用 555 定时器构成单稳态触发器的实际应用电路。

图 7.23 所示的按键灯电路就是单稳态触发器的典型应用电路。其工作原理：首先计算好单稳态触发器中输出信号的脉冲宽度$t_w = 1.1RC = 5$ s，然后用按键 BTN_1 提供的低电平脉冲信号作为触发信号，当 NE555 芯片收到触发信号时，会输出一段波长为 5 s 的高电平信号，VT_1 收到高电平信号时导通，VD_1亮。等到 5 s 后高电平信号结束时，NE555 输出就会回到低电平，VT_1 截止，VD_1熄灭。

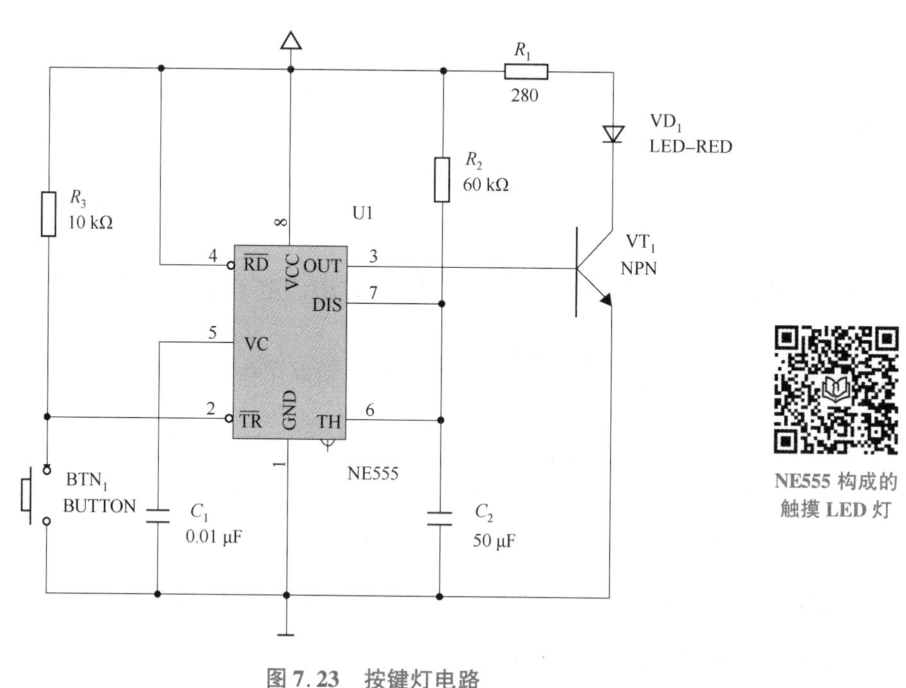

图 7.23　按键灯电路

（3）多谐振荡器

多谐振荡器是一种能产生矩形波的自激振荡器，也称矩形波发生器，“多谐”指矩形波中除了基波成分外，还含有丰富的高次谐波成分。多谐振荡器没有稳态，只有两个暂稳态。在工作时，电路的状态在这两个暂稳态之间自动地交替变换，由此产生矩形脉冲信号，常用作脉冲信号源及时序电路中的时钟信号。

用 555 定时器构成的多谐振荡器如图 7.24 所示，图中电容 C、电阻R_1和R_2作为振荡器的定时元件，决定输出矩形波正、负脉冲的宽度。定时器的触发输入端 2 脚和阈值输入端 6 脚与电容相连，集电极开路输出 7 脚和R_1、R_2相连，用以控制电容 C 的充、放电。外界控制输入端 5 脚通过 0.01 μF 电容接地。

电容 C 的充电时间T_1和放电时间T_2各为

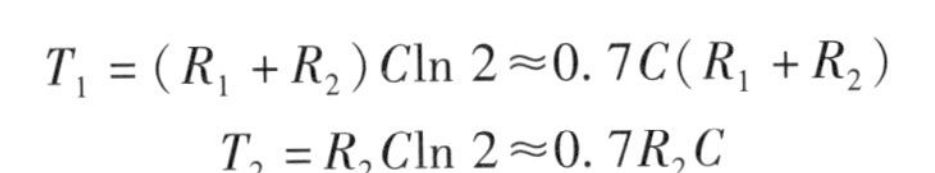

$$T_1=(R_1+R_2)C\ln 2\approx 0.7C(R_1+R_2)$$

$$T_2=R_2C\ln 2\approx 0.7R_2C$$

故电路的振荡周期为

$$T=T_1+T_2=(R_1+2R_2)C\ln 2\approx 0.7C(R_1+2R_2)$$

振荡频率为

$$f=\frac{1}{T}=\frac{1}{(R_1+2R_2)C\ln 2}\approx\frac{1}{0.7C(R_1+2R_2)}$$

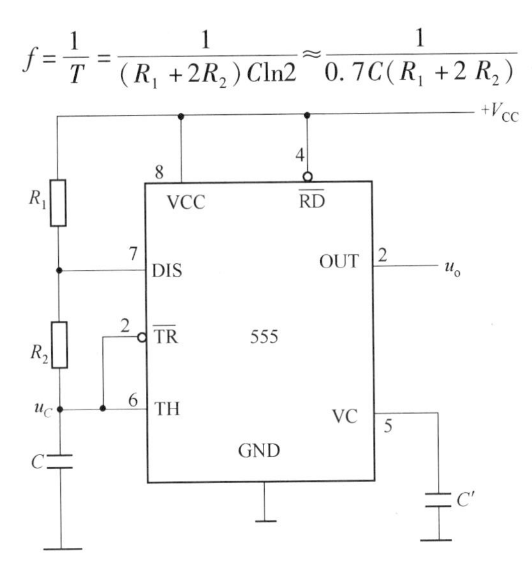

NE555 多谐振荡器的原理

图 7.24　用 555 定时器构成的多谐振荡器

通过改变 R 和 C 的参数即可改变振荡频率，用 NE555 组成的多谐振荡器的最高振荡频率为 500 kHz，因此用 555 定时器接成的振荡器在频率范围方面有较大的局限性，高频的多谐振荡器仍然需要使用高速门电路接成。

通过T_1和T_2来求出输出脉冲的占空比 $q=\frac{T_1}{T}=\frac{R_1+R_2}{R_1+2R_2}$，该式子说明电路的输出脉冲始终大于 50%。为了得到小于或等于 50% 的占空比，可以采用如图 7.25 所示的改进电路，由于接入了二极管VD_1和VD_2，电容的充电电流和放电电流流经不同的路径，充电电流只流经R_1，放电电流只流经R_2，因此电容 C 的充电时间变为

$$T_1=R_1C\ln 2\approx 0.7R_1C$$

而放电时间为

$$T_1=R_2C\ln 2\approx 0.7R_2C$$

故得输出脉冲的占空比 $q=\frac{R_1}{R_1+R_2}$，若取$R_1=R_2$，则 $q=50\%$。此时周期变为

$$T_1=(R_1+R_2)C\ln 2\approx 0.7(R_1+R_2)C$$

2. 555 应用电路

图 7.26 所示的救护车警笛电路就是多谐振荡器的应用电路。它的工作频率比较低，该频率由 U1 的第 3 脚输出振荡方波，通过 R_2用来控制 U2 的振荡频率。U2 的频率原为

$$f_2=\frac{1.44}{(R_3+2R_4)C_3}$$

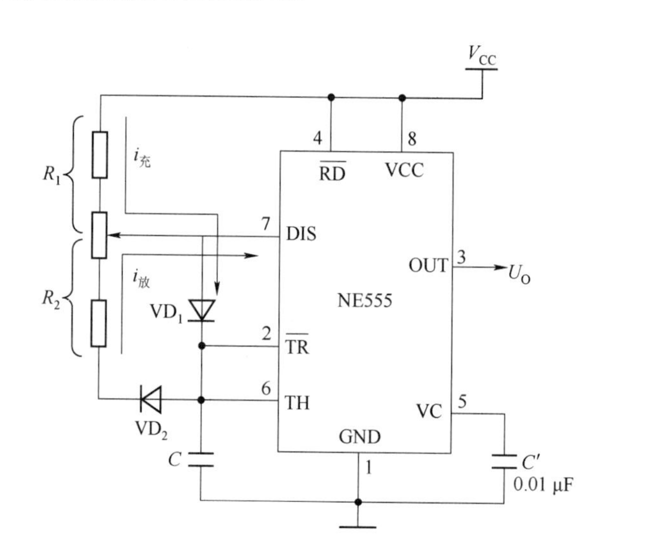

图 7.25 占空比可调的多谐振荡器

NE555 构成的简易门铃

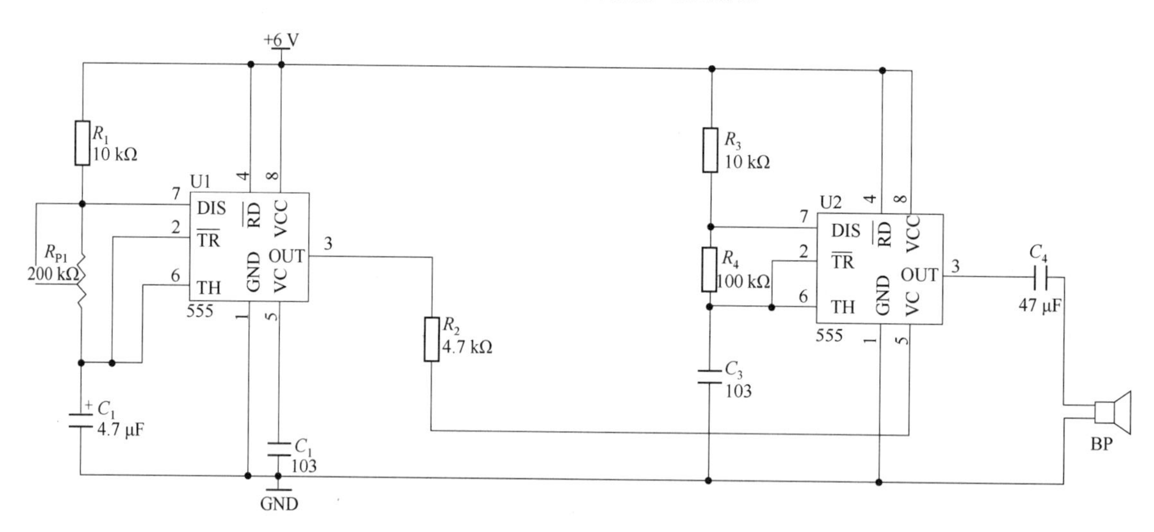

图 7.26 救护车警笛电路

不过,因为 555 定时器的第 5 脚控制端外接一个参考电压,所以可以改变触发电平值。当 U1 的第 3 脚输出方波为低电平时,通过电阻 R_2 加到 U2 的第 5 脚,U2 的振荡频率变低;当 U1 的第 3 脚输出为高电平时,U2 的振荡频率变高,其变化的信号通过电容 C_4,使扬声器 BP 发出高、低音交错的鸣叫,近似救护车的警笛声。需要注意的是,改变 R_3、R_4、C_3 的值,警笛声的频率也会产生相应的变化。

知识点 7:温度报警器工作原理

当温度超出某一规定的上限值时,需要立即切断电源并报警,待恢复正常后设备继续运行。本模拟电路基于上述原理,采用常用的 LM358 作比较器,NE555 作振荡器,使用十进制计数器 CD4017 以及 CD4511 驱动七段数码管显示状态信息。

电路上电后,NE555 输出的振荡信号接入 CD4017 时钟输出端 *CLK*,CD4017 处于计数状

态,数码管循环显示 0、1、2、4、8,用来模拟设备正常运行时的状态。当我们调节电位器 R_{P2} 时,可改变 NE555 输出的矩形波频率,使数码管循环显示的速度发生改变。

我们还可调节电位器 R_{P1} 设定继电器动作温度,用电烙铁代替发热源,靠近热敏电阻 R_{T1}(正温度系数电阻),R_{T1} 随温度升高其电阻值也随之升高,其分压值也增大。当热敏元件感受的温度超过设定的上限温度时,使 LM358 正向输入端电压高于负向输入端电压,LM358 的 1 脚输出高电平,使继电器吸合动作,NE555 输出振荡信号接向蜂鸣器,蜂鸣器报警,数码管顺序显示停止。

将电烙铁离开热敏元件,热敏元件所感受的温度在上限温度以下,LM358 反相端电压高于正相端电压,继电器不工作,NE555 输出振荡信号接向 CD4017 时钟端 *CLK*,数码管恢复循环显示数字。

拓展训练

在 Proteus 仿真软件上绘制自动温度报警电路原理图并仿真,进一步加深对电路原理的理解。

参考文献

[1]华成英,童诗白. 模拟电子技术基础[M].4 版.北京:高等教育出版社, 2006.
[2]闫石,王红. 数字电子技术基础[M].5 版.北京:高等教育出版社,2015.
[3]王川,范志庆. 模拟电子技术[M]. 北京:高等教育出版社,2016.
[4]刘超. Altium Designer 原理图与 PCB 设计精讲教程. 北京:机械工业出版社,2017.
[5]秦曾煌,姜三勇. 电工学. 北京:高等教育出版社,2009.

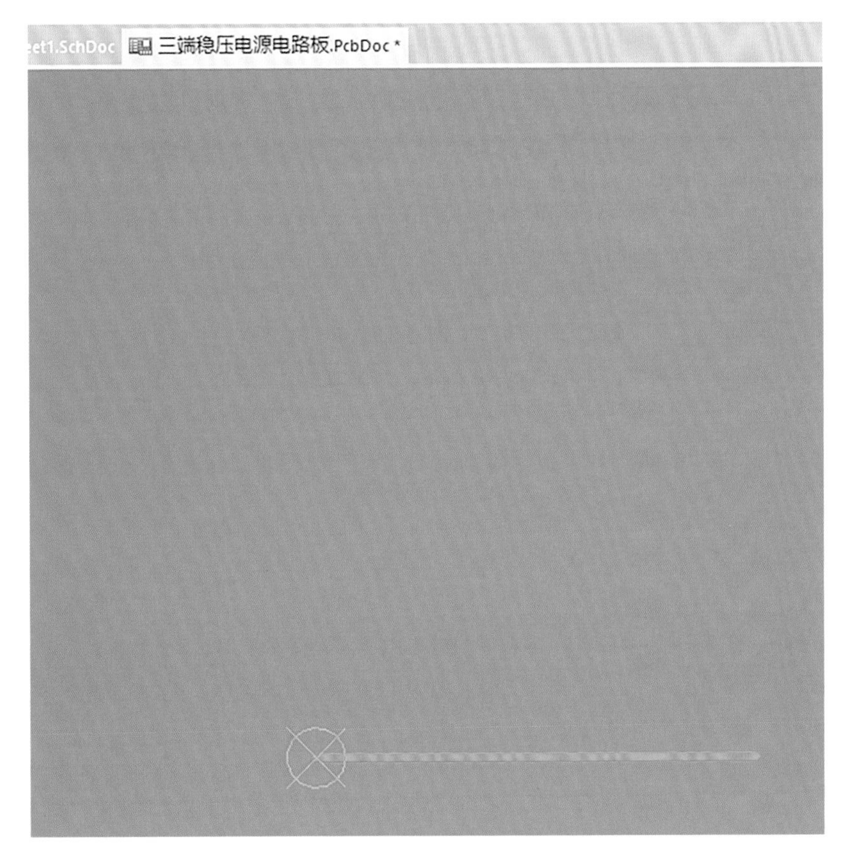

图 1.52　绘制边框线

图 1.59　板子线条绘制完成